47都道府県・
肉食文化百科

成瀬　宇平
横山　次郎　著

丸善出版

まえがき

　私たちの体を構成する重要な成分のうち、水分を除いた残りの固形分の半分がたんぱく質である。たんぱく質は、生命の維持、生理的機能の活性に必要な酵素やホルモンの成分として不可欠である。私たち人間の体は、牛、豚、鳥など他の動物の体を構成している成分とほぼ同一であるから、私たちの体の構成や活動に必要な成分は、人以外の動物を食料として取り扱うのは当然と考えられる。

　これらの動物は、私たちの食料となる他に、生活や精神的な満足感を満たすために、郷土料理の材料、行事食の材料としても利用されてきた。郷土料理や行事食の食材としての食肉の種類は、世界規模では宗教上の理由から違うことがあるが、日本国内で食材として使われている動物の種類も地域によって異なる。その理由は宗教上の理由ではなく、古くから行われていた狩猟により入手しやすかった動物とか家畜化しやすかった動物が影響していたと考えられる。日本国内で家畜化した豚や牛、家禽化した鶏は、各地域の銘柄動物となり地域の名産品となり、地域活性の食品となっている。地域の銘柄の動物は、原種そのものとその遺伝子を守りながら、同じ動物の他の種類の遺伝子と組み合わせて、地域特有の美味しさや経済性などをつくり出している。日本国内の各都道府県には、その地域の牛・豚・鶏などについてそれぞれ複数の銘柄品が開発され、それらを利用した地域の郷土料理も展開されている。

　近年、「B級グルメ」の名のもとに地域の活性化として、食肉料理、副生産物（内臓など）料理が工夫され、副生産物もまた重要な食材となっている。食肉に含まれる成分には、健康に必要な成分が多く含まれているので、健康な生活を営むには食肉を食べることは

欠かせないのである。牛や山羊、鶏を家畜として飼育している場合、牛や山羊の乳、鶏の卵も食材として利用し、私たちの食生活と健康に貢献している。一時は、食肉の利用が敬遠されたことがあったが、食肉に含まれる成分が長寿や血管細胞の健康に関係することから、食肉料理については再び注目されてきている。

　本書を通して、霜降り牛肉が人の手によってどのようにつくられたか、美味しい豚肉はどのようにしてできるか、地鶏とブロイラーにはどのような違いがあるか、地域的特性はどのようにしてできたのかを知ることにより、食用となっている動物と私たちの日常生活との関係を見つけだすことによって、食肉のありがたさをより一層強く感じるようになることを期待したい。

　本書の企画・編集にあたっては、丸善出版㈱企画・編集部第4グループの小林秀一郎氏、松平彩子氏のご助言に感謝申し上げます。

　　　2014年12月

　　　　　　　　　　　　　　　　　　　　　　　　　成　瀬　宇　平

目　　次

第Ⅰ部　概　説

1. 日本人の肉食はいつごろ始まったか ……………………… 2

　　仏教による殺生禁止の影響　2 / 薬としての利用　3 / 文明開化と牛鍋　4 / 第二次世界大戦後の食生活の欧米化　5

2. 各食肉の事始めと主な特性 ……………………………… 6

　　肉牛の導入と牛肉の特性　7 / 日本の牛肉食の発達と肉牛の種類　8 / 主な和牛、銘柄牛、国産牛　9 / 日本の豚肉食の発達とブタの品種　11 / 猪肉、馬肉、山羊肉、羊肉、鹿肉ほか　15

3. 世界の宗教と食肉文化 ……………………………………22

　　日本における仏教の伝来と食肉文化　22 / イスラム教と食生活　23

4. 日常生活の中の食肉の位置 ………………………………25

　　食肉に関する意識　25 / 野生動物（ジビエ）と日本人の食生活　26

5. 肉の熟成とうま味 ………………………………………… 28

　　肉の「美味しさ」を決める要因はなにか　28

6. 食肉と健康 ………………………………………………… 34

　　食肉の栄養と機能　34 / 現代社会における食肉の上手な食べ方　37

第Ⅱ部　都道府県別 肉食文化とその特徴

北海道　40 /【東北地方】青森県　50 / 岩手県　58 / 宮城県　64 / 秋田県　69 / 山形県　74 / 福島県　80 /【関東地方】茨城県　86 / 栃木県　92 / 群馬県　97 / 埼玉県　104 / 千葉県　109 / 東京都　114 / 神奈川県　119 /【北陸地方】新潟県　127 / 富山県　132 / 石川県　136 / 福井県　141 /【甲信地方】山梨県　145 / 長野県　150 /【東海地方】岐阜県　155 / 静岡県　160 / 愛知県　165 /【近畿地方】三重県　170 / 滋賀県　175 / 京都府　181 / 大阪府　188 / 兵庫県　194 / 奈良県　203 / 和歌山県　209 /【中国地方】島根県　214 / 鳥取県　219 / 岡山県　225 / 広島県　230 / 山口県　234 /【四国地方】徳島県　241 / 香川県　245 / 愛媛県　251 / 高知県　255 /【九州（沖縄】福岡県　259 / 佐賀県　265 / 長崎県　270 / 熊本県　277 / 大分県　282 / 宮崎県　286 / 鹿児島県　291 / 沖縄県　296

付録　銘柄畜産一覧　301

索　引　310

第Ⅰ部

概　説

1 日本人の肉食はいつごろ始まったか

■仏教による殺生禁止の影響

　日本列島に、人が住み着いたのは、今から20万年前から1万3,000年前の旧石器時代といわれ、すでにこの頃から肉食は始まっていたと推測されている。縄文時代、弥生時代、古墳時代、飛鳥時代、奈良時代と時代が続くなかで、狩猟時代の縄文時代も、稲作が始まった弥生時代も獣肉は食べられていた。

　日本の食料に関する生産は、稲作を中心とした農業であった。第二次世界大戦（1939～45年）が終わるまでの長い間、ウシやウマの家畜の飼育規模は小さく、食用とするよりも農耕や運搬などの労役に使うのが主だった。

　百済の国より仏教が伝来したのは552年（538年という説もある）である。

　仏教には本来食べ物のタブーはないが、生き物を殺したり、傷つけたりすることは恐れられていた。大和朝廷の末期、天武天皇の代（675年）に出された「殺生禁断令」という仏教精神は、殺さなければ食べられないという現実に縛られ、結果的には、「肉食禁止令」となって庶民の楽しい食生活の自由を拘束した。この禁止令は狩猟の規制であり、ウシ・ウマ・イヌ・サル・鶏の肉食を禁止する詔であったのだ。したがって、牧場や家畜小屋をつくって、動物を飼うことによってその肉を食べようという考えは、日本では表向きには育たなかった。

　しかし実は、日本には古くからさまざまな家畜が飼われていて、食べられていたという説もある。『古語拾遺』（807年）という昔の書物に、神代についての記述があり、そこには、今でいうすべての家畜がいたことが明記されている。大化の改新（645年）の頃、よその地域から一定の地域に居住を決めた人々は、その周辺の山野で捕獲したイノシシも飼っており、ウシやウマを食べていたことが証明されている。肉食禁止令は、それ以降の時代にも必ずしも守られていなかったようであるし、鳥類と魚は食べて

よかった。

　織田信長・豊臣秀吉（戦国・安土桃山時代の武将）の頃には、土佐に漂流したイスパニア船にブタ200頭、鶏2,000羽などを与えたと伝えられていることから、日本の家畜は着実に増えていたと考えられている。この時代、南蛮貿易がはじまり、西洋人が肉食の習慣を持ち込んでいる。しかし、動物の肉は庶民が食用として容易に入手できるものではなかった。鎌倉時代から室町時代すなわち、13世紀半から16世紀にかけての遺跡から出土されている獣骨を調べた結果から、その当時も食肉は食べられていたと推測されている。

　江戸時代（1603～1867年）に入っても動物を殺すことは禁止されていた。しかし、一部庶民の間ではシカ、イノシシ、野ウサギなどの獣肉を盛んに食べていたらしく、動物を食材にしたたくさんの料理本も発行されている。

　仏教では、食べるために動物を殺すことは禁じられた。しかし、居酒屋や料理屋などで提供される肉料理は食べてもよいらしい。お粥と漬物、汁物の修行僧の食事は、1日1,200kcal程度の摂取量で、健康な状態は長続きしない（山上・成瀬：松山東雲短期大学研究論集、20巻、191［1989］）。月に一度の自宅へ帰った時（山を下りた時）に、内緒で栄養補給をしていたらしい。筆者がお寺の食事のことに教えていただいている鎌倉の小さなお寺には檀家に肉屋さんがいて、時々肉を贈ってくれるそうだ。これは、いただきものだから食べてよい肉なのである。

薬としての利用

　日常の食事としての食肉の利用はみられなかったが、武士と貴族の間では、「薬食い」の名のもとに、あくまでも薬用食として密かに食していた。貴族の趣味の「鷹狩り」の獲物である野鳥やウサギが主な肉である。ウサギは「1羽、2羽」と数えるのは、跳ねるところから鳥とみなして食べていたことによるという。江戸時代前期、彦根藩では、近江の赤斑牛の味噌漬けを作り、将軍家や御三家（紀伊の徳川家＝紀州家、尾張の徳川家＝尾州家、常陸の徳川家＝水戸家）に献上したという記録も残っている。

　また、元禄・文化文政時代には、上方や江戸に町民文化が開き、食生活も豊かに、ときには贅沢になった。町民も薬喰いとしてぼたん（イノシシ

肉)、もみじ(シカ肉)、さくら(馬肉)を、主に鍋料理の材料としていた。

　なぜ、肉を食べることが「薬喰い」かというと、肉を食べると体が温まり、養生や病人の体力回復のために薬の代わりに肉を食べる風習があったからである。実際に、栄養学ではたんぱく質を摂取すると、体内では比較的短時間でエネルギーが発生することが明らかになっている。薬喰いに利用された動物は、イノシシやシカが多かった。
　江戸時代中期から後期にかけて「山くじら」の看板をだしてイノシシ肉を食べさせる店が現れた。麹町には「ももんじ屋」という獣肉や野鳥に肉を売る店が現れた。現在も、東京・両国に「ももんじ屋」というイノシシ肉、シカ肉、クマ肉などを提供している店がある。この店は、江戸時代中期の1717(享保2)年に、初代・豊田松之助が創業した店である。
　幕末になり、諸外国との往来が頻繁になると、1,200年もの長い間続いた肉食禁止にも大きな変化がみられる。

文明開化と牛鍋

　肉食が解禁になったのは、1872(明治5)年であり、それまで肉を薬の名目で食べていた日本人が、堂々と食べることができるようになった。そして、文明開化の象徴として牛鍋屋が現れた。福澤諭吉(1835～1901)が「牛肉は滋養によい」といって牛肉を推奨したことが、牛肉鍋が広まった理由といわれている。明治時代の文明開化の世の中で活躍した書生たちは、しばしば牛鍋屋で議論していた。とくに、福澤諭吉が塾生だった緒方洪庵の大坂・適塾の洋学生はこの時代の最も優れた知識人の集団だったらしい。1877(明治10)年頃には、東京には500軒以上もの牛鍋屋があったという。牛肉を食べる機会が増えると、牛肉の味にうるさくなり、近江牛が最も上等な肉との評判となった。また明治末期には米沢牛も東京に運ばれていた。
　関東では牛鍋といわれた牛肉の煮込み料理は、後に関西では焼肉式のすき焼きとして発達した。創業1868(明治元)年で、今でも横浜では人気のすき焼きの店「太田なわのれん」は味噌仕立ての味付けでサイコロ状に牛肉のすき焼きであるが、鍋の中で煮込むから牛鍋がルーツと思われる。

この店で山形牛を使っているのは、元々は米沢牛と関係があるようだ。牛鍋は牛肉を煮る料理、すき焼きは牛肉を焼く料理である。すき焼きの語源については、農機具の鋤の上で焼いたもの、杉の薄板に挟んで焼いた杉焼きの転化したものなど諸説がある。牛鍋の味付けは味噌から「醬油と砂糖」と移行し、現在のような味付けとなったようである。この時代には「牛肉を食わぬ奴は文明人ではない」とまでいわれ、牛鍋屋は庶民の間で人気の的となった。

第二次世界大戦後の食生活の欧米化

　肉食の普及は、第二次世界大戦後によるのは事実であるが、それ以前の日清戦争の時代から富国強兵、主に陸軍の強兵実現のために肉の効用が高く評価され、利用された。日清・日露戦争が終わり、兵役を終えて故郷に帰った人々は、戦時中に味わった肉料理を懐かしみ、肉料理が都会だけでなく、地方にも広がったという。この時代に兵隊の携帯食品の一つが「牛肉の大和缶詰」であった。この缶詰は現在も市販されているが、値段は高く気楽には買えない缶詰となっている。

　第二次世界大戦前後は食糧難であり、肉食の普及は中断された。大戦後、食肉が正式に小売店に登場したのは1949（昭和24）年であった。この頃に神武景気がはじまり、復興から高度経済成長の時代へと進む。食生活の欧米化が進み、肉、チーズ、牛乳、バターなどの乳製品および油脂を利用する料理が多くなった。

　1960年代頃に利用された食肉は、多い順から豚肉、鶏肉、牛肉であった。現在もこの順位は変わらずに購入量が増えている。その後バブル経済時代に贅沢を経験した人々は、上等な霜降り肉のすき焼きやステーキの味のみならず、フランス料理やイタリア料理、その他のヨーロッパ料理の味を覚えていく。

　日本人の食肉の利用は、世界各国の料理の普及やマスメディアによる肉料理の紹介により増えたが、一方で食肉に含まれる脂肪は心臓病などの発症に関連するという研究から、肉食の利用は多くならないようにとの指導もある。健康を考慮し、適切に魚介類、野菜、豆類、穀類などを使った料理も食べる食生活を工夫している人も増えている。

2 各食肉の事始めと主な特性

　食用家畜の飼育が行われ始めたのは、弥生時代（紀元前4～3世紀から後3世紀頃まで）ではないかと推定されている。時代は明らかにするのは難しいが、『日本書記』によると神武天皇は食事に肉を利用したとの記述があり、弥生時代の権力者は肉食を食べることが多かったが、『魏志倭人伝』によると、この頃から、すでに肉の忌避に関する兆候も現れていた。さらに、大化の改新（645［大化元］年）の頃から導入された仏教の影響も手伝い、次第に肉を食べると農耕に支障をきたすという信仰も定着するようになった。実際、天皇は、干害や水害のなどの自然現象による被害に見舞われるたびに、「肉食を禁止する法令」をだしている。肉を避ける傾向は、後に天武天皇4（675）年のいわゆる「肉食禁止令」が発令されるまでに至ったが、厳密には4月から9月までの農耕期間のみ、殺生禁断が守られた。仏教の伝来による「肉食禁止」に対し、神道では、「穢れ」という観点から肉食を排除し始めた。鎌倉時代から南北朝・室町時代にかけて、主要な神社では「物忌令」が正当化された。

　後に、仏教でも神道でも肉食禁止を緩和する傾向がみられてくる。鎌倉時代の法然や親鸞は教義上においても肉食を容認し、日蓮も民間での肉食を容認していた。神道でも鎌倉時代、民間には肉食を容認している。明治維新を契機として急速な近代化を目ざした日本は、一気に西洋文明の導入に力を入れた。この傾向は、食生活の面でもみられた。キリスト教の布教に伴う西洋文明と西洋の食文化の導入によって、形式的にであるにせよ、1871（明治4）年には「肉食禁止」が解かれ、1872（明治5）年には明治天皇により肉食が再開され、西洋料理が宮中に取り入れられるようになった。岡田章雄著の『明治の東京：外国人の見聞記』（桃源社、1978）には、「イギリス人のロバート・フォーチュンは、日本橋界隈の日本人は魚や野菜ばかり食べていて、牛肉や羊を食べていないが、シカの肉やサルの肉を食べさせる店があったとこを紹介している」という内容が述べられている。

肉牛の導入と牛肉の特性

　牛肉を食べるようになったきっかけは、この頃もっとも優れていたといわれた知識人の集団といわれた緒方洪庵の大坂・適塾の洋学生たちで、牛肉を煮込んで食べた「牛鍋」であった。この中には、明治維新後に、「独立自尊と実学」を唱えながら文明開化の中で活躍した福澤諭吉（1868年に慶應義塾大学の前身の慶應義塾を創設）もいた。豚肉を煮込んで食べる料理は、牛鍋の誕生から4～5年遅れて現れている。

　わが国では「肉食禁止令」により1,200年もの間、「食肉を食べたことがなかった」から、明治の人は牛肉はおそるおそる食べていた。これが庶民の肉として食べるようになったのは、イノシシ肉の牡丹鍋と同じように、牛肉を味噌仕立ての鍋にして和風の味付けにしたことが、牛鍋の庶民への普及に成功した要因といわれている。現在も味噌仕立ての牛鍋を提供してくれるのが、横浜市中区の「太田なわのれん」である。サイコロ形に切った山形牛を1868（明治元）年の創立以来、味付けを保ち続けている「特製の味噌だれ」で、係の女性が丁寧に焼いてくれる。最後に牛肉や野菜からのうま味も含まれた味噌だれでご飯を食べるまで、美味しい鍋を作ってくれるのである。今も人気の店である。

　味噌仕立てに対抗するのは、関西地方で誕生したすき焼きである。すき焼きの味付けはだしタマリ醤油と砂糖であった。今でも関西風のすき焼きの味付けの主流になっている。残念ながら関東の牛鍋も味噌仕立てでなく、醤油・だし・砂糖による調味と変化し、関東風のすき焼きとして定着した。

　今でも、美味しい牛肉のトップに位置するのが三重県松阪市の「松阪牛」である。明治初期に創業の「和田金」は、自社で特別に肥育した「松阪牛」の新鮮な肉を厚めに切り、提供する。肉はしっかりして濃熟である。箸で切れるほどの精妙さ、柔らかさ、豊熟さのある牛肉が使われている。すき焼きは、特注のタマリ醤油で味付ける。松阪牛は、但馬の仔牛を3年ほどかけて飼育し、仕上げの1年はビールを飲ませ、体をマッサージをし、芸術品ともいわれる「霜降り肉」に仕上げるといわれている。詳しいノウハウは、畜産家が長い間の経験により習得したもので、口や手で伝授されても、簡単には習得できない技術である。

　話を戻そう。文明開化で牛鍋屋が増えたのは都会だけで、各地の農漁村

の穀類・野菜・魚中心の食生活には影響が及ばなかった。1871（明治4）年頃から、牛肉屋は徐々に庶民の関心をよぶようになり、名古屋でも牛肉屋が開店され、その後牛鍋屋が激増したとも伝えられている。

すき焼きのルーツについて

現在では「すき焼き」といえば、牛肉を使った鍋料理である。関東では牛鍋として発達し、後に関西ですき焼きとして展開したという説が主流となっている。すき焼きの名は、農機具の鋤の上で焼いたものという説、杉の薄板に挟んで焼いた「杉焼き」が転化したという説がある。江戸時代から、魚や鷹狩りで得た鳥の肉を鋤の上で焼いていたという習慣があり、その調理法を牛肉に応用したものらしい。江戸前期の『料理物語』（1643［寛永20］年）に記載されている「鳥のすき焼き」の料理法は鉄鍋で鳥皮を炒めて脂をひき、その脂で鶏肉を炒めるという方法であった。江戸後期の『素人包丁』（1803［享和3］年）には唐鋤やホタテ貝の貝殻で、魚のハマチを焼いて醤油・おろし大根・唐辛子で調味する関西独特の魚すきが記載されている。

日本の牛肉食の発達と肉牛の種類

5世紀から6世紀にかけて、朝鮮半島の百済や新羅から日本の日本海側への渡来が多くなった。この時に、朝鮮半島から兵庫県の但馬や滋賀県の近江へ、家畜としてウシも持ち込まれ、田畑の耕作、運搬や皮革の材料として利用された。食肉用としても利用され、牛乳も利用されたともいわれている。

肉食が注目され始めたのは16世紀に南蛮貿易が始まって、西洋人が、自分たちの肉食の生活を日本に持ち込んだことによる。日本での牛乳の飲用や乳製品の利用の習慣は、朝鮮半島の百済から医薬書を持ち込んだ智聡の子の善那が、孝徳天皇（在位645～654年）に牛乳を献上したことに始まると伝えられている。676年に天武天皇が発令した「肉食禁止令」以降は、牛肉も牛乳も表だって利用されなくなった。明治維新の後に牛鍋やすき焼きに代表される肉食の習慣が一部知識人に広がるようになるまで、日本では長い間、ウシは田畑を耕し、荷物を運搬する役牛として飼われていた。牛乳の利用は仏教の戒律では禁じられていなかったので、昔の日本人にと

っては重要な栄養源だった。

　明治時代以前の日本のウシの在来種、和牛の姿を残しているのは、山口県萩市の見島で飼育されてきた「見島牛」と、鹿児島県トカラ列島の口之島に野生の状態で残されている「口之島牛」である。現在は、両者とも飼育頭数が少なく、種の維持のためだけに細々と飼育されている。

　現在の和牛の主流は、黒毛和種である。その多くは、明治時代以降につくられた「近江牛」の系統で、「松阪牛」「神戸牛」がある。「但馬牛」は、近江牛とは遺伝子の上ではやや異なるブランド牛である。和牛の主な品種には、黒毛和種、褐毛和種、日本短角和種、無角和種がある。

主な和牛、銘柄牛、国産牛

和牛　和牛とは、日本に在来しているウシに、明治・大正時代にヨーロッパから輸入した外国種を交配し、改良した肉牛の総称である。黒毛和種、褐毛和種、無角和種、日本短角和種が肉用専用の4種といわれている。

①黒毛和種

　黒毛和種は、日本の肉用牛の主流となっている品種である。1900年頃から、在来種の黒牛（見島牛）と、大型の外国種のショートホーン、デボン、ブラウンスイスなどの外来種との交配によって誕生した品種である。有角の肉牛で、肉質については最も評価の高いウシである、毛色は褐色がかった黒色である。現在注目されている前沢牛、飛騨牛、米沢牛、松阪牛は黒毛和種である。1944（昭和19）年に、正式に黒毛和種とよばれるようになった。

②褐毛和種

　熊本県で改良された黄褐色、有角の肉牛。熊本県内で飼育していた朝鮮由来の在来のウシの肥後赤牛を、明治初期1879（明治12）年に輸入したシメンタール種と交配して誕生した品種である。1912（大正2）年に、肥後牛として標準体型が成立し、1944（昭和19）年に褐毛和種として認定された。褐毛和種には熊本系と高知系がある。熊本系褐色和種は、黒毛和種より大型で発育がよく、放牧に適し阿蘇外輪山で放牧している風景はよく知られている。黒毛和種に比べると霜降り肉の評価は低い。高知系の褐

毛和種は、韓国系牛の品種の影響を受けていて「改良韓国種」の呼び名もあった。肉質面では、よい霜降りの状態であると評価されている。

③無角和種
山口県の阿武町（あぶ）で飼われている無角、黒色の和牛である。在来種の和牛と1916（大正5）年に輸入したスコットランド原産のアバディーン・アンガスを交配した雑種を原種と起源とし、24年間かけたアバディーン・アンガスと改良種との交配により、アバディーン・アンガスの長方形の体型で無角の典型的な肉牛タイプの品種が誕生した。1944（昭和19）年に無角和種として認められた。毛色は黒毛和種よりも濃い黒色で肉量が多いので肉牛として適しているが、黒毛和種に比べて、霜降りや軟らかさがやや劣っていると評価されている。無角の遺伝子は、有角の遺伝子に対して優勢である。無角和種はアバディーン・アンガスの無角の形質が固定されて成立した品種である。

④日本短角種
現在の青森、岩手、秋田の各県にまたがる、かつて南部藩といわれた地域で飼われていた南部牛をもとに作られ、現在も東北や北海道で飼われている有角、赤褐色の肉牛である。1871（明治4）年にアメリカから輸入されたショートホーンとデアリー・ショートホーンを在来種の南部牛に交配し、乳肉兼用種を目標に改良が進められた。1943（昭和18）年に褐毛東北種という名で肉牛への改良に切り替えられた。さらに夏山や冬里に適応できる品種が選ばれた。1957（昭和32）年に成立した肉牛が、和牛品種として「日本短角種」の名で認められた。粗飼料で育ち、寒さに強いため、東北や北海道の広い山野での放牧に適している。現在も、盛岡を中心とする地域のブランド牛となっている。

和牛としては大型で、毛色は濃淡さまざまの褐色で、体の下部に白斑のあるものが多い。肉質のきめは粗く赤身で、黒毛和種に比べて肉市場での評価は低い。現在は、赤身を特徴としたブランド牛となっている。

南部牛は、朝鮮半島から渡来した日在来の系統の牛である。1454（享徳3）年に蒙古韃靼（現在のロシア沿海州周辺）からウマとともに輸入したという説もある。山坂の多い東北の北上地方で役牛として使われていた。

外国品種の肉牛

①アンガス種

イギリスの北スコットランドを原産地とする肉用種である。アンガス州系統とアバディーン州系統のウシを交配したものを基礎とした黒毛の無角種である。体形は小さいが典型的肉牛型である。脂肪交雑の優れた肉質である。日本には1916（大正5）年に導入され、無角和種の作成に貢献した。

②ヘレフォード種

イングランドのヘレフォード州が原産地。肉用牛としては大型で、毛の色は赤褐色で、顔や腹部、尾の先や四肢の先が白い。肉色は赤く、脂肪の交雑の割合は低い。

銘柄牛

銘柄牛とは、本来はとくに優れたブランドに対してつけられた商標をさすものである。現在は、国内に広く流通しているさまざまな名称を総称している。たとえば、肥育の方法や工夫した特別の飼料を与えて肥育したものについて「○○牛」などの名称で販売されている。宮城県の銘柄牛に「漢方牛」がある。

国産牛

国産牛は、品種に関係なく、日本国内で3か月以上肥育したウシにつけられた名称である。外国で生まれたウシでも、外国種でも日本国内で3か月以上肥育すれば「国産牛」とされる。

日本の豚肉食の発達とブタの品種

日本のブタの歴史

ブタは、イノシシ科に属する。4,000～5,000年前に野生のイノシシを家畜化したもので、原産地はアジアからヨーロッパとされている。18世紀に、中国の種豚をイギリスで改良したものの中に、白豚のヨークシャー種、黒豚のバークシャーがある。中国料理では不可欠の食材である豚肉を使った料理が多く、ドイツでは、豚全の肉ばかりでなく、内臓も血液も捨てるところなく利用した各種のハムやソーセージ造りに卓越している。

ブタは、江戸時代初期、中国から琉球を経て薩摩（現在の鹿児島）に伝えられた。九州の武士や蘭学者・蘭医の間では豚肉を使用した豚汁が薩摩汁の名で好んで食べられた。もともとは、薩摩汁は薩摩鶏の肉、大根やニ

ンジン、その他の野菜類などの味噌仕立ての汁であった。それが、後に豚肉に替わったといわれている。九州の武士、蘭学者などの知識人が江戸に東上すると同時に、薩摩汁も江戸で普及するようになった。ブタは薩摩でも飼育していたが、長崎でも飼育していた。長崎のオランダ人は豚肉をハムやソーセージに加工していた。

江戸時代には、豚肉は中国料理や卓袱料理(しっぽくりょうり)の素材として使われるようになったが、品のよい食べ物とはされていなかった。豚肉が脚光を浴びるようになったのは明治維新後であった。1869（明治2）年に、明治政府は牧牛馬掛(かかり)を設け、種豚を中国から輸入し飼育した。豚肉の需要が高まると養豚を奨励した。同じ年に、神奈川の角田米三朗が協教社という会社を設立し、養豚と豚肉消費を促進した。その理由として、ブタは飢饉のときの貴重な食糧となること、肉食は栄養があり壮健な体をつくるのによいこと、ブタは残飯で飼育ができることをあげていた。豚肉の需要は高まり、1900（明治33）年に、明治政府の農商務省はアメリカやイギリスから種豚を輸入し、本格的に養豚事業を促進した。

ところで、「関西の牛肉、東北の豚肉」といわれているように、関西と東北では主流となる肉の好みや使用する習慣が違うといわれている。関西の牛肉嗜好は、松阪牛や近江牛、神戸牛などが誕生していることから理解される。江戸（東京）から東の地域の豚肉嗜好は、飼育しやすい動物の種類によるらしい。すなわち、ブタは繁殖力があり、肉量が多いことがあげられている。

明治時代の豚肉料理の普及

明治時代初期の豚肉についての世間の評判は、健康によくないから食べないほうがよいなどといわれ、東京・永田町周辺の豚小屋は不潔で、いやな臭いが強いと、近所の住民が騒いだという。しかし、1882～83（明治15～16）年頃から豚肉の需要が増えはじめた。とくに、千葉県でのブタの飼育が盛んであった。

『即席簡便西洋料理』（1894［明治27年］）では、各種肉料理、豚肉や牛肉の塩漬けが紹介されている。『風俗画報』（1895［明治24年］）には、沖縄では大人も子供も豚肉を好み、首里や那覇では毎朝100頭以上のブタが処理されていることを紹介している。1902（明治35）年には、養豚家が、豚肉について、婦人に好まれる西洋料理・日本料理・琉球料理・中国料理

を提案し試食会を開催したようである（雑誌『日本』で紹介）。1906（明治39）年には、東京・渋谷の岩谷松平という実業家が、自宅で豚肉の宣伝披露し、豚肉の効用も説明したとの記録が、『国民新聞』に掲載された。東京帝国大学のブタの解剖学の権威であった田中宏教授は、1919（大正8）年に『田中式豚肉調理』を刊行し、豚肉料理の普及の一助となっていた。

「とんかつ」の誕生まで

明治初期には、骨付きカットレット、ビーフカツレツ、チキンカツレツなどが作られるようになった。1873（明治6）年に、仮名垣魯文は、『西洋料理通』に「ホールコットレッツ」の作り方を紹介している。それから23年後の1895（明治28）年、東京銀座の「煉瓦亭」は、これに千切り生キャベツを同じ皿に添えた「とんかつ」の前身となる「豚肉のカツレツ」を売り出した。これら、肉を油で揚げたカツレツは洋食の調理法を受け継いだものであり、昭和初期になって現在のような「とんかつ」が誕生するにいたったのである。

1918（大正7）年には、東京・浅草の「河金（かわきん）」が「かつカレー」を売り出し、1921（大正10）年に早稲田高等学院の学生だった中西敬三郎が「かつ丼」を考案した。1929（昭和4）年に東京下谷の「ポンチ軒」の島田信二郎は分厚いとんかつを作り出した。

豚肉が普及した理由として、日清・日露戦争時に、牛肉が不足したために、豚肉が利用されるようになったことがある。その理由として、庶民の生活から出てくる残飯で飼育する養豚業が発達していたからといわれている。明治時代のカツレツは牛肉が主体であったが、牛肉が不足するとポークカツレツの利用が増えた。大正時代には、中華そば（ラーメン）のチャーシューは豚肉で作られるようになった。

現在の肉豚の種類

ブタは、偶蹄目（ぐうてい）（ウシ目）、イノシシ科の動物で、イノシシを家畜化したものであった。偶蹄目でも反芻胃（はんすうい）をもつウシ科家畜と違って、単胃動物でカバと同じ不反芻亜目に分類されている。雑食で多産であることが食用としての家畜化へと展開されたと思われる。現代の日本人が食用としているブタは、その8割が異種間の交雑種である。その多くは、3品種を交配してできた「三元交配豚」である。それぞれ親ブタの優れた点を引き出すような交配を試みている。ランドレース、大ヨークシャー、デュロックの3種の三元交配豚が多い。ほ

かに、バークシャー、ハンプシャー、中国産ブタを交配したケースもある。
① 日本在来種（琉球在来種・沖縄在来種）

675年、天武天皇の時に殺生禁断の詔勅が発せられ、肉が食べられなくなるという理由からウマやウシのように役畜として使えないブタの飼育は衰えた。これらの時代にブタを飼っていたのは、肉食禁止の影響が及ばなかった、沖縄をはじめとする南西諸島であった。この頃に飼われていたのはアグーとよばれている島豚である。正確には琉球あるいは沖縄在来豚というべきものである。

- アグー　南西諸島では、14世紀に中国から伝えられた、小型でやや背がくぼみ、腹部の垂れた黒豚で、アグーまたは島豚とよんで飼われた。明治時代後期に西洋種のバークシャーが輸入されると、これらの種との雑種化が進み、一時アグーは姿を消した。その後、トカラ列島の宝島や沖縄本島北部に少数残っていた島豚の特徴を残すブタをもとに、アグーの復活が行われた。現在の沖縄には、アグーを食べさせる料理店があり、アグーを使った加工品も出回っている。江戸時代末期にイギリス船が難破し、そのときに船員を救助した南西諸島の島民へのお礼として、白いブタが贈られた。この白いブタと島豚の交配により、白黒色のまだら模様のブタができた。これはアヨーまたは唐豚とよばれた。

② 交雑種

- デュロック　ニューヨーク州の赤豚デュロックとニュージャージー種との交配によって成立したもので、デュロック・ジャージーとよばれていた。赤豚として知られているが、個体により濃淡があり、黒豚のものもある。もともとは、主として脂肪を利用するブタであったが、現在は精肉用ブタに改良されている。霜降りを形成する肉質となっている。
- ランドレース　デンマーク在来種に大ヨークシャーを交配して成立したものである。体長は長く発育の早い品種である。赤肉率の高い加工用型の白色品種である。デンマークなど北欧各地から世界各国に輸出されている。日本へは1960年に米国系が、その後ヨーロッパ各国からも輸入されている。
- 大ヨークシャー（ラージ・ホワイト）　ヨークシャー州で古くから飼われていた大型の在来白豚の中から精肉用種を選抜し、交配を繰り返して成立した。大型でラージ・ホワイトとよばれ、20世紀前半まで世界各

地で最も広く飼われた。日本には明治時代から輸入されている。肉質は赤肉と脂肪の割合がよく、ハムやベーコンなどに適した典型的な加工型品種である。
- バークシャー　バークシャー州の在来種に中国種やナポリ種などを交配したもの。全身黒色で、四肢の先と尾の先端が白色である。日本には1906年にイギリスから輸入された。精肉用で脂肪の質もよい。最近は、鹿児島だけでなく、全国で飼われている。
- LWD交雑豚　三元交配のブタで、日本で一番多いブタである。LWDの意味は、Lはランドレース（Landrace）、Wは大ヨークシャー（Large Yorkshire）、Dはデュロック（Duroc）を表している。

③ブランド豚
- 合成豚（ハイブリッド豚）　日本の最初のハイブリッド豚は、TOKYO Xで、デュロック・京黒豚・バークシャーの三元交配により成立したもの。東京という大消費地での高級豚肉の購買を目標としたブタで、東京都の青梅畜産センターで開発したもの。ロースにサシの入った霜降り肉をもつハイブリッド種である。
- 黒豚　日本で、黒豚のブランドで出荷しているものは、ほぼバークシャーで、純粋品種としての飼育頭数は一番多い。薩摩黒豚、六白黒豚（四肢と尾の先端が白色であることに由来）ともいわれている。筋線維が細かく、脂肪の融点が高く、脂肪が白色であり、鹿児島の郷土料理の角煮やトンカツが人気である。
- 中国豚　代表的な梅山豚は、典型的な脂肪用型のブタである。原産地は上海市近郊。大型の200kgから小型の75kgまである。頭部が大きく、顔に深いしわがあり、大きな耳、四肢の先が白色である。肉質がよく、日本でも少数が飼育されている。

猪肉、馬肉、山羊肉、羊肉、鹿肉ほか

　これまでしばしば述べてきたが、675（天武4）年に天武天皇は、肉食禁止の 詔 を出した。その後もしばしば肉食禁止の令が出されているのは、この詔を守らなかった人もいたということである。この肉食禁止の令は、シカ、イノシシ、ウサギ、キジ、カモ、山鳥などは禁断の対象としておら

ず、あらゆる肉食が禁じられていたわけではなかった。斎部広成の家伝
『古語拾遺』(807［大同2］年)に、「大地主神が農耕を始める日に農民
に肉を食べさせたところ、御歳神が怒った」という伝説があるところから、
肉食禁止の令は仏教の教えの他に、農耕の推進の目的もあったとも考えら
れている。

①イノシシ

イノシシは、ブタの先祖といわれている。アジアからヨーロッパにかけ
て、野生で広く分布する。農耕を開始した定住民族により、紀元前8000
〜6000年に西アジアや中国などで家畜化されたと考えられている。これ
が、ブタの家畜化へのきっかけともなっていると考えられている。日本で
は、北海道、東北地方を除く本州南部に分布し、山地に棲み、木の根やド
ングリ、シイを食べていた。

日本では、古くから食用とされていて、『日本書記』(720［養老4］年、
舎人親王らの撰)によれば、「山くじら」「ぼたん」の名で天武天皇の肉食
禁止の令の対象外となっていた。

良質のたんぱく質や必須アミノ酸も多く含み、低カロリーの食肉である。
イノシシ肉は疲労回復に良いビタミンB群を含んでいる。

②ウマ

ウマの肉は、その色から「桜肉」といわれている。また、ウマの習性か
ら「けとばし」「けっとばし」ともいわれている。日本のウマの在来種は、
与那国馬、宮古馬、トカラ馬(天然記念物)、御崎馬(天然記念物)、対馬
馬、野間馬、木曽馬、北海道和種(道産子、土産馬)の8品種である。

日本のウマは、5世紀頃の古墳時代に朝鮮半島を経て、対馬や北九州に
入り日本各地に広がった北ルート、中国南部の小型馬が南西諸島に渡り、
この地方の在来種となったのが南ルートの2種類がいる。現在の遺伝学的
解析では、これらの小型馬も北ルート由来であることが明らかになってい
る。15世紀頃に、シベリア沿海州から東北地方北部に蒙古馬が導入され
ているという記録も残っている。

馬肉の煮売り屋は、江戸時代後期に現れる。初めて馬刺しが食されたの
は1887(明治20)年の長野県松本市であり、これが馬肉料理が長野名物
になった由来といわれている。近年、馬肉に寄生する原虫類のサルコシス・
フェアリーが食中毒を起こすことがわかったが、国内で流通する生食用馬

肉は一度冷凍して寄生虫対策がとられているので安心できる。
- **与那国馬** 沖縄県与那国島に残る小型の在来種である。かつては、島の米、サツマイモ、薪、野草、サトウキビの運搬に使われる役畜として欠かせなかった。2007（平成19）年に島内の北牧場、東牧場、民間牧場で飼われ始めた。現在、子どもたちへの体験学習や観光用に利用され日本のポニーとして新しい活用がされている。
- **宮古馬** 琉球列島のウマの産地であった宮古島では、琉球王朝時代から飼われていた小型の在来種。明治時代までは宮古島の基幹産業であるサトウキビ畑の農作業や運搬で活躍していた。生存数が少なく、1991（平成3）年に天然記念物として指定された。現在は、一部が北海道の十勝牧場で飼われるようになり、乗馬や引き馬体験などに使われている。
- **トカラ馬** 鹿児島トカラ列島の宝島に残されていた小型の日本在来種。1953（昭和28）年に天然記念物に指定された。農業や運搬手段の機械化に伴い、宝島では必要でなくなったので、1962（昭和37）年から鹿児島県指宿市の開聞山麓自然公園で、保存に使われるようになった。1980（昭和55）年にはトカラ列島中之島に移されている。現在は、中之島、入来、開聞岳のほか、平川動物公園、上野動物園でも飼われている。
- **御崎馬** 宮崎県南端の串間市都井岬に放牧されている日本在来種。岬馬ともいわれている。江戸時代から飼育されていて、農耕馬、軍馬として使われていたが、現在はその必要がなくなり、生存している頭数が少なくなり、1953（昭和28）年に日本在来種「都井岬の野生馬」として、国の天然記念物に指定された。大正初期に鹿毛のトロッター系の種馬と交配している。
- **対馬馬** 長崎県対馬に、朝鮮半島から渡来した体高120〜130cmの馬。古くから、人や荷物を運ぶために利用されていた。2006（平成8）年には25頭に減少したが、その後31頭まで増加し、現在は長崎、仙台、北海道の牧場で飼われている。
- **北海道和種** 「どさんこ」として親しまれている北海道で成立した日本在来種。北海道には、鎌倉時代にこのウマが持ち込まれ、江戸時代には、松前藩がニシンの運搬に使っていた。
- **寒立馬と食用馬（プルトン種）** 下北半島の多名部では、本州最北端の

牧場で、小型の南部馬を周年放牧し、多名部馬とよんでいる。地元では「野放ち馬」とよばれていたが、1970（昭和45）年に短歌で「寒立馬」と読まれたことから、寒立馬の名が有名になった。現在の寒立馬は小型の南部馬とブルトンとの交配によってできた大型の半血馬である。ブルトンはブルターニュ半島の原産である。海岸地方には大型タイプ、山岳地方は小型タイプである。寒立馬は農耕馬としての役目も終わり、観光と食肉用の肥育馬として飼われている。

また、日本では、食肉用のウマとして、ブルトン種にベルシュロン種とアングロ・ノルマン種を交配したものに、ボスチェ・ブルトン種とトレイ・ブルトン種があり、宮崎県と熊本県で飼育されている。なお、食用肉はニュージーランドから輸入している。

③シカ

シカ肉は、滋養強壮剤、スタミナ食として古くから珍重されている。縄文時代の人々の主な狩猟の対象は、シカとイノシシであった。シカの肉だけでなく内臓、脳、骨髄も食用にし、皮は衣として利用していた。弥生時代頃から、シカを「霊獣」として扱う傾向がみられるようになった。日本の神話や伝承では、豊作を願って水田にシカの死体や血を捧げる儀式が行われたとも伝えられている。神の使いである神鹿として最も有名なのは、奈良の春日大社・興福寺のシカである。

日本国内に棲息するニホンジカは、エゾシカ、ホンシュウジカ、キュウシュウジカ、マゲシカ、ヤクシカ、ケラマジカ、ツシマジカなどの亜種に分けられる。近年、食用として注目されているのは北海道のエゾシカである。日高・十勝・釧路・根室・オホーツクなどの道東・道北に棲息しているが、1990年代以降、空知・留萌・石狩地方にも棲息するようになった。資源保護のために捕獲が制限されていたが、一夫多妻で繁殖力の強いエゾシカは増えて自然の植物生態や田畑を荒らすことから、エゾシカの捕獲が進められ、食用としての利用が考えられるようになった。現在、シカ肉は脂肪が少なく鉄分とたんぱく質の多い肉として注目されるようになっている。

④ウサギ

ウサギの祖先は、ヨーロッパ大陸の南西端に突出するイベリア半島に分布する野生のアナウサギといわれている。11世紀頃に家畜化され、15世

紀にはヨーロッパ各地に広まった。繁殖力が強く、オーストラリアなどの世界各地で、外来種として問題のある動物となっている。

　明治時代になって、欧米からいろいろな品種のウサギが輸入され、江戸時代から飼われていたウサギと交配され、日本での改良品種ができあがった。代表的なものに、日本白色種、秋田改良種といういずれも毛皮の白色のウサギがある。

　現在の日本では、食肉としてのウサギの需要はほとんどない。かつては、いろいろな肉用品種が輸入され、食用としてウサギは利用されていた。とくに、東北地方では第二次世界大戦後の食糧不足の時代は利用頻度が多かったと伝えられている。欧米では、今でもウサギ肉が食用として利用されている。とくに、フランス料理の食材として有名である。

⑤ヒツジ

　『日本書紀』には「羊二頭百済（くだら）より貢がる」（599年）とある。その後、802年に新羅、935年大唐、1077年に宋から朝鮮半島を経て日本に渡来したと考えられている。導入の目的は食肉としての材料ではなく、羊毛の生産が主目的であった。日本の湿潤な気候の風土は、ヒツジの飼育に適さず、古くからの在来種は存在しない。

　明治時代、主に羊毛の消費増加に対応するために、政府の奨励により本格的な緬羊（めんよう）の飼育が始まった。1908（明治41）年になって、北海道の月寒（つきさむ）の種畜場で牧羊に成功し、今日に至っている。また第二次世界大戦後の食糧難の頃、動物性たんぱく質源として、また食肉加工品の材料としてオーストラリアやニュージーランドから輸入するようになった。

　世界的には家畜化し、食用として利用していたのは約8,000年も前といわれており、紀元前8000年頃の西南アジアの遺跡からヒツジの骨が出土している。

　明治時代にはいろいろな品種が欧米から輸入された。特に日本の風土に馴染んだコリデール種が広まった。現在は、サフォーク種が多く飼われている。

- コリデール　コリデールの原産地はニュージーランドで無角の毛肉兼用種であった。日本へは、1914（大正3）年に初めて輸入され、第二次世界大戦前後からしばらくは、日本で飼育していたヒツジの主流であった。
- サフォーク　原産地は、イギリスのサフォーク州の肉用種である。日本

で飼育されている現在のヒツジの主流の品種である。1956（昭和31）年から日本に輸入されるようになり、1992（平成4）年には日本のヒツジの約90％を占めるようになった。脂肪のつきにくい肉質で、子羊の肉はヘルシーで臭みがなく、国産ラムとして人気がある。なお、現在、北海道の名物となっているジンギスカン鍋用の羊肉は、オーストラリアやニュージーランドからの輸入肉が多い。

- **羊肉の食品成分**　脂肪層を除けば、赤身肉はたんぱく質含有量が多く、鉄分（羊肉のミオグロビンやヘモグロビン由来の鉄）が多い。カルニチン（マトン100g当たり280mg、ラム100g当たり134mg）という疲労回復に関与するアミノ酸が多く含むことからも注目されている。たんぱく質のアミノ酸組成のバランスがよいことも食用肉として注目される点である。

- **マトンとラムの食品成分の違い**　生後1歳未満の肉は「ラム」、生後2歳以上の成羊の肉は「マトン」とよんでいる。ラムはマトンに比べて臭みもなく軟らかいので、フランス料理など高級料理の食材として使われる。マトンの臭みは脂質成分（カプリル酸）、ペラルゴン酸、アルファメチル酸など）によることが大きいので、脂肪層を除くか、保存や熟成を丁寧に行い、臭みを緩和して使っている。使用の前には、3～5℃で熟成（10～15日）させて、たんぱく質を分解させてうま味成分を増やす。現在、ニュージーランドやオーストラリアから輸入している羊肉は、ロールラムまたはロールマトンといわれるロール状の形にした冷凍肉である。流通している羊肉にはあらかじめ焼肉用のタレに漬けこんだものもある。北海道では、松尾ジンギスカンチェーンのタレが多く流通していて、他社が北海道の市場を開拓しようと試みても、難しいとの評判である。

⑥ヤギ

日本では、ヤギ肉を食べる習慣があるのは、沖縄県である。沖縄県のハレの日に食べられる沖縄独特のヤギ料理は、よく知られている。

日本で初めてのヤギは、9世紀に嵯峨天皇の頃に、朝鮮半島から九州に伝わったとされている。江戸時代には、長崎では白いヤギ（柴ヤギ）、鹿児島から沖縄では有色のヤギ（トカラヤギ、屋久島ヤギ、与那国ヤギなど）が肉用として飼われていた。沖縄のヤギは15世紀以降に東南アジアから導入されたという説もある。肉用の有色ヤギが導入され、今でも沖縄の行

事には欠かせない食用のヤギとなっている。明治時代になって乳用のザーネン種（白色）が導入された。日本の乳用ヤギは、長野県や群馬県を中心に飼われている。

⑦クマ

日本で、クマが食用として利用されている地域は、ツキノワグマやヒグマが棲息する地方である。熊の胆のうは熊胆とよばれ、万病に効く民間薬として古くから利用されていたといわれている。熊肉は野生の動物を狩猟しているマタギが生活のために煮物やクマ汁で食べるのがほとんどだった。現在でも、狩猟によって捕獲されたクマが流通するだけで、大量には出回っていない。食べられる店は、古くから野生動物を食べさせている店か、フランス料理でのジビエ料理を提供する数少ない店に限られる。現在では、クマは保護獣となっているので、11月15日から2月15日までの狩猟期のみ狩猟できる。肉は美味しいといわれているが、解体が難しく、寄生虫に関しても心配な問題が多いといわれている。

⑧アザラシ

アザラシは北極圏から熱帯、南極まで幅広い海域に棲息する。アザラシは体重50kgのワモンアザラシ、3,700kgにも及ぶナミゾウアザラシなど10属19種がある。日本近海にはゴマフアザラシ、クラフアザラシ、ゼニガタアザラシなどが棲息している。日本では古くからアザラシ猟が行われてきた。北海道の先住民のアイヌや開拓期の入植者も利用した。昭和期になって皮はカバンの原料に、脂肪は石鹸の原料として利用された。昭和30年以降に、一時、土産物お革製品の材料となったが、環境保護の流れから皮革の材料としての需要が少なくなった。

⑨トド

北海道、知床半島の羅臼には、1～5月にトドが現れる。アイヌ料理の材料として利用されていた。現在では「トドカレー」が郷土料理となっている。

⑩カエル

カエルはフランス料理の材料として特に知られているが、世界中で食用として利用されている。食用として利用されるカエルは、アカガエル系のウシガエルである。日本には、大正時代（1912～26年）にアメリカから移入・養殖されたが、現在は野生化し、日本の料理で取り扱う店は少なく

なった。
⑪**クジラ**
　イルカを含むクジラ類は、太古から日本人に良質な食糧や油脂、飼料、肥料、工芸素材、建築資材、その他種種の生活手段ももたらした貴重な存在であった。千葉県館山市の沖にある沖ノ山という島で発見された、紀元前8000～7000年頃の遺跡から、大量のイルカの骨が発見されたので、縄文時代前期の人々がイルカを含むクジラを捕獲し食べていたと思われる。

3 世界の宗教と食肉文化

日本における仏教の伝来と食肉文化

精進料理と食肉

　仏教に関わる代表的料理には、精進料理がある。寺院で仏事に臨んで心身を精進させるために、美食を戒め素食により悪行を去り、善行を修めることを意味している。もともと、初期のインド仏教の精進料理は、僧侶が殺した動物の肉や僧侶がその殺すのを見なかった動物の肉でなければ食べてもよかった。その後、インド仏教の改革派（大乗仏教）の精進料理では肉を食べることを禁じた。日本に渡来した精進料理は、インド仏教の改革派の大乗仏教の影響により菜食料理として発達した。精進料理は、導入された国々で違いがある。中国の精進料理では、無精卵・乳製品などの使用が認められている。朝鮮半島の精進料理は寺院、宮廷、市中の料理店、家庭によって違うようであるが、日本の精進料理を模倣したものといわれている。

日本の精進料理

　仏教の殺生戒律が広まる鎌倉時代前期（1185～1223年）に、臨済宗の栄西、曹洞宗の道元は、宋から禅宗をもたらし、中国の僧院風料理を日本の寺院の食事の内容として導入した。その中から、僧侶が空腹を癒すための「点心」が導入され、さらに日本特有の精進料理が発達した。魚介類や肉類は取り入れずに、穀物・野菜・海藻だけで料理する、一汁三菜・一汁五菜・二汁五菜などの厳しい

掟がある。

　精進料理から懐石料理が生まれ、さらに、会席料理へと変貌し続け、これらが基盤となって、やがて日本料理の主流を形成する。

　日本の精進料理は、菜食であるが、味がしっかりとしており、身体を酷使して塩分を欲する武士や庶民にも満足のいく濃度の味付けとなっていた。味噌という調味料、またすり鉢という寺院の台所に必須の調理器具、根菜類の煮しめといった調理法は、その後に発達している日本料理そのものに取り入れられた。豆腐、高野豆腐、こんにゃく、浜納豆（塩辛納豆）、ヒジキも精進料理には欠かせない食材である。こんにゃくや根菜類は、肉などの形にした「もどき料理」が作られるのも精進料理の特徴である。

イスラム教と食生活（ハラール）

　日本国内において食生活を含め宗教問題を考えるときには、主に仏教、神道、キリスト教などを対象として考えることが多く、意識してイスラム教の食生活や習慣などを考えることは少なかった。第二次世界大戦後、世界各国の人々が宗教上の問題は関係なく、日本を訪れることが多くなった。10年ほど前からアラブ首長国連邦―成田空港との航空路線が開通し、2013（平成25）年になりアラブ首長国連邦―羽田空港の路線も開通した。そのために、空港のターミナルばかりでなく、電車や街中でも、これまでよりも回教徒らしい外国人を見かけることが多くなった。そこで、日本のレストランでも回教徒のための食事を用意しているところもあり、回教徒が利用するエアラインでも彼らのための食材を使わなければならなくなった。

　イスラム法で許された食べ物のことは、ハラール（Halal）といわれる。イスラム法のもとではブタ肉を食べることは禁じられているが、その他の食品でも、調理や加工に関して一定の作法が要求される。ブタだけでなく、イヌやトラ、ロバ、ラバなどの牙や爪のある動物を捕獲することも、食べることも禁止されている。牛肉、鶏肉を利用する頻度は多い。この際、ウシやニワトリの殺し方にもイスラム法の教義の正規の手順に従って処理したものでなければ食べられない。根本的な手順としては、調理や加工に携わる人は、ウラマー（イスラム社会における知識人、日本ではイスラム法学者と記している）によってイスラム法に従った教義を受けなければなら

ない。取り扱う食品はもちろんのこと、調理場も調理器具もイスラム法による宗教的処理をしなければならないし、ハラールの食事を作る調理場は、ハラールだけの調理場でなければならず、食器もハラール専用でなければならない。もちろん、食材、食器、調理器具の保管場所も保管箱もハラール専用でなければならない。

イスラム法ではブタは汚らしい動物として食べることは禁止され、牛肉や羊肉の利用が多い。食肉に関しては標準的には以下の規則がある。一般的には以下の規則が記載されているが国や宗派によって違いがある。筆者の経験では調理に関わる人が全てイスラム法の教義を受けねばならない。機内食の場合は Airline が所属する宗派によっても違う。日本では、ハラール専門の食品会社や問屋から、調理する会社に届けられる。

- **エサ** 家畜が食べるエサには、ハラールに違反するものが含まれてはならない。
- **屠畜** 必ずイスラム教徒(ムスリム)が殺したものでなければならない。鋭利なナイフで「アッラーの尊敬する言葉を」唱えながら屠殺する。電気ショックは禁じられているが、仔羊や仔牛などの種類によって、電流、電圧、通電時間が細かく規定されている。絞殺、撲殺は禁止されている。
- **解体処理** ウシは完全に血液が抜けて死んでから解体を行う。血液を食することは禁止されている。完全に血液を抜いたものでなければならない。
- **輸送保管** 保管場所や輸送には豚肉やハラールで禁じられている食品と一緒に存在していてはならない。
- **ハラールと食品衛生** イスラム法に従って食肉などの動物性食品や野菜などの植物性食品を処理したものは、基本的には衛生的であり、HACCPと同様の衛生上の処理・管理が行われている。

4 日常生活の中の食肉の位置

食肉に関する意識

　(公財) 日本食肉消費総合センターが2011 (平成23) 年10月に、20歳以上の人を対象に「食肉に関する意識」を調査した結果、次のようにまとめられている。

①肉料理の頻度
　牛肉については週に1回程度が35.7％、月に2～3回程度が27.4％であった。豚肉については、週に1回が38.6％、週に2～3回程度が37.7％であった。鶏肉については週に1回程度が42.3％、週に2～3回が29.5％であった。全国的には、価格の安い鶏肉や豚肉を利用する頻度が多いことが推察できる。

②食肉に対するイメージ
　牛肉、豚肉、鶏肉について「スタミナ源がある」「たんぱく質が豊富である」というイメージが多く、また「調理しやすい」というイメージも多い。魚のように頭や骨がないことによると思われる。豚肉、鶏肉については「価格が手ごろである」というイメージも多い。鶏肉については「カロリーが低い」とイメージする人が多いのは、ダイエットの食材として適当であるととらえている人が多いためであると推測できる。

③産地別食肉の購入意向
　食材や料理については、いろいろな意見を言う人が多い。それは一部の人たちで、一般には産地をチェックして購入する人は少なく、安ければ産地を気にせず購入する人がほとんどである。産地にこだわる人の中でも、他の産地のものより安ければ購入するという意見も多い。

野生動物（ジビエ）と日本人の食生活

ももんじ屋（薬食いといわれた獣肉の料理店）

江戸時代には、イノシシは山クジラ・ボタンといわれていた。イノシシは、「薬喰い」として珍重された。「過食すると中毒を起こすとか、脂肪が多い肉なので、体が温まる」という意味で「シシ食ったむくい」といわれていた。幕末になると、薬喰いが盛んになり、「ももんじ屋」が登場した。現在は、東京・両国に野獣肉を専門に食べさせる「ももんじ屋」が残っている。ももんじはムササビ科に属するモモンガアとも関連した言葉で、日本で最初にできた「けもの店、けだもの店、ももんじ屋」は、江戸麹町であった。その後イノシシもサルを取り扱う店は山奥屋獣肉店ができ、店先に「山くじら」と書いた「山くじら店」が現れた。

「山くじら」と書いた行灯も現れた。紅葉、イノシシを表す牡丹の絵を渋柿で防水した戸障子に書いたものも登場した。この頃の麹町は獣肉店が多く、庶民の間では「麹町の鳥屋」とよばれた。甲州屋・豊田屋・港屋などが知られた店であった。

古くから日本で愛されてきたイノシシ肉

江戸時代には、獣肉を食べる店は、「ももんじ屋」としてイノシシ肉を食べさせた。冬にはイノシシ鍋を食べると体が温まることから、山間部の温泉旅館では、冬の料理にイノシシ鍋を提供するところは多い。資源保護により増えてきたイノシシは、地球全体の環境の変化や森林地区の開発による自然環境の変化によって、人の生活圏まで侵入し、田畑や人間に悪影響を及ぼすようになったので、自然の生態系を守りつつ、イノシシの積極的捕獲によるイノシシの新しい食用化が考えられている。たとえば、ジビエとしての食材のほかにソーセージなどの加工品への応用も考えている自治体もある。

昔から、マタギ（北国の伝統的狩人）は、狩猟のベースとなる山小屋で、捕獲したイノシシの味噌仕立ての鍋料理をつくるので、映画やテレビで見かける映像からイノシシ鍋のイメージをもっている人は多い。代表的なイノシシ料理としては牡丹鍋（イノシシ鍋）、バーベキュー用の食材、佃煮がある。フランス料理でも代表的ジビエである。

鹿狩りと食用シカ

縄文時代の人々の主な狩猟の対象はシカとイノシシであった。日本語の「シカ」の語源は肉（食肉）を意味する「シ」（シシ）と毛皮を意味する「カ」が合わさったものと考えられている。古代人はシカの肉は食用品や皮は衣料品の重要な供給源としていた。遺跡から出土するシカの遺体から、頭蓋骨の後頭部が破壊されていたり、四肢骨がらせん状に割られている状況から、肉の他に内臓だけでなく脳、骨髄も食用としていたと推測されている。四肢の骨はノコギリやヤス、釣針などの狩猟や釣りの道具、首に飾る装飾品などに加工して使っていたことも推測されている。

鹿狩りと神鹿（しんろく）

弥生時代以降は、シカは害獣とみるようになり食料としての対象としては低下した。そのため、害獣駆除の目的の狩猟や農閑期に狩猟の対象となっていたが、シカを「霊獣」として扱う傾向も芽生えてきて、土器などのモチーフとして登場するようになった。神話や伝説からは、シカの角は、1年ごとに生え替わると同じように、食料として重要だった稲も1年周期でできることから、稲に関わる水田にシカの死体や血液を捧げ、豊作を祈ったと伝えられている。古墳時代になり、シカは形象埴輪のモチーフとなって登場している。

奈良時代からは、仏教の影響で狩猟が抑制されたが、その後もシカ肉を食べる人は多かった。675年に天武天皇が肉食禁止令を出したが、その対象としてシカとイノシシの肉食を禁じたものではなかった。奈良の春日大社（春日神社）、茨城の鹿島神宮、静岡の富士宮市の浅間神社（富士山本宮浅間神社、北口本宮富士浅間神社）などの古い神社には、神鹿（しんろく）が飼われているのは、日本人と鹿狩りの古い関わりの名残りでもあろう。

奈良公園のシカはよく知られ、天然記念物とされている。とくに白シカは数年に一度しか生まれないとして貴重となっている。一方、広島の宮島の放し飼いのシカは、千数十年前から飼育されている。近年は、シカによる食害が問題となっている。

現在、シカは日本各地に分布している。資源保護のために捕獲が制限されていたことから、個体数が急増し、自然体系を破壊するほど自然の植物に被害をもたらし、栽培している野菜なども食べてしまうほど食害を与えている。これまでは棲息していないとされていた秋田県の白神山地でもニホンジカの棲息が確認され、白神山地の白樺への被害と自然体系への影響

が懸念されている。

5
肉の熟成とうま味

肉の「美味しさ」を決める要因は何か

　食べ物に求められる条件には、空腹を満たすこと、安全であること、栄養になること、そして美味しいことなどをあげることができる。美味しさは、食欲も満足させるばかりでなく、心も豊かにする。美味しさを評価する方法として、味覚センサーやテクスチャー測定器などの機器が利用されるが、最終的には、私たちの口腔内や舌で感じる味覚が重要な要因となっている。さらに、食器に盛られている料理を見て、形、彩り、食材の色、香りも重要な要因である。肉の場合は、鉄板やフライパンで焼く音やバーベキューのように調理中の香りも美味しさの要因となることがある。

美味しさの要因の「食感・味・香り」

　肉の美味しさで重要な要因はテクスチャー（食感）、味、香りである。テクスチャーは、舌触りや歯触り、歯ごたえ、噛み切れる程度、固さや弾力性などの物理化学的性質と美味しさとの関係である。これらの物理化学的性質は、温度とも関係がある。肉の中のコラーゲンは、加熱により温度が加わるとゼラチンに変わり軟らかくなる。シチューのような長時間加熱する料理の場合、例えばスジ肉に含まれている結合組織の中のコラーゲンは水溶性のゼラチンに変化するので、全体として軟らかくなる。結合組織に含まれるエラスチンは変化しないで残るので、加熱してもある程度の歯ごたえや弾力性が残る。

　肉を含み動物性うま味成分には、遊離アミノ酸、ペプチド（数個のアミノ酸の結合したもの）、核酸関連物質（イノシン酸など）がある。植物性食品を利用した場合には、糖類、有機酸類、無機イオンなども関係している。遊離アミノ酸には、うま味系の主体となっているグルタミン酸、甘味系のあるグリシンのほかに、酸味系や苦味系のアミノ酸がある（図1）。

うま味は熟成によってつくられる

①と畜後に硬くなってから軟らかくなる

　私たちが購入する肉は、生きている動物をと畜によって生命を絶ってから、利用しやすい軟らかさやうま味をもつようになっている。と畜後しばらくの間は、動物の筋肉は、生きている時と同様に軟らかいがうま味はない。動物の種類によって違いはあるが、と畜後、おおむね1～2時間も経過すると硬い筋肉へと変化する。この硬くなった状態は死後硬直といわれる。死後硬直の始まる時間は、牛肉で1日程度、豚肉で半日程度、鶏肉で1～2時間である。

②死後膠着の後の熟成期間にうま味成分が生成

　死後硬直の時間が経過すると、半日から数日かけてゆっくりと硬直が解けて軟化へのステージに入る。硬い筋肉が軟らかくなることを軟化という。このステージに入ると、筋肉内にあるATP（アデノシン3リン酸＝生きているときのエネルギー源となっている成分）は、酵素の作用を受けて分解されうま味成分のイノシン酸が生成される。生命があり活動しているときには、ATPは筋肉細胞のミトコンドリアに存在してエネルギー代謝に関わっている成分である。

③熟成によるうま味の生成

　死後硬直が終わり、軟化した肉は、低温（冷蔵庫、チルドで貯蔵しておくと、熟成（aging エイジング）のステージに入る。この貯蔵中の熟成の過程で、筋肉内に存在しているたんぱく質やペプチドを分解する酵素のペプチターゼ peptidase の働きによって、うま味成分のアミノ酸やペプチドが生成される。熟成した肉はフレーバー（風味）が向上し、うま味が増える。熟成期間は、牛肉では1～2週間、豚肉では1週間前後、鶏肉では半日～1日間が必要となる。

④「肉は腐る寸前がうまい」は本当か

　肉の熟成中の重要な成分変化は筋肉を構成しているたんぱく質がたんぱく質分解酵素の作用により、ポリペプチド→オリゴペプチド→ジペプチド→アミノ酸へと分解していくので、オリゴペプチド、ジペプチド、アミノ酸などのうま味成分が蓄積する。ところが、長時間の熟成中に、前もって肉に付着していた腐敗菌が増殖し、アミノ酸をトリメチルアミンという腐

敗臭のある成分に変えてしまう。アミノ酸がトリメチルアミンに変化する前のステージは、アミノ酸が最も豊富に存在している段階であることから、「腐る前がうまい」といわれているのである。さらに、トリメチルアミンはアミンやアンモニアに変わりやすい。アミンはピリッと辛味があり、アンモニアは臭い（アンモニア臭）ので、食べ物としては不適当となるのである。

　余談：缶詰のシーチキンからヒスタミンが検出され、ヒスタミン中毒が起こるかもしれないことから数百万個が回収ということになった。これは、原料のサバの保管ミスにより、ヒスタミンが生成された事件であるが、たんぱく質含有量の多い肉でも、管理状態が悪ければ、ヒスタミンが生成するから、熟成中の温度や雑菌の付着防止など衛生管理、温度管理は重要なのである。

⑤加熱により生まれる和牛香

　牛肉は、鮮度のよい生肉のときは生鮮香がする。ところが、加熱すると、香ばしい加熱香気に変化する。牛肉の香りは脂肪由来の成分が関与している。黒毛和種の新鮮な肉を加熱すると、黒毛和種特有の独得の脂っぽく、コクのある甘い香りが生まれるのも脂身が関係しているのである。この香りは「和牛香」といわれ、和牛の美味しさを決定する要因となっている。和牛香は、薄切りした肉を空気中で5日ほど貯蔵してから、80℃で加熱すると最もよく香る。これらのことから、牛肉の美味しさは、脂肪が極めて重要な役割を果たしていると推測されている。とくに、脂肪を構成している脂肪酸のオレイン酸の割合が高い肉は、融点も低く、口溶けもよい。

　給与する飼料の種類の違いは、肉質やうま味にも影響するので、生産者は銘柄牛や銘柄豚をつくるためには、飼料の配合成分や原料について独自で開発していることが多い。

美味しい食肉ができるまでのウシやブタの飼料と飼育

①ウシのサシ肉の造成と飼育

　ウシは草食性の動物であるから、放牧して牧場の生草を食べさせるか、牧草地から刈り取った草をそのままか、サイロで発酵させたものを給与する方法がとられている。発酵により生成した乳酸や酢酸は、カビの発生を防ぐため、長期間の保存ができる飼料となる。ウシの肉質を向上させるた

めにはビタミンA（牧草のカロテンはヒトでもウシでも、体内でビタミンAとして作用）のコントロールが重要なことがわかっている。高級牛肉の肉質の条件として必要なサシの入った肉（脂肪交雑した肉）の多いものをつくるには、ビタミンAの給与を制限するとよいことが、明らかになっている。ビタミンAは肥育のために必要なので、牧草に存在するカロテノイドは欠かせない成分であるが、からだがある程度出来上がっている肥育中期は、脂肪を沈着させる時期なので、この時期にはビタミンAを制限することで、脂肪が筋肉内に入り込むと考えられている。

サシの入った牛肉は美味しいが、脂肪の含有量の多いサシはエネルギーの多い肉であり、食べ過ぎは脂肪摂取オーバー、血中コレステロールの増加など健康面でリスクのある肉と考えている人も多い。一方、赤身肉は脂肪含有量は少なく、たんぱく質含有量が多い。体の成分の補給だけではなく、神経伝達物質の生成にも必要な成分でもあることから、自律神経系の疾病が多くなった現在では、重要なものとみなされている。

②飼料はブタの肉質にも影響

ブタは、消化管が人のものと似ていて、なんでも食べる雑食性である。かつては、家庭の残飯がブタの餌として貴重であったのは、その雑食性を利用したのである。現在使われている基本的配合飼料は、粉砕したトウモロコシを中心に、大豆から油の搾りカスに、ビタミン類、ミネラル類を添加したものが多い。また、肉質を良くするために、麦やコメを配合飼料の中に混ぜたものもある。麦やコメを全体の20％ほど混ぜた配合飼料を給与することにより、脂肪の質がよくなり、脂肪の甘味も発現して、ほのかな甘味のある豚肉ができる。

牛肉の部位と特徴

ウシをと畜した後、頭、足（脚）、皮、内臓を外し、左右2分割（右半丸＋左半丸）した骨付き肉を「枝肉」という。そこから、さらに抜き骨・整形して各部位に区分けしたものは「部分肉」という。部分肉から「すじ」や不要部分（くず肉）を切除し、すぐに調理などができる状態にしたものは「精肉」という。

- ネック（ねじ）　首の部分。運動量が多いため、硬くきめの粗い肉質。赤身で脂肪は少ないことから、ひき肉にして利用することが多い。味は

濃く、ゼラチン質を多く含むことからシチューなどの煮込み料理に使われる。家庭や集団給食では使わないので、食品成分表に成分値は掲載されていない。

- かた（うで）　肩の部分。運動に使われる筋肉が集まっているところで、赤身肉。すじが多く硬い肉質だが味は濃い。薄切りにして炒め物にするか、煮込み料理に合う。
- かたロース（くらした）　肩から背にかけての背最長筋の部分で、ローストビーフに使われる。脂肪交雑の入りやすい部位で、脂肪の風味も良い。薄切りして焼肉、すき焼き、しゃぶしゃぶに向いている。「脂肪つきかたロース」の脂質含有量は37.4％、たんぱく質は13.8％、「赤身かたロース」の脂質含有量は26.1％、たんぱく質は16.5％。
- リブロース　かたロースから続く背の部分。「リブ」（rib）は、肋骨・あばら骨の意味。肉質はきめが細かく、風味がよい。食感はやわらかい。よく肥育したものは、美しい鹿の子模様の脂肪交雑が入っている。ローストビーフやビーフステーキに使われる。
- サーロイン　リブロースから続く背の部分。名称の由来は、「腰肉」が「ロイン」、「上部」が「サー」とよぶことにある。アメリカでは「ストリップロイン」とよぶ。牛肉の高級部位の1つで、脂肪交雑がきれいに入り、風味もよく、軟らかい肉質である。ステーキ、しゃぶしゃぶに適している。
- ヒレ（ヘレ、テンダーロイン）　サーロインの内側に左右2本がある。ウシ1頭から3％ほどの重量しかない。テンダーロインは「軟らかい腰肉」の意味。ヒレはフランス語の「フィレ」（糸、切り身）に由来する名称。個体の内部のほうに位置している筋肉なので、ほとんど運動をしない筋肉であり、きめ細やかで軟らかい肉質。ヒレの脂質含有量は15.0％、たんぱく質の含有量は19.1％。調理においては加熱しすぎないのが美味しい料理をつくるポイント。
- ばら　肋骨の腹側の部分。赤身の層と脂の層がはっきりしている。韓国料理での「カルビ」の部分。線維が多いので硬く、脂肪のうま味も加わるので濃厚なうま味がある。脂質含有量は50.0％、たんぱく質は11.0％。シチュー、牛丼、すき焼き、焼肉などで食べることが多い。
- モモ　大腿の部分。内側の「うちもも」（うちひら）は脂質含有量の少

ない赤身肉である。食品成分表では「もも」として記載されている。脂身つきの脂質含有量は17.5％、たんぱく質含有量は18.9％。赤身肉の脂質含有量は10.7％、たんぱく質は20.7％。焼肉、しゃぶしゃぶなどに適している。

- そともも（そとひら）　大腿の外側部分。最も運動の激しい部位。肉質はきめ細やかであるが、硬い。角切りし煮込み料理に使うか、コンビーフの材料として利用される。脂質含有量20.0％、たんぱく質17.8％。
- ランプ（ラム）　サーロインの位置に続く、腰から尻にかけての部位。「いちぼ」「らんいち」の別名がある。肉質は赤身で軟らかい。1頭のウシから1.5kgほどしかとれない貴重な部位。焼肉店では「幻の肉」といっている。赤肉の脂質含有量13.6％、たんぱく質含有量19.2％。
- すね（ちまき）　足の部分で、前足は「まえずね」（まえちまき）、後足は「ともずね」（ともまき）という。運動量の多い部位であるから、赤身の赤色は濃く、筋があり硬い。煮込み料理、ラーメンなどのダシをとるのによい。

豚肉の部位と特徴

- ネック　首の部分。1頭から数百グラムしかとれない希少な部位。以前はほとんど食べなかった部位であったが、1996年頃北海道旭川市の焼肉店がだしてからブームとなった。とろりとした食感から「豚トロ」といわれている。PorkのPをとって「Pトロ」ともいわれている。
- かた　肩の部位。肉色は、他の部位に比べるとやや濃い。比較的運動量の多い部位であるから赤肉が多く、きめが粗い肉質である。ほどよい脂肪があるので、豚肉の風味を感じる。いろいろな料理に使われる。カレー、シチューなどの煮込み料理にも使われる。赤肉の部位の脂質含有量は3.5％、たんぱく質は21.4％である。
- かたロース　肩から背にかけての「背最長筋」の部位。よい品質のロースは、鮮やかな淡い灰紅色でコクがある。使用にあたっては筋切をするのがポイント。生姜焼き、ソテー、とんかつ、肉じゃがなど、用途は広い。赤肉の脂質含有量は6.8％、たんぱく質含有量は20.5％である。
- ロース　「かたロース」から続く背の部分。肉の色はやや赤みのあるピンク色である。肉質はやや粗い。筋肉の間に適度な脂肪が存在している

ため、コクもある。赤身肉の脂質含有量は4.6％、たんぱく質含有量は22.9％。生姜焼き、とんかつ、肉じゃがなどに使われている。
- ヒレ　ロースの内側に2本存在している。1頭に1.5〜2％しか存在していない。きめが細かく、軟らかく、脂質含量の少ない肉質である。ヒレカツ、はさみ揚げなど脂肪を補う料理に適している。脂質含有量.7％、たんぱく質含有量は22.7％。
- ばら　肋骨の腹側の部分。脂肪層と赤肉の層が交互に重なり3層になっている。「三枚肉」「スペアリブ」といわれている部位。肉質は極めて粗いが、全体的に軟らかく、脂肪層の特有なコク味を発現している。角煮、シチュー、スープなどとして利用している。また、ラーメンのだしを調製するために使われる。沖縄料理には、豚肉を使う料理が多い。角煮（ラフティー）や煮込み料理の「ラフテー」は、よく知られている沖縄のバラ肉料理である。脂質含有量は40.1％、たんぱく質含有量は13.4％。
- モモ　大腿の部分。「うちもも」と「しんたま」に分けられる。赤肉できめが細かく、軟らかく、脂質含有量が少ない。さまざまな料理やボンレスハムの材料としても使われている。赤肉の脂質含有量は5.3％、たんぱく質含有量は21.9％である。
- そともも　大腿の外側部分。運動量の多い部位なので、肉の赤色は濃く、肉質は粗い。大きな塊で表面は脂肪組織で覆われている。一般には、薄切りや角切りして使う。煮込み料理に適している。赤肉の脂質含有量は4.8％、たんぱく質含有量は21.9％。

6 食肉と健康

食肉の栄養と機能

　第二次世界大戦が終わり、日本は欧米の政治・文化について参考にする機会が与えられた。戦争により物質面でも精神的な面でも底辺の生活をしなければならなかった終戦直後の日本人にとって、少しでもレベルアップ

するためには、欧米の食文化は非常に参考になった。たとえば、穀類主体の食生活のために、ビタミンやミネラル、たんぱく質が不足しがちな栄養状態の子供たちが健康な体になるためには、欧米人が食べている動物性食品が必要であった。

1980年代後半から始まった日本のバブル経済は、贅沢な食生活に慣れてしまい、バブル経済が崩壊し、デフレ経済の時代に入っても贅沢な食生活に慣れてしまった人は多い。その結果、メタボリックシンドロームという生活習慣病に悩む人が増えた。この問題が発生した原因は、第二次世界大戦後に欧米型の食生活を導入したからといわれているが、自分で食事管理をし、高齢になっても心身ともに健康な人は多い。欧米型の食事の欠点は「肉」を中心とする点だといわれているが、動物の肉に含まれている成分は、私たちの健康づくりに関連する成分に、穀類など植物性食品とは比べることができないほど共通しているのである。

代表的な生活習慣病の糖尿病や肥満、高血圧症の発症が多いのは、肉を中心とする欧米型の食事が原因と決めつけている人は多い。しかし、日本人が肉を食べるようになったことは、健康寿命が延びていることにもつながっている。

健康な体の維持には食肉のたんぱく質は必須

日本人が、昔の人に比べれば、背丈が高くなり、体格も良くなったのは、食肉由来の動物性たんぱく質を食べるようになったからだといわれている。

私たちの体に存在するたんぱく質は、常に古いたんぱく質と新しいたんぱく質が入れ替わっている。そのタイミングは、体の部位によって異なる。すなわち、体の中のたんぱく質は分解と合成を繰り返している。これを代謝回転（turn over）といわれている。成人の場合は1日に70gのたんぱく質が分解される。だから、食事を通して1日70gのたんぱく質を体内に取り入れなければないのである。

そのために、私たちの体の成分に近い食肉を食べることは必要なのである。

たんぱく質の機能性

食肉の主成分は、たんぱく質と脂質である。脂肪の多い食肉は、たんぱく質の含有量が少ない。霜降り肉や脂肪組織の多く付いているロースのようなものを除けば、

ほとんどの食肉100gに含まれるたんぱく質の量は約20gとみてよい。

そのたんぱく質の体内での機能は、筋肉や血液など主要な部位を構成する成分であり、20種類以上のアミノ酸から形成される物質である。アミノ酸の多くは体内で合成されるものであるが、残りのいくつかは体内での合成ができないため、食物に含まれているアミノ酸を体内に取り込まなければならない。体内で合成されないで、食物から摂取しなければならないアミノ酸を必須アミノ酸という。

食肉のたんぱく質を構成しているアミノ酸は、私たちヒトのたんぱく質の構成アミノ酸とほとんど似ていることから、食肉は重要なたんぱく質供給源となっている。

たんぱく質の機能として、代謝に必要な酵素やホルモンの成分ともなり、神経伝達物質を生成することから、現代病といわれる精神的ストレスによる体の異常を治す働きもあり、病気にならないように作用する免疫物質ともなっている。

食肉の健康効果について

①長寿に貢献

沖縄には長寿の人が多いといわれる。これを食生活のほうから研究している研究者は、毎日豚の角煮のようなものを食べているからと推測した。豚の角煮のような、たんぱく質を多く含む食事をとることは、アンチエイジングのマーカーとなる血液中のたんぱく質量を増加させ、長寿の大きな要素になっているといわれている。また、長生きした昔の沖縄の人は、芋も海藻も食べ、畑仕事を続けた。食物繊維もミネラル、ビタミンもバランスよく食べ、働くことが食肉に並ぶ健康効果だったのだろう。

しかし、沖縄にコンビニエンスストアができ、移動が自動車オンリーになり、生活が便利になったことが、元気な高齢者が少なくなり、長寿県といわれなくなった。

②食肉のコレステロールは心配ない

食肉には、飽和脂肪酸やコレステロールが多く含まれるから、肉は食べないほうがよいといわれた時期があった。人の体内のコレステロールは、体内で合成されるものが多く、食品から取り入れたコレステロールが血管に蓄積する量は少ない。最近の研究は、ある程度の量のコレステロールは

血管に存在したほうが、血管が丈夫となり脳出血を起こすリスクは少ないといわれている。

③ストレス緩和の成分を含む

　血液中で血栓を誘発する物質にセロトニンという神経伝達物質がある。血管が傷つくと、血小板からセロトニンが放出され、血栓をつくり傷を抑える働きがある。このセロトニンは、脳にも存在し、神経伝達物質の役割を担っている。脳内のセロトニンは人間の感情の動きを支配しているので、セロトニンが脳内に多く分泌されると、うつ状態から抜け出すことができる。体内でセロトニンを生成する物質は食肉のたんぱく質の構成成分であるトリプトファンである。

　幸せをつくる物質として知られているアナンダマイドは、動物の細胞膜を構成しているアラキドン酸という脂肪酸が関係している。食肉を摂取するということは、動物の細胞膜を構成しているアラキドン酸も取り入れることになるので、体内でのアナンダマイドの生成を促していることにつながる。

現代社会における食肉の上手な食べ方

脂肪酸のバランスのとり方

　魚の脂肪には血中コレステロールを少なくしてくれる EPA、DHA のような脂肪酸が存在している。しかし、食肉の脂肪（脂質）の構成脂肪酸の飽和脂肪酸は、血中コレステロールを増加させるから肉は食べないほうがよいといわれているが、すべてバランスよくとることが理想的。血管を丈夫にするには食肉の脂肪が必要であるし、血液の流れを良くするには、魚の脂肪やオリーブや大豆に含まれるオレイン酸やリノール酸も必要である。飽和脂肪酸（食肉）：1価不飽和脂肪酸（オレイン酸）：多価不飽和脂肪酸（魚）/ 1：1.5：1の割合でとるのがよい。すなわち、肉、大豆製品、大豆製品をバランスよく食べること。ただし、1日の摂取カロリーは2,000kcal 以内に収めることである。

食肉は良質なたんぱく質供給源

　私たちの体内には、ざっと10万種類以上のたんぱく質分子が存在しているといわれている。20種類のアミノ酸が複雑な構造を形成し

たものが、体内のたんぱく質として機能している。9種類の必須アミノ酸は食物から取り入れなければならない。必須アミノ酸が食品中でどのようなバランスで存在しているかが良質のたんぱく質かそうでないかを決める要素となる。食肉に含まれるたんぱく質は、9種類の必須アミノ酸がバランスよく組み合わさっているので、良質のたんぱく質といわれている。

　そこで、分解された分は補わなければならない。これが代謝回転である。1日70gのたんぱく質は消滅していくので1日70gのたんぱく質は補給しなければならない。毎日、肉を食べ続けることは難しいので、卵や納豆、魚などを上手に組み合わせて1日70gのたんぱく質が摂取できる食事を楽しむことが望ましいことになる。

第Ⅱ部

都道府県別
肉食文化とその特徴

※各都道府県の頭に掲載した生鮮肉、牛肉、豚肉、鶏肉の購入量の出所は総理府刊行の「家計調査」である。

1・北海道

ジンギスカン鍋

▼札幌市の1世帯当たりの食肉購入量の変化（g）

年度	生鮮肉	牛肉	豚肉	鶏肉	その他の肉
2001	39,136	5,780	17,865	11,238	3,191
2006	39,877	3,577	19,138	12,182	3,564
2011	49,462	5,384	29,158	14,766	2,778

　北海道は、日本の最北に位置し、面積は47都道府県の中で最大で、国土の22.1％も占めている。田畑の面積や家畜の放牧地も広い。気候は全体に亜寒帯気候に属し、夏が短く冬は長く、豪雪地が多い。この厳しい自然環境に適した農作物の品種改良や栽培法の研究が忍耐強く行われ、不適とされていた稲作にも成功している。

　乳牛、食用牛の生産量は、全国で一番であるが、札幌市の1世帯当たりの食肉の購入量を比較すると各年代とも豚肉購入量が多い。北海道のカレーや肉じゃがには豚肉を利用する家庭が多いからかもしれない。

　現在、ブタは北海道全域で飼育され、飼料にハーブを加えて飼育するハーブ豚、牛乳からバターやチーズを製造したときに生ずるホエーを添加したホエー豚など差別化したものも飼育されている。北海道のブタの出荷頭数は全国でも多いほうであり、購入量も年度によっての若干の差はあるが、沖縄と並んで上位となっている。

　北海道の肉料理の代表として羊肉を利用したジンギスカン鍋（料理）がある。「その他の肉」の購入量が、他の都道府県庁の所在地の購入量が多いのは、家庭でも羊肉を利用していると考えられる。

　近年は、天然記念物であるエゾシカが保護政策により増え過ぎたため、人間の生活の食料としての利用が進められている。北海道のイノシシ肉の料理は、関西地方ほど馴染みがないが、千歳地方の一部では提供している店もある。またクマ肉についてもイノシシと同様、捕獲されたものが利用されている。

> 知っておきたい牛肉と郷土料理

銘柄牛の種類

北海道は酪農の盛んな地域であると同時に食用のウシも飼育されている。その品種は、黒毛和種もホルスタイン種、黒毛和種とホルスタイン種の交配種がある。(公財)日本食肉消費総合センター発行の平成14年度の『お肉の表示のハンドブック』には23の銘柄牛が紹介されている。ストレスの無い広大な牧草地帯が、良質の肉をもつウシの飼育には重要な要因となっている。主な銘柄牛の特徴を紹介する。

❶ DO Beef

北海道を支えているホルスタイン種の代表的肉用牛。脂肪分が少なく、良質なたんぱく質を豊富に含む。肥育期間は24か月。北海道の自然と酪農畜産基盤を活かし、生産(出産)からマーケットサイズで出荷するまでの肥育を、豊かな大地と牧草に恵まれた北海道の全地域から選んで行っている。

❷チクレンフレッシュビーフ

品種はホルスタイン種。広大な北海道内の自然豊かなストレスのない環境で、飼育に適切な地域で、放牧、肥育している。畜肉加工品の加工・製造・販売も北海道内で一貫して行っている。乾燥した粗飼料と配合飼料を組み合わせ、安全・安心な肉質のために飼育している。

❸はこだて和牛

品種は「あか牛」「あか毛和種」ともいわれる褐毛和種。三方にそびえたつ山々に囲まれ、一部は津軽海峡に面した木古内町の清潔な環境で飼育している肥育期間の短いあか毛和牛である。この希少品種のウシの肉質は赤身で、軟らかく、肉本来のうま味がある。飼育にあたっては、安心・安全を優先している。

❹はこだて大沼牛

品種はホルスタイン種。七飯町の大沼国定公園周辺の恵まれた自然環境の中で「消費者の健康」「牛の健康」「大地の健康」の3つの健康をモットーとして、飼育頭数も調整しながら飼育している。飼料は、はこだて大沼牛の牧場に適合するものを開発して与えている。

❺いけだ牛
　品種は褐毛和牛。十勝ワインの製造地域として知られる池田町の広大な牧草地で飼育している。肉質は霜降りの状態も良く、余分な脂肪は少ない。希少品種の牛であり、出荷頭数は少なく、主に北海道内に流通している。

❻とかち鹿追牛
　十勝地区での流通量が多い。ホルスタイン種または交雑種。十勝平野の北西端に位置する山麓農村地・鹿追町で飼育。飼育牛の生活する土壌も牧草も農家の人たちが作り上げている。美味しい赤身肉を作り上げることを目的として、子牛から出荷までの育成を鹿追町の農業地帯で一貫して行っている。

❼しほろ牛
　品種はホルスタイン種。十勝北部の東大雪山系の裾野に位置する自然環境豊かな農業地帯の士幌町で飼育し、出荷している。大地の恵みを受けて育ったこの銘柄牛の肉質は脂肪が少なくジューシーである。

❽十勝和牛
　品種は黒毛和種。日照時間の長い広大な十勝平野で、太陽の恵みをたっぷり受けて飼育されている。北海道生まれの十勝育ちの黒毛和種は、日本を代表する優秀な肉質の銘柄牛に育っている。肉質は甘味のある霜降り状態である。地元の牧草、麦、稗などを含んだ飼料を与えている。

❾宗谷黒牛
　品種は黒毛和種とアンガス種または黒毛和種とホルスタイン種の交雑種。北海道北部の宗谷丘陵の厖大な自然を擁した宗谷岬の牧草地で飼育している。肉質は軟らかく、ほどよい脂肪と赤身肉のうま味のバランスがよい。

❿未来めむろうし
　品種はホルスタイン種。芽室町（十勝川、芽室川、美生川が流れている）の自然環境の中で肥育した銘柄牛。肉質の特徴は脂肪が少なくあっさりした食感である。

⓫夢大樹牛
　十勝地方の大樹町・萌和地区の自然環境の恵まれた中でストレスなく育てられた銘柄牛。肉質は豊かな風味とうま味を感じ、さらにほんのりと甘味がある。

❷白老牛

　品種は黒毛和種。雄大な自然と穏やかな気候の白老地区で肥育された高級銘柄牛。上質なうま味とコクがあり、霜降りの状態も美しい上品な肉質である。

❸トヨニシファームの十勝牛

　品種はホルスタイン種。十勝の中央部に位置する帯広市に牧場をかまえて飼育している。日高山脈を背に米の栽培にも適している豊かな土地で育てられている。肉質は、うま味の豊富な赤身肉である。飼料には、トウモロコシ、大麦、大豆、小麦などたんぱく質を多く含む穀類が多く配合されている。

❹オホーツクあばしり和牛

　品種は黒毛和種。網走のきれいな空気と冷涼な気候の環境のもとで飼育されている。仕上げの飼料として北海道産の米の糠を与え、脂肪の風味ととろけるようなまろやかさをもつ。赤身の部分も軟らかく、細かい脂肪が入っている。

- **十勝牛とろ丼**　牛の霜降り肉を細かく切り、丼のご飯の上にのせたものである。薬味をのせてタレを入れて食べてもよし、だし汁をかけるか、お茶漬けにしてもよい。
- **十勝清水牛玉ステーキ丼**　丼物の大会の出展のために、2010年に誕生したである。十勝若牛を一口大にカットして焼いたステーキを丼のご飯にのせた丼である。

知っておきたい豚肉と郷土料理

　北海道の家庭で購入する食肉は豚肉が多い。牛肉の購入量を1とすると豚肉の購入量は約3.8倍である。飼育されている品種はハーブ豚、ホエー豚、SPF豚などである。

　北海道では開拓時代のすき焼きは豚肉だったが、牛肉のすき焼きが関西方面から伝わると、そちらが好まれるようになった。

　北海道の豚肉を使った名物料理には、帯広の豚丼、室蘭のやきとり、根室のエスカロップなどが全国的に知られている。

銘柄豚の種類　平成14年度の『お肉の表示ハンドブック』(全国食肉事業協同組合連合会発行)をもとにいくつか紹介する。

❶サチク赤豚

　斜里町周辺で飼育している。肉質はきめ細かく、しっかりと身が締まっていて、アミノ酸由来のうま味が豊富である。赤身肉には肉汁が含まれる。脂肪層は純白で甘い。大麦をベースとした特別な飼料を与えている。

❷どろぶた

　十勝の広大な牧場で8か月間、放牧され、十分な運動をし、飼料を食べ、よく寝て健康に飼育されたブタ。「どろぶた」の名は、どろんこになって遊ぶ姿に由来する。屠畜後は、冷蔵庫で1週間熟成される。脂質としてはオレイン酸、アミノ酸ではグルタミン酸が多い。

❸十勝黒豚・びらとりバークシャー

　いずれも品種は北海道バークシャー協会が認定した黒豚。黒豚特有の食感とジューシーな味わいがある。

❹北海道SPF豚・その他のSPF豚やクリーンポーク

　SPF豚は、日本SPF協会が認定した農場で飼育されたブタのこと。SPFは飼育に当たり衛生的な面での飼育条件が整っていることが必須条件である。SPF豚は豚肉特有の臭みをもたない。肉質はきめ細かくやわらかい食感のものが多い。冷めても美味しく食べられるものが多い。

豚肉料理

- **豚丼（帯広）**　北海道の人々は開拓時代からウシよりも飼育しやすいブタを飼育し、食べていた。その名残で70年ほど前から豚丼が食べられるようなった。薄切りの豚肉を炭火で焼いて丼のご飯の上にのせ、タレをかけたもの。タレは店によって好みのレシピがある。豚肉の赤身肉と脂身の境のスジに切れ目を入れること、タレは醤油・日本酒・砂糖を煮込んでつくるなどの約束ごとがあるらしい。最近は、スーパーやコンビニでも販売しているので「中食」として利用され、牛丼の店のメニューにも登場している。2010年には2月10日を「豚丼の日」として登録し、地域活性のためのツールにしている。
- **エスカロップ**　エスカロップとは、薄切りの豚肉のポークカツレツを炒めたご飯かケチャップライスにのせ、ドミグラスソースをかけたものである。スパゲッティやバターライスにポークカツレツをのせたものもある。もともとは、子羊の薄切りソテーをトマト味のスパゲッティの上に

のせて、ドミグラスソースをかけた料理で、1963（昭和38）年頃、根室市の洋食店「モンブラン」のシェフが考案したものと伝えられている。現在は、ポークカツレツをケチャップライスの上にのせたものは赤エスカ、ポークカツレツをバターライスの上にのせたものは白エスカとよんでいる。根室市の郷土料理として紹介されている場合もある。

知っておきたいその他の肉と郷土料理・ジビエ料理

　北海道の郷土料理のジンギスカンの原料は生後1歳未満のヒツジの肉のラムと生後2歳以上のヒツジの肉のマトンである。

　北海道の農家で、ヒツジを飼育していたピークは1945〜1955（昭和20〜30）年で50万頭以上が飼育されていた。現在の飼育頭数は約4,000頭にまで減少している。現在、ジンギスカン鍋の材料となる羊肉はほとんど海外からの輸入もので、北海道産の羊肉を食べられるのは少数の高級フレンチレストランに限られている。羊肉のジンギスカン料理は北海道のソールフードともいえるので、羊飼育農家は少しずつ飼育頭数を増やしていくように努めている。

❶ジンギスカン料理

　北海道産の魚介類で握ったすしと同様に北海道の人が客をもてなす料理の一つである。羊肉を中心とし、野菜などをジンギスカン用の特別な鉄製の鍋で焼く料理である。北海道の各家庭では、ジンギスカン鍋か、用意していない家庭ではホットプレートを利用している。

　ジンギスカン料理の起源については、かつて、モンゴル帝国の創設者ジンギスカン（チンギス汗、成吉思汗、在位1200〜27、1162〜1227の説もある）が陣中で兵士のために考案した料理といわれているが、日本人が考案した料理であるという説もある。昭和初期の日本軍が旧満州（現中国）へ進出した際に、中国料理のコウヤンロウ（または、カオヤンロー）の影響を受けた料理で、名前の由来については、大正時代に、駒井徳三（現在の北海道大学の前身である東北帝国大学農科大学の出身）が命名したとの説がある。最初のジンギスカン専門店は1936（昭和11）年に東京都杉並区に開かれ、北海道での本格的な普及は、第二次世界大戦後のことといわれている。

　現在のジンギスカンの調理には、溝のある独特のジンギスカン鍋が使わ

れる。ジンギスカン鍋の中央部には羊肉を、鍋の縁の低い部分は野菜を焼くことによって、羊肉から染み出した肉汁が鍋に作られている溝に沿って下へと滴り落ちて、野菜が味付くようになっている。つけだれにはすりおろしたりんごやにんにく、しょうがを入れる。羊肉を2～3時間たれに漬け込んでから焼く方法と、味付けをしないで焼いて、たれをつけて食べる方法がある。道北（旭川市、滝川市）では味付け肉を使用し、道央（札幌市）、道南海岸部（函館市、室蘭市）、道東海岸部（釧路市）では「生肉」を使うのが主流である。

ジンギスカン料理用の羊肉は国内で飼育したヒツジの肉の「生」とは限らない。海外から冷凍「ロール肉」として仕入れたものも使われ、輸送・保管の関係で「チルド肉」もある。マトン肉は、主として雌を使うことが多い。冷凍肉は味が劣ることから生肉を取り扱う専門店が多い。

❷ジンギスカン料理の関連料理

- **ラムしゃぶ**　一般的にはラム肉（子羊肉）の冷凍ロール肉を薄くスライスして用いるが、家庭やスーパーの販売品はチルド品が多く、北海道では「ラムしゃぶ」用のラムは、精肉店で販売している。「ラムしゃぶ」の食べ方の手法は、牛肉や豚肉と同じ。調味液は北海道の地元のメーカーのものの利用が多い。
- **ラムちゃんちゃん焼き**　北海道の郷土料理の鮭のちゃんちゃん焼きを、ラム肉の料理に応用したものである。鉄板の上に野菜とラム肉をのせ、混ぜながら焼き、味付けは味噌だれで行う。「ラムちゃんちゃん焼き」を提供する料理店は多くなり、北海道の新しい郷土料理となっている。

❸エゾシカとエゾシカ料理

北海道内では、いろいろな動物の肉が食べられている。とくに、動物保護のために増えすぎてしまったエゾシカは環境被害の原因となっており、環境保護を目的とした生育数の調整のために捕獲したエゾシカは、レストランのジビエ料理のほかに、観光客用の屋外での焼肉料理の材料として使われている。癖のない肉と思われているが、下ごしらえの巧みによるところも大きいと思われる。

エゾシカの肉は古くから滋養強壮、スタミナ食として珍重されている。鉄分を豊富に含み、脂質含有量が少なく、たんぱく質含有量の多い、低カロリーの赤肉である。脂肪の融点が高いので加熱した料理のほうが食感は

よくなる。

　エゾシカはサケと同様にアイヌの人にとって貴重な食料であった。明治初期、北海道では、開拓使がシカ肉の缶詰を作り、海外にも輸出していたほど、昔から食材としての価値が認められていた。明治初期、エゾシカは、乱獲と大雪の影響で一時絶滅寸前になったことがあった。その後の保護政策により再び急激に増え、農作物に対する被害、自動車との衝突など私たちの暮らしにも被害を及ぼし始めた。さらに、樹木の皮や希少植物を食べるなど、自然環境への被害もみられるようになった。そこで、増えすぎたエゾシカを捕獲し、適正な数に管理する必要が生じた。

　エゾシカは北海道の貴重な資源であるとの考えから、捕獲したエゾシカの有効利用としてエゾシカ料理を提供する店も現れた。

　エゾシカ肉料理を提供する店は、根室、中標津に多い。とくに中標津町ではカフェ、居酒屋、ジンギスカンの店、トンカツの店などで食べられる。家庭でエゾシカ料理を作りたい家庭のために、エゾシカ肉を販売している会社もある。家庭でエゾシカ料理を楽しみたい場合は衛生的に処理したエゾシカ肉の販売店で購入したほうがよい。野生の動物を利用する場合には、寄生虫の存在が問題となることが多いので、必ず加熱料理を施して食べる。

　ジビエ料理を地域活性化の一つとしている北海道の料理界では、しばしばジビエ料理のコンクールを開催し、料理に新鮮な雰囲気を持ち込むと同時に、北海道のシェフたちの技術を競い、地域活性に貢献している。

- **紅葉鍋**　紅葉鍋は、エゾシカの肉と野菜を一緒に煮た料理。紅葉は、鹿肉の隠語として使われる。『古今集』に詠まれた「奥山に紅葉ふみわけ鳴く鹿の」に由来するといわれている。
- **焼肉**　観光用に、洞爺湖などの湖畔でのアウトドアでの焼肉が流行っているようである。
- **ポネルル**　アイヌ民族の伝統料理。平取町二風谷はアイヌ民族の故郷で、今もアイヌ文化が守り続けられている。骨付きの鹿肉とじゃがいも、プクサキナ(ニリン草)を煮た汁物。"ポネルル"とはアイヌ語で"骨の汁"のこと。
- **シカ(鹿)カレー**　「食べログ」によると、北海道の大地に棲息するエゾシカの肉を使ったカレーを提供する料理店が店舗もある。また、シカ肉を入れたカレーは、辛口や甘口などの缶詰がお土産用として販売され

ている。缶詰は、缶を開けずにそのまま適当な温度で加温して利用できる。

- **シカステーキ** 洋食店では、毎日提供するシカステーキ数は限定されているが、ステーキ用のシカ肉は精肉店でも販売されている。シカ肉は赤身肉で、脂肪分が少ないが、たんぱく質や鉄分の含有量が多い肉として注目されている。十勝地方で捕獲されるエゾシカの利用が多く、ステーキのほか、ジンギスカン料理や網焼きの材料としても使われている。とくに、観光地のサービス料理として屋外でのバーベキュー料理を用意している宿泊施設もあるようである。
- **北海道ひだかエゾシカ料理** 日高郡新ひだか町周辺に棲息。肉質はさっぱりした食味で、クセがなく食べやすい。鶏のささ身と同じ程度に脂肪は少ない。骨付き肉をローストするか、塩・胡椒で味付けしてシンプルに食べるのが適している。好みによりスモークしても、ニンニクで食べてもよい。スポークにしてオードブルとして提供してもよい。

❹イノシシとイノシシ肉

イノシシはヨーロッパから中国、日本にかけて分布する。日本では北海道、東北地方を除く本州南部に分布し、山地に棲み、木の根やドングリ、シイを食べて生活しているといわれていたが、現在では全国的に分布している。北海道の千歳では肉用にしている飼育との情報がある。

- **（イノシシの）すき焼き** 千歳の日本料理店では、寒い冬の料理としてすき焼きを提供している。千歳産のイノシシ肉は、脂が甘く、赤身にくせがなく、うま味がしっかりしているので、すき焼きに向いているとのこと。野菜としては臭いの強いセリを使うのが有効である。

❺クマとクマ肉

クマ肉料理にはヒグマが使われるが、一般に流通するほどまでの量は捕獲できないので、捕獲した地域限定のジビエ料理を提供する店などでしか食べられない。北海道では、各地にクマ料理の店がある。根菜類を入れた味噌仕立てのスープのクマ鍋もある。

イノシシと同様に、山地からクマの餌が減少し、民家や田畑へ被害を与えているので、捕獲されるケースが多い。クマ肉の缶詰は、北海道限定で市販されている。缶詰の味付けは味噌味が多い。

- くじら汁（くじな汁）　クジラの脂身と野菜類、豆腐を煮込んだ具だくさんの汁物。塩漬けの脂身を短冊に切り、湯通しして脂を抜き、大根やニンジン、こんにゃくをコブだしのスープで煮る。醤油で味付けしたすまし汁。漁村では、クジラはニシンを浜に追い込む縁起物として"恵比寿"とよんだ。その年の豊漁と、勢いの良いクジラの潮吹きのように大物に成れるようにと、道南の沿岸地方では、年越しや正月料理、晴れの料理として食べられていた。

❻コウライキジ

　生物学的分類では、日本列島固有種のニホンキジに似ているキジで、クビワキジともよばれている。冬に捕獲できるキジである。飛ぶことよりも歩くことの多いキジであり、もも部の筋肉が発達し、食感がよい。胸肉はしっとりと軟らかく、繊細なうま味をもっている。胸肉はスープの材料として使うとよいダシがでる。

❼網走産エミューフィレ肉

　オーストラリア原産の大型の走鳥類エミューのヒレ肉。体形はダチョウに似ており、飛ぶことはできない。エミューの肉質は、赤身色で、たんぱく質含有量は多いが、脂質含有量が少なく、鉄分を豊富に含む。

2・青森県

激馬かなぎカレー

▼青森市の1世帯当たりの食肉購入量の変化 (g)

年度	生鮮肉	牛肉	豚肉	鶏肉	その他の肉
2001	40,442	7,756	19,413	10,263	1,827
2006	40,490	5,195	20,948	11,643	1,697
2011	43,939	5,369	23,182	13,270	1,580

　東北地方の最北端の地域で、大雪や冷害に悩まされることが多い。青森県は、江戸時代・明治時代を通じた産業育成により、現在では全国屈指の農産物や畜産物の産地となっている。三方が海に面しているので水産業も盛んである。寒冷地であるが、農産物、畜産物、水産物の産業が盛んであるから、国内だけでみれば自給率の高い地域である。

　かつてはウマが主流の畜産であった。現在でも五戸地域では馬肉を食べる習慣は残っていて、青森県の代表的肉料理となっている。畜産はウマから肉牛・乳牛・ブタ・鶏へと転換していった。青森市の1世帯当たりの食肉の購入量を比較すると、各年代とも豚肉の購入量が多く、次に鶏肉、牛肉と少なくなっている。牛肉の購入量は2001年度に比べると減少し、他方、豚肉と鶏肉の購入量は、少しずつ増加している。この傾向は、東北地方全体にも同じようにみられる。関東地方でもすき焼きには牛肉が定番になってきているが、東北地方の豚肉嗜好は維持されている。

　青森県の八甲田山麓、十和田湖周辺にはウシの公共牧場があり、そこで肥育されている黒毛和種の肉質は軟らかで、霜降り肉が多く「あおもり黒毛和種」の銘柄名がある。脂肪分が少なく、赤身肉の本来の味をもつ肉質の「あおもり短角牛」のブランドもある。黒毛和種の中では「倉石牛」が代表的銘柄牛である。肉乳兼用種も飼育されている。

　青森県のホームページによると、八戸市は飼料コンビナートの立地により、全国でも有数の養豚生産地であり、平成19年度は全国8位であった。十和田市、三沢市、むつ市大畑町、西津軽郡鰺ヶ沢町の各周辺には銘柄豚を肥育している養豚場が多い。

ニワトリは、奥入瀬や六戸地域で、シャモと横斑プリマスロックの交配種の「青森シャモロック」を、青森県独自で開発している。

　馬肉料理の有名な地域としては熊本、長野が知られているが、青森県の五戸地区の馬肉料理も有名である。

知っておきたい牛肉と郷土料理

　青森県では、八甲田山麓、十和田湖周辺、下北半島、津軽地方の各地に存在する数多くの牧場でウシを肥育している。あおもり黒毛和種の肉質はきめ細やかで脂肪が霜降りとなって存在し、人の口腔内の温度でも溶けるような豊潤な味わいをもっている。脂肪を構成している脂肪酸としては、オレイン酸が輸入牛肉よりも多いのが特徴である。

　春に生まれたあおもり短角牛の子牛は、母牛とともに紅葉が終わる頃まで、八甲田山の麓の大自然の中の牧場に放牧され、ストレスを受けずにのびのびと肥育され、美味しい赤身肉となる。あおもり短角牛の肉質の主体は赤身肉で霜降り肉はないが、風味がよい。エキス分にはグルタミン酸やアラニンに富んでいて、肉そのものの味を味わうことができる。

❶あおもり倉石牛

　十和田・八甲田山を背にした山麓地区の五戸町の倉石地域で飼育されている黒毛和種である。ストレスのない自然の中で倉石地区の畜産農家により丁寧に飼育されている。この地域で飼育しているウシの中で、「あおもり倉石牛」と認定される黒毛和種は毎月40頭と少なく、希少価値の高いウシである。認定されたウシの肉質はジューシーで口腔内の温度では溶けるような食感をもち、脂肪組織は濃厚なうま味と甘味がある。天然塩で軽く味付けた網焼きがシンプルで、肉のうま味を引き立たせてくれる。

❷あおもり短角牛

　大自然の中で健康的に育てられた黒毛和種であり、あおもり短角牛（日本短角種）は北東北の山地で古くから飼育していた在来種の「南部牛」に、明治の初めに輸入したショートホーンを交配して、長年にわたり改良を加えた青森県の特産の県南地方産和牛である。夏は、八甲田山麓を中心の広大な放牧地でのびのびと過ごさせ、冬は農家の人たちに愛情いっぱいに育てられている。これは夏山冬里方式といわれている。

❸倉石牛
　サーロイン、ヒレ、リブロース，肩ロース、カルビなどの部位により全国展開で販売している。またハンバーグのレトルト品も市販している。
❹八甲田牛
　品種は日本短角牛。赤身肉のうま味にはグルタミン酸などのアミノ酸類が大きく関与している。肉質は、脂肪が少なく歯ごたえもあり、今日の赤身肉志向には最適な肉質である。夏は標高約500mの八甲田山麓に放牧し、自然の雄大な環境で飼育し、冬は人里の牛舎で飼育されている。肉質がしっかりしているので煮込み料理に適している。
- **八甲田牛丸焼き**　地元では"八甲田牛丸焼き"という豪華な料理がある。青森の「RAB祭り」では、ウシを丸焼きにし、解体してみんなで分けて食べる。

❺市浦牛（しうらぎゅう）
　品種は青森県を代表とする黒毛和種。五所川原市近郊で飼育していて、生産数が少ないので、"幻の牛肉"といわれている。肉質は、黒毛和種の肉質の特徴である霜降り状態がよく、脂肪組織は甘く、赤身肉はうま味が豊富に存在している。これらの甘さとうま味は、焼肉やステーキに使う際には、わずかな量の天然塩で味付けをすることにより、より一層の美味しさが引き立つ。この肉の"たたき"が地元の人たちのお薦め料理となっている。

❻十和田湖和牛
　品種は黒毛和種。十和田の大自然の環境の中で飼育されている。肉質は、細かい脂肪組織が赤身肉に入り込んだ霜降り肉が美しい。脂肪組織は甘味とうま味があり、口腔内では溶けるような食感をもっている。

❼いわいずみ短角牛
　品種は日本短角種。短角牛は、寒さに強く、放牧に適し、子育てが上手である。岩泉地区は、明治時代に導入し、伝統的な「夏山冬里方式」で飼育している。肉質の脂肪含有量は少なく、たんぱく質含有量の多い赤身肉である。赤身肉のうま味はアミノ酸類が大きく関与している。交配元の三陸沿岸の南部牛は、内陸部に海産物や塩、鉄などを運び、内陸からは三陸沿岸へ生活物資を運ぶ荷役牛であった。明治時代になり、産業構造や流通網が発達すると、荷役牛としての役割が軽減され、アメリカから今泉に導

入した短角種のショートホーン種との交配により誕生したのが「いわいずみ短角牛（短角種）」である。青森県では赤べこの名で、古くから飼育されていた。赤身肉志向が高まっている最近の注目されている牛肉である。国内で開発した飼料で飼育できることが自給率向上に適している。第二次世界大戦後、脂肪含有量の多い軟らかい食材を好む人が増えたが、脂肪は健康障害を及ぼすことから敬遠するようになり、赤身肉のうま味や歯ごたえが注目されるようになった。「風味香り戦略研究所」の「うま味の強さ」の調査によると、短角牛のサーロインの旨さは、一般の国産牛の旨さの20％は美味しいと評価されている。

- **十和田湖バラ焼き**　十和田湖周辺はウシの放牧地である。そこで誕生したのがウシの「バラ焼き」である。ウシのバラ肉と大量のタマネギを醬油ベースの甘辛いタレで味付けし、鉄板で焼く料理。ブタのバラ肉やウマのバラ肉も用意されている。発祥は1960年代で、三沢米軍基地前に屋台として誕生し、その後、十和田市に広まり、現在では十和田市民の郷土料理となっている。
- **八甲田牛のジャーキー**　日本短角牛の八甲田牛の赤身肉は、地元の料理店では焼肉やステーキで提供することが多いが、これをビーフジャーキーの形でお土産としても販売している。
- **牛しゃぶしゃぶとスシセット**　牛肉の販売促進を兼ねて、観光客を相手に牛肉しゃぶしゃぶとスシのセットを提供している店がある。
- **七戸バーガー**　七戸町のベーカリーで焼かれたハンバーガー用パンに、青森産ウシとブタのそれぞれの肉をパテにし、さらに七戸産のトマト、ナガイモ、ニンニク、カシスのいずれか1品をはさんだ地元産の食材にこだわったハンバーガーである。

知っておきたい豚肉と郷土料理

青森県八戸市の漁港には、魚介類を水揚げするもの以外の貨物船も入港できる。したがって、家畜の飼料コンビナートが立地され、家畜の飼料を積載している貨物船も入港するので、県内での家畜の飼育が盛んになっている。ウシの飼育については、牧草を食べさせる時期もあるが、牛舎での飼育には輸入の飼料も補わねばならない。生まれてから出荷まで豚舎で飼育するブタの餌についても国内産だけでは不足するので、八戸市の飼料コ

ンビナートに貯蔵されている飼料は必要なのである。
❶奥入瀬の大自然黒豚
　青森県特産のニンニクを混ぜた飼料を食べているブタは、奥入瀬渓流の自然環境の中で元気に健康的に育ち肉質は軟らかくおいしい。
❷奥入瀬ガーリックポーク
　奥入瀬地区では青森県の名産品であるニンニクを餌の中に混ぜて飼育し、「奥入瀬ガーリックポーク」の銘柄豚を飼育している。飼料にニンニクを混ぜて与えることにより、ニンニクのアリチアミン（ビタミンB_1の働きを助ける作用）や抗菌作用などが期待されている。このブタは赤身はもちろんのこと脂身も美味しいと評価されている。

- **奥入瀬の大自然黒豚のタン**　この黒豚の「グリルドタン」は食べやすい焼き方である。黒豚の舌（タン）は、全国的にも希少価値のある食材といわれている。十和田産というプレミア感をもたせるために、モンゴル岩塩と胡椒でシンプルに味付ける。加熱し真空パックしたものが、十和田の土産として販売されている。
- **黒石つゆやきそば**　黒石市内のもっちりした平太麺のソース焼きそばで、これに豚肉をトッピングする場合もある。
- **十和田おいらせ餃子**　地元JAの「奥入瀬ガーリックポーク」の肉、プレミアムニンニク、キャベツを主体とした具を入れた餃子。ニンニクの健康によい機能性成分の効果が期待されている。
- **根曲り竹の豚肉炒め**　根曲り竹は関東地方ではタケノコという。細い根曲りタケノコは、味噌汁の具にもする。また豚肉との炒め物にし、タケノコの食感を楽しむ料理もある。

知っておきたい鶏肉と郷土料理

　青森県には「青森シャモロック」「味鶏肉」「めぐみどり」という地鶏や銘柄鶏がある。この中でも人気のあるのが「青森シャモロック」である。
- **黒石名物よされ鍋**　横斑プリマスロック鶏（通称コマドリ）の肉や青森県産野菜を使った鍋である。通常、塩味・ポン酢・醤油・つけだれの4種の調味料のうち、2種類を選び、仕切りのある鉄鍋で同時に煮込み、食べる。

知っておきたいその他の肉と郷土料理

青森県の馬肉

青森県の五戸地方は馬肉の美味しい料理があることで知られている。馬肉が日本国内で食べられるようになったのは、加藤清正が豊臣秀吉の命により朝鮮に出兵した際に、過酷な籠城戦を強いられ、その際に食料がなくなり軍馬を兵士の食料として使ったことに始まるといわれている。江戸時代には、馬肉が薬膳料理の食材として利用されたといわれている。

五戸地区と馬肉料理の関係

馬肉料理で有名な地域には、馬肉料理が生まれた背景や食文化がある。

今の下北半島が名馬の産地であったことは、ここがウマの飼育に適した地域で、鎌倉時代から幕府の命令によりウマを飼育していたことによる。1885（明治18）年には、青森県に陸軍軍馬補充部三本木支所が開設され、南部農家は軍馬御用馬の飼育を行っていた。第二次世界大戦後、軍馬補充部は解体され、軍馬の活用がなくなったので、軍馬を食肉として利用するようになった。すなわち、五戸地区馬肉が料理で有名になったのは、第二次世界大戦後ということになる。かつては、五戸には多くのウマの仲買人（かつては「馬喰(ばくろう)」といった）が住んでいた。青森県は、五戸町の馬の仲買人に相談し、馬肉料理がこの地に登場したという経緯があった現在も、青森県民だけでなく、食に興味のある人は、馬肉料理の有名な地域として青森県の五戸をあげる。

- **激馬かなぎカレー** 「激うま」と地元（五戸）の古くからの食肉の「馬」を合わせて命名されたカレー。五所川原市金木町産の「馬肉」をじっくり煮込み、カレールーはスパイスが効いた味付け。高菜の漬物が付け合わせという独特の組み合わせである。
- **五戸の馬肉料理** さくら鍋（馬肉鍋）：馬肉の薄切りに春菊、しらたき、ネギ、豆腐などを、醤油・みりん・酒などからなる調味料で、かなり濃い目の味付けをした鍋もの。味噌味の煮込みもある。地域ごとに味付けに特色はあるが、南部地方独特の味付けは豆味噌を使うことである。豆味噌が馬肉の臭みを緩和してくれるということで使われる。
- **義経鍋(かぶと)** 兜のあたまの部分で水炊き、つばの部分で焼肉ができるので、鍋と焼肉を一緒に楽しむことができる鍋。名前の由来は、源義経が平泉

に落ちのびる途中、武蔵坊弁慶がカモを捕え、兜を鍋代わりに使ったとのことから。
- **馬肉の炙り** スライスした馬肉を焼いて食べる料理。
- **馬まん** 馬肉の入った中華風饅頭。
- **馬肉のかやき鍋** 五戸町の寒い時期につくる鍋、五戸地区の郷土料理。馬肉を凍豆腐（しみどうふ）、キャベツ、ゴボウと一緒に煮込んで、最後にニンニク、紫蘇を入れた鍋料理。味付けは味噌味。
- **馬刺し** 馬肉料理として知られている五戸の「尾形五戸店」の現在の店主の祖父がウマの仲買人であった。現在の店主の祖母が自宅を改造して馬肉料理の店とした。これが馬肉料理店の始まりだったといわれている。現在、自社の牧場でこだわりの飼育をし、良質の馬肉を作り出している。ウマの堆肥は、米の有機栽培の農家に配布し、そこでできる稲ワラをウマの飼料としている。馬刺し用の肉は、特上の霜降り肉と、まろやかな食感の赤身の上級馬刺し用に肉を使用している。馬刺しは生姜とニンニクのきいた特製タレで食べる。
- **馬肉（桜肉）** 一般に、馬肉が桜肉といわれているのは、馬肉の赤身肉が桜の花の色をイメージすることに語源があるようだが、実際の桜の色はもっと薄い赤色である。
- **馬肉汁** 古くからウマの産地として栄えた七戸の郷土料理。馬肉と季節の野菜を煮込み、味噌で味を付ける。

青森のジビエ料理

- **イノシシ料理** かつて、むつ市脇野沢の旧脇野沢農協会長が生後まもないイノシシ（うり坊）を飼育したのが、脇野沢がイノシシの飼育が盛んになったといわれている。その後、イノシシ肉料理を試食し、その美味しさを確認したことから、イノシシ肉料理は脇野沢の名物になった。イノシシの肉は清潔な環境で飼育しているため、臭みはなく、脂肪は白色、肉の色は鮮やかな紅赤で、軟らかい肉質である。料理としては牡丹鍋、炭火焼き、串焼きなどが用意されている。脇野沢のホームページによると、平成19年のイノシシの出荷頭数は64である。イノブタの飼育も行われ、平成19年の出荷頭数は13であることを脇野沢のホームページで明らかにしている。

- **熊肉料理**　鰺ヶ沢町に、「赤石またぎ」の熊汁が伝わっている。マタギの調理は「熊肉は、串に刺して火で焼いたり、味噌煮にする」「内臓は脳、味噌を混ぜて和えて食べる」「臭い消しには、ネギ、トウガラシを入れる」などが工夫されている。
- **牡丹鍋**　下北半島の自然環境で育ったイノシシ肉を使った鍋。

十和田産ダチョウ

アメリカから輸入したダチョウを十和田のヘライファームが衛生的な管理のもとで飼育し、ダチョウ肉を提供している。ダチョウ肉は、脂肪含有量が少なく、たんぱく質含有量が多いので、健康に良い肉として販売されている。

3・岩手県

ひっつみ

▼盛岡市の1世帯当たりの食肉購入量の変化 (g)

年度	生鮮肉	牛肉	豚肉	鶏肉	その他の肉
2001	32,980	4,687	16,277	9,507	1,588
2006	40,020	5,048	19,314	11,885	2,320
2011	41,903	4,598	21,958	12,872	1,834

　岩手県は、これまで厳しい自然環境に悩まされ、稲作が難しいといわれていたが、奥州市・北上市を中心とする地域では、従来の雑穀農業から稲作に適したコメの品種改良の開発から、稲作も盛んになり、岩手県全体で、自然環境を活かして多彩な食材を生み出すようになった。現在では、「食材王国」となり、かつての雑穀生活のイメージは全く感じられない。山形県が発祥であるという「芋煮会」は岩手県では鶏肉や豚肉が多いようである。

　岩手県の銘柄牛では前沢牛がある。奥州市の前沢地区で肥育してさわいる黒毛和種であるが、銘柄牛として登録するには一定の規格が設けられている。また、岩手県は古くから農耕用にウマもウシも飼育していた。牛馬と人が一緒に暮らした南部曲がり家という独特な建物があり、家畜の飼育技術は幾代にもわたり伝承されていたことが、家畜を丁寧に飼育する生活を続けるようになった。1969（昭和44）年に、奥州の前沢地区のウシを食用として東京の食肉市場で売買することになったが、この時の評価は良くなかった。その後、種牛として神戸牛や島根牛を導入し、品種改良を重ね、1979（昭和54）年に、再び東京の食肉市場に搬入した。この時の評価は最高に良く、これを契機に「前沢牛」がブランド化された。

　雫石は、大規模な原種豚センターもできているほど、養豚業も盛んである。また、古くから羊毛の生産のためにヒツジを飼育していた。羊毛の生産との関係は明らかではないが、遠野市にはジンギスカン食肉センターがあり、ジンギスカンの店も多い。イノシシやクマもマタギ料理として僅かではあるが存在している。

知っておきたい牛肉と郷土料理

　岩手県は旧南部時代に南部牛を荷役牛として飼育していたためか、ウシの飼育に力を入れている。アメリカから導入したショートホーンと南部牛を交配して改良されたのが日本短角牛である。古くからウシの飼育を行っている岩手県には、銘柄牛の種類も多い。

❶前沢牛

　岩手県奥州市前沢地域（前沢真町、胆沢町、北上市）で育てられた黒毛和種のうち、歩留等級AまたはB、肉質等級4以上の高品種な牛肉だけが「前沢牛」の牛肉と認証される岩手県の銘柄牛である。関西地方の松阪牛や神戸牛、但馬牛の牛肉が「西の横綱」の肉といわれる牛肉であれば、前沢牛の肉は「東の横綱」の肉といわれている。きめ細やかな霜降りの入っている肉質が特徴で、牛肉の香りもよい。焼いた時に甘い香りを感じる。牛すじ肉の煮込み料理は豆腐と一緒に煮込んで提供されている。

❷いわて短角牛の料理

　岩手県山形村、岩泉町、安代町などを中心として飼育している南部牛をもとに改良を重ねてつくられた岩手県の特産牛。元となる南部牛は明治初期に「南部牛追い唄」で知られている在来種である。「いわて短角牛」は、南部牛に外来種のショートホーンを交配し、その後肉用種に改良されたものである。子牛の時期は、高原に放牧し、母乳を飲み、無農薬の牧草を食べ、自由に運動しながら育ち、肥育の時期には地元で生産された牧草で調製した農薬やホルモン剤などの使用されていない安全なエサで飼育される。肉質については、黒毛和種の肉質に脂肪交雑の少ない赤身肉で、うま味成分であるイノシン酸（核酸関連物質）、グルタミン酸（アミノ酸の一種）を豊富に含み、すき焼き、焼肉、ステーキなどに利用される。

- **小岩井農場の牛**　ビーフハンバーグ、ビーフシチュー、ステーキ丼などが有名。小岩井農場は小野義眞、岩崎弥之助、井上勝が国家公共のために開拓した（1888［明治21］年）。
- **冷麺**　盛岡で食べられている冷麺は、牛骨や牛肉でとったスープに、トッピングにはスライスした牛肉などが使われる。

知っておきたい豚肉と郷土料理

ブタは古くから農家で丁寧に飼育されていた。岩手県での現在の豚肉の飼育の主流は、国産三元豚(さんげんとん)である。岩手県では、1971（昭和46）年に繁殖用母豚の開発が始まった。近年、三元豚の名が一般にも知られるようになると、銘柄豚が次々と登場した。また岩手県は、繁殖用母豚の開発（系統造成）のモデル県の一つとして選ばれ、岩手県は近代養豚の発祥の地といわれている所以である。

岩手県の三元豚は、ランドレース種（L）のメスと大ヨークシャー種（W）のオスを交配して誕生した母豚「イワテハヤチネ」系である。1979（昭和54）年に系統認証を受けた。このイワテハヤチネ系（LW）とデュロック（D）を交配した三元豚（LDW）が主流となっているが、2005（平成17）年からは、初代「イワテハヤチネ」系を改良した産肉の優れた「イワテハヤチネL2」を母豚とする豚肉が市場に流通するようになった。

岩手産の銘柄豚には4種類がある。白金豚は、さらに高級感を表すために「プラチナポーク」とよんでいる生産関係者がいるようである。

❶白金豚(はっきんとん)

白金豚の名の由来は、宮沢賢治の作品にあるブタの名にあると伝えられている。肉質は、臭みがなくて食べやすい。脂肪の融点は人の体温より低く、人の口腔内の温度でほどよくとろける。ローストポーク、豚しゃぶしゃぶがこの豚肉のうま味がよくわかる。

❷白ゆりポーク

「白ゆり」の名の由来は、北上市の花の白ゆりからつけられている。北上市中心の地域で飼育している。肉質は、きめ細かくなめらかで弾力性がある。この肉を使ったトンカツの歯触りがよい。ご当地B級グルメの「北上コロッケ」に使われている豚肉である。

❸折爪三元豚佐助(おりつめさんげんぶたさすけ)

「折爪」の由来は岩手県の北部の二戸市、軽米町、九戸村にまたがる折爪岳の「折爪」に由来し、その麓の養豚業「久慈ファーム」があり、「佐助」の由来は、久慈ファーム初代社長の名「久慈佐助」にある。自然環境に恵まれた折爪岳の麓でストレスなく飼育されている。適量の質のよい脂肪を含み、融点も低い。融点が低いので口どけがよく、豚肉特有のうま味があ

る。しゃぶしゃぶなどシンプルな料理に合う。

❹イワテハヤチネL２

2010（平成22）年に造成が完了した「ローズ L-2」系統のブタ。健康に育つことを優先し、徹底した衛生管理とエサや水にこだわった飼育管理により飼育したブタで、その肉質の風味とうま味がよい。新たな銘柄豚として登場している。

- **葱菜パン** しっかりしたバーガー用のパンの間に、コンビーフ、カレー、豚しょうが焼きなどを挟んだものが、一般市民のおやつとして利用されている。
- **「豚汁風」芋の子汁** 北上盆地では、豚肉、サトイモを入れた味噌味の豚汁風芋の子汁が多い。
- **盛岡ジャージャー麺** 盛岡周辺を中心とした岩手県内の郷土料理で、専門店もある。起源は中国のジャージャンミエンにある。第二次世界大戦中、旧満州（現在は中国の東北部にあたる）に移住していた高階貫勝という人が、満州で生活していた時に食べたジャーシャミエンをもとに、大戦後盛岡に戻り、日本の食材を使って満州で食べたものに似ためん類を作り、屋台で販売したのが、現在のスタイルの郷土料理の原型だったといわれている。特製の肉みそとキュウリやネギをかけ、好みに合わせでラー油をかけ、さらにおろしニンニクやショウガを混ぜて食べる中華風の盛岡のめん類料理である。
- **椎茸八斗** 八斗とは東磐井地方の郷土料理で、米の穫れない時に代用食として食べた「すいとん」のことをさす。一関は椎茸の産地で周年食べられた。食料難時代は代用食であったが、最近は豚肉を入れて、ご馳走に変わっている。煮干しでとっただし汁に大根、シイタケ、ニンジンなどを入れて煮る。別の容器に水を加えて粘りをつけた小麦粉をよくねかせておいて、野菜や豚肉を入れて煮あがった汁の中に、団子状にしていれる（岩手県農業普及技術課）。
- **ポーク卵** ランチオンミートの缶詰のスライスと卵料理（オムレツ）をワンプレートにのせた料理（岩手県農業普及技術課）。
- **ウスターソースかけかつ丼** 一関市のかつ丼は、ご飯の上にのせたとんかつにウスターソース味のあんかけをかけたもの。つゆがご飯に浸みないようにあんかけにしてある。

知っておきたい鶏肉と郷土料理

岩手県は鶏肉の生産量の多い地域である。銘柄鶏には、さわやかあべどり、南部どり、岩手がも、奥州いわいどり、奥の都どり、地養鶏、菜彩鶏、鶏王、五穀味鶏、みちのく清流味わいどり、純和鶏などがある。

❶菜彩鶏（さいさいどり）

「菜・彩・鶏」とも書く。飼育後半から植物性たんぱく質中心の飼料で育てるため、特有のにおいがなく、食べやすい鶏肉であると評価されている。ビタミンEやリノール酸を多く含み、健康によい機能性成分を含むという特徴がある。鶏肉特有のにおいが少なく、ほとんどの鶏肉料理に合うが、とくに水炊きや焼き鳥などの素材の味の確認できる料理に向く。

❷三元交雑鶏（南部かしわ）

岩手県の畜産試験場で、父系に「シャモ」、母系に「白色プリマスロック」と「ロードアイランド」からなる三元交雑法により開発した特産肉用の地鶏である。肉質はうま味があり、歯ごたえがある。ハーブやニンニクなどを含むこだわりの飼料が与えられている。

- **ジャンボ焼き鳥**　盛岡競馬場の屋台村の名物。使用される鶏肉は大きく、これを2〜3個を串に刺して焼く。味付けは塩で、トウガラシを振りかける。

知っておきたいその他の肉と郷土料理・ジビエ料理

❶岩手がも

田野畑村の「岩手がも」として知られている。陸中海岸と小高い山々に囲まれた田野畑村の自然の中で飼育されている。飼料としてトウモロコシ、大麦、海藻などの素材を与えている。肉質は肉厚で、コクがあり、鴨すき（鍋）が代表的料理である。鴨ハンバーグ、鴨鍋セットなどが市販されている。

❷ほろほろ鳥

ギリシャ・ローマ時代には貴族が食べたといわれ「食鳥の女王」と称される。現在では数少ない専門店でなければ食べられない貴重な鳥である。日本には江戸時代に伝えられたといわれている。四方を山に囲まれた静かな環境と、農場地から湧き出る温泉を床暖房にした環境で飼育している。

孵化後120日目で出荷される。産卵直後の肉は、脂があり、ジューシーである。塩を振って炭火で焼くのが美味しい。郷土料理の「ひっつみ」が美味といわれている。

- **ジンギスカン鍋** 小岩井農場産のラム肉を使った名物料理。また、小岩井農場産の牛を使ったビーフハンバーグやビーフシチュー、ステーキ丼もあるが、いずれも数量限定である。小岩井農場は、今から130年ほど前の1888（明治21）年、岩手山麓の裾野に広がる不毛の荒野を、国家公共のために農場にするという高邁な考えを持った小野義眞、岩崎彌之助、井上勝の3名から始まる。
- **遠野ジンギスカン** 1960年代ころから、遠野市の食肉センター周辺の食堂では、羊肉を使った「遠野ジンギスカン」が普及し、現在も続いている。
- **ぶっとべ** 二戸の若手料理の会が開発したご当地グルメ。地元銘柄の豚と鶏とベコ（岩手の方言で牛のこと）を使った料理で、それぞれの頭文字をとって命名されている。今は、メンチカツやつくね串など多数開発されている。

岩手県のジビエ料理

大船渡市五葉山で捕獲されたクマ、シカの肉料理を提供されている。鹿肉の背ロース部位は「ステーキ」として、熊汁は干しダイコンや高野豆腐などの煮込みとして提供されている。

- **熊料理** 宮古市にマタギ料理が伝わっている。
- **ヤジ** クマの血液を大腸に詰めて茹でたもので、岩手や秋田で食されていた。新潟では"やごり"という。昔は、クマの生の血液は、薬として飲まれており、クマの脂は火傷やひび割れの薬として、骨はてんかんの薬として使われていた。
- **狸汁** 遠野地方では、具にはごぼうやねぎ、大根を入れ、臭い消しに根生姜が使われていた。秋口のタヌキは臭いが強いので、一度水煮にしてから料理をする。タヌキの毛は毛筆に、毛皮は防寒用に、皮は鞴（鍛冶屋などで強い火力を得るときに空気の流れを生み出し、燃焼を促進する器具）に使われ、昔は高値で取引されていた。

東 北 地 方

4・宮城県

牛タン弁当

▼仙台市の1世帯当たりの食肉購入量の変化 (g)

年度	生鮮肉	牛肉	豚肉	鶏肉	その他の肉
2001	33,292	4,859	15,827	9,290	2,341
2006	34,252	3,711	19,456	14,887	1,335
2011	34,649	4,199	18,096	11,012	1,158

　宮城県内に開けた平野は米どころとして知られている。東北地方の中でも寒さは厳しいが、平野があるため先進地として発展した。江戸時代には、伊達家の城下町であったことから仙台を中心に中央の文化に強い関心をもっていた。

　宮城県の西部には奥羽山脈、東には北上高地、中央部には北上・名取・阿武隈の諸河川が流れる平野があり、比較的温暖で農作物の生産量は高い。農業や水産業（養殖業）が発達しているためか、岩手県に比べれば銘柄牛の種類が少ない。

　食肉関係では「牛タン料理」がよく知られている。「牛タン料理」の発達は第二次世界大戦後、昭和20年代の終戦直後の混乱期に日本が復興に向けて歩み始めた時代に、手軽に営業のできる多くの焼き鳥屋が「牛タン焼き」を提供したことに由来するといわれている。牛タン料理は伝統料理や郷土料理として生まれたものではなく、第二次世界大戦後の食料難から生まれたといえる。

　2001年度、2006年度、2011年度の仙台市の1世帯当たりの生鮮肉、牛肉・豚肉・鶏肉の購入量は、秋田県や山形県よりやや少ない傾向にある。

　代表的な銘柄牛には仙台牛がある。仙台牛の格付けは厳しく、仙台牛生産肥育体系に基づき個体に合った適正管理を行ったものでなければならず、肉質にも厳しい条件がある。神戸牛や飛騨牛よりもランク付けが厳しい。宮城県の養豚業者は少なく銘柄豚も少ない。農業や水産業が発達しているので、ブタの飼育が発達しなかったと感じられる。

知っておきたい牛肉と郷土料理

宮城県は、国内でも有数の美味しい米がとれる自然環境であり、良質の水も豊富である。このため仙台牛は（公社）日本食肉格付協会によってA5、B5というハイクラスのみを占める。

❶漢方和牛

栗原地区で飼育している和牛。健康なウシを飼育する目的で、14種のハーブをブレンドしたオリジナル飼料を開発して与え、8か月で肥育を仕上げる。肉質は特有な臭みがなく、赤身が美味しい。常温では液体のオレイン酸やその他リノール酸などの不飽和脂肪酸が多いので、軟らかい。肉が硬くなるまで加熱しないほうが一層美味しく味わえる。焼肉、煮込み料理、ステーキに向く。

❷仙台牛

宮城県の豊かな自然環境で飼育した黒毛和種。その肉質は霜降り状態もよく、日本食肉格付協会の評価はA-5、B-5と最高のランクである。口当たりはまろやかで、十分なジューシーさを堪能できる。脂肪組織と赤身肉のバランスもよく、しゃぶしゃぶ、ステーキ、焼肉で美味しく食べられる。

❸新生漢方牛

黒毛和種、褐毛和種、黒毛和種×褐毛和種、和牛間混雑種、交雑種などいろいろな品種がある。

仙台の「牛タン焼き」

宮城県の最も有名な肉料理は「牛タン料理」であろう。

仙台の牛タン焼きが登場したのは、第二次世界大戦が終わり、日本が復興に向けて歩み始めた1948（昭和23）年といわれている。「太助」という食堂の店主・故佐野啓四郎氏が、洋食料理の中で使われていた牛タンの料理法を試行錯誤した結果、「仙台牛タン」が誕生したとの歴史的な逸話が伝えられている。初期は焼き鳥同様に串に刺した形で提供されていたが、最近は炭火焼きのようなスタイルで提供されている。

仙台牛タン焼きの店は、仙台だけでなく各地に展開され人気である。焼肉店のメニューにも牛タンは欠かせない存在となっている。

牛タン焼きの人気が高まるに伴い原料の入手が問題となってきた。宮城県内でウシを飼育しているのは、余裕のある農家であり、県内だけでは原

料の牛タンは確保できないので、県外からも集めるようになった。低温輸送が発達した現在では、海外からも輸入していると聞いている。

牛タン焼きで、変わらぬ人気料理は、「牛タン定食」(牛タン焼き、ご飯、味噌汁、漬物のセット)と駅弁の「牛タン焼き弁当」であろう。

タレは塩、焼肉と同じような特製タレを付けて食べる。茹でてワサビ醬油またはワサビと塩を付けて食べる方法も合う。焼き方は炭火で丁寧に裏返しながら焼くのがよい。一般に焼肉店では、自分で焼いた牛タンにレモンの絞り汁をかけるか、塩やタレを付けて食べるが、「仙台牛タン焼き」の場合は、店員が塩やタレをつけた牛タンを炭火で焼いて提供してくれるのがルールのようである。蒸した牛タンに塩をふり、ワサビで食べる方法を提供する店もある。

家庭用コンロの場合は、フライパンに油をひかずに中火で焼くのがよい。タンは脂質含有量が多いので食感は滑らかである。

牛タンは適度な脂肪が入り、煮込めば煮込むほど軟らかく、コクのある料理となる。その例としては、タンシチュー、牛タンしゃぶしゃぶがある。脂肪が多いので刺身やすしなどの生食は避けたほうがよい。

仙台牛の料理

仙台牛はウシの飼育農家が「仙台牛肥育体系」に基づき、個体に合った適正管理を行い、宮城県内で肥育された肉牛である。さらに、(公社)日本食肉格付協会枝肉取引規格が、A5またはB5に評価されたものと決められている。

仙台牛の歴史は、1931(昭和6)年に宮城県畜産研究所が、肉質向上のために兵庫県から種牛を導入することから始まった。1974(昭和49)年に兵庫県の名牛といわれた「茂金波号(しげかねなみごう)」を導入し、高級品質の牛肉を作り出すことに成功した。

仙台牛が特別に美味しいと評価されるのは、美味しい米の「ささにしき」の生育に必要な良質な水と、「仙台牛肥育体系」に基づいて丁寧に育てていることによるといわれている。

一般的な料理には、国産黒毛和牛同様に仙台牛もすき焼きの材料となる。宮城県の肉料理専門店では、仙台牛のすき焼き、黒毛和牛すき焼き、仙台牛ヒレすき焼きなどと区別している。

ほかの仙台牛料理としてはしゃぶしゃぶ、ステーキなどがある。もちろん、仙台牛だけでなく黒毛和牛の料理も各種ある。気軽なところでは「す

き焼き重」や肉じゃが、牛丼に、仙台牛や黒毛和牛の切り落としを使えば、庶民的料理も普段よりも美味しいものとなる。スジ肉は牛すじ丼で提供されている。

知っておきたい豚肉と郷土料理

豚肉の生産は、米に次いで多かったが、現在は養豚業者は少しずつ減少している。理由は、少子高齢化にともなう後継者不足のようである。

❶しもふりレッド

宮城県畜産試験場が、ほどよい霜降りの割合を目指して8年の歳月をかけて改良した良質の肉質をもつブタ。軽くゆでて食べる「しゃぶしゃぶ」に適している。やわらかい食感、肉のうま味と甘味の評価が高い。その他の料理にも使用できるが、適度に含む脂肪を生かした料理がよい。

❷宮城野豚みのり

宮城県全域で飼育。宮城県が系統造成したデュロック種の「しもふりレッド」を交配させた肉用豚（LWD種）である。肉質は軟らかく多汁性で、脂肪の融点は低いので、口腔内ではとけるようなやわらかい食感となる。バラ肉のしゃぶしゃぶは、手軽で美味しく味わえる料理である。

- **仙台ラーメン**　豚肉からつくるチャーシューは、仙台ラーメンのトッピングに使われている。
- **その他の豚肉料理**　豚肉料理と知られているとんかつ、生姜焼き、野菜炒めの具などに使われている。宮城県は豚肉文化圏で、カレーやすき焼きには豚肉を使う場合が多い。
- **豚のあら汁**　大崎市田尻の郷土料理で、豚と大根の汁物。

知っておきたい鶏肉と郷土料理

❶みちのく鶏

白色コーニッシュ×白色プリマスロックの交配種。植物性多糖類を多く含むカボチャの種やスイカズラの花なども配合飼料に混ぜている。飼育は明るい環境で十分な運動をさせている。肉質は、皮下脂肪は少なく筋肉繊維が発達し、食感がよい。

- **鶏肉料理**　地鶏の店は多いが、各地の地鶏を産地直送の形で入手し、焼き鳥、親子丼などに使われる。

知っておきたいその他の肉と郷土料理

　自治会としては鳥獣害対策を目的として。イノシシやシカの駆除利用を実行しているが、仙台市の他、塩釜市などのフレンチ、イタリアンレストランがジビエ料理の提供を行っている。

- **クジラの味噌焼き**　現在の石巻市の鮎川港は捕鯨の基地として栄えた。国際的に商業捕鯨が制限または禁止されるようになると、年に一度の南氷洋で捕獲したクジラの水揚げも調査捕鯨として捕獲したクジラの一部の水揚げと日本沿岸で捕獲したクジラの一部となった。捕鯨の基地として栄えていたときには、数々の鯨料理として食されていた。「クジラの味噌焼き」もその一つである。鮎川では、鯨肉に薄く塩をして、1日間乾燥し、これを醬油、酒を入れてとろみをつけた味噌に2日間漬けこむ。網焼きで食べる。

- **鯨のとえの味噌汁**　宮城県の郷土料理。"とえ"とは、尾羽の皮を塩蔵したもの。昔捕鯨が盛んだった牡鹿半島の鮎川で獲れた鯨は、塩蔵して各地に輸送された。宮城の山間部では新鮮な肉類が手に入りづらかったので、塩蔵した皮で味噌汁が作られた。

- **鹿肉料理**　「246COMMONN」による地域活性のイベントとして、平成25年10月27、28日の両日に、牡鹿半島のお母さん方の手仕事ブランドの「OCICA」を開催した。ホタテ、カキの三陸の海の幸に牡鹿半島のシカ肉を組み合わせた自慢の料理を提供し触れ合いの機会をつくった。3・11の東日本大震災によるショックから立ち上がろうとした行事である。この地以外の鹿肉料理の店（宮城県内には18店がある）では北海道産のシカ肉を使用しているところが多い。

- **熊肉料理**　宮城県栗原市栗駒岩ケ崎六日町に狩人料理の店があり、クマ汁、クマ肉のぶっかけ飯、クマ肉の刺身、クマ肉のカレーなどを提供している。

- **イノシシ料理**　阿武隈山系はイノシシが棲んでいる北限地である。阿武隈・蔵王の伊具郡丸森町にはイノシシ料理の商標登録をとっている寿司店がある。イノシシシチューやイノシシ肉入りのカレーのレトルトを開発している会社もある。

5 ・ 秋田県

マガモ鍋

▼秋田市の1世帯当たりの食肉購入量の変化 (g)

年度	生鮮肉	牛肉	豚肉	鶏肉	その他の肉
2001	38,454	5,340	19,819	10,993	1,369
2006	44,150	3,996	22,660	14,887	1,948
2011	44,638	4,410	22,551	14,340	1,994

　秋田県は、江戸時代以来の米どころであり、1984（昭和59）年に、病気に強く、優れた食味をもつ「あきたこまち」が誕生した。「あきたこまち」の開発により、秋田県の米の自給率は100％以上となっている。冬の日本海ではハタハタが漁獲され、ハタハタのなれずし、しょっつる鍋などの郷土料理があり、その反対は山に囲まれ山菜や野草も豊かである。

　秋田のきりたんぽ鍋には比内地鶏が欠かせない。秋田の代表的郷土料理のきりたんぽ鍋やしょっつる鍋には具としてもダシの材料としても利用するためか、秋田市の鶏肉の購入量は東北地方の県庁所在地の購入量と比べれば、多いほうである。

　また秋田市は他の東北地方と同様、明治時代頃から全国的に養豚産業が奨励されたことにより、豚肉購入量は他の種類の食肉より多くなっていると思われる。

知っておきたい牛肉と郷土料理

　秋田市の1世帯当たりの牛肉の購入量は毎年10％前後であるから、牛肉を使う惣菜は少ないようである。

　秋田県の銘柄牛は、秋田県の自然の中で高原のきれいな空気と美味しい水、清潔な牛舎で飼育されている。

　とくに日本短角種のかづの牛は、脂肪含有量が少なく、たんぱく質含有量が多く、バターで焼くステーキに合う。秋田由利牛は、美しい霜降り肉で、食味に優れている。飼料用の米が給与されている。

❶秋田由利牛

　秋田県由利本荘市地区で生まれ肥育された黒毛和種の肉で、美しい霜降りの程度と良い食味で、注目されている銘柄牛の肉である。飼料に秋田県で生産される米を飼料として与えている。かつては、由利地区は子牛の生産地であり、生まれた子牛は県外に流出し、各地の銘柄牛として貢献していた。この牛肉は、焼く、煮るなどすべての料理に使われるが、専門家は秋田由利牛の各部位は、ステーキ、すき焼き、焼肉などに向き、ロースはすき焼き、焼肉、しゃぶしゃぶに向くと薦めている。

❷鹿角短角牛

　秋田県全域で飼育されている。肉質は、濃厚なうま味のある赤身肉である。岩手県の短角牛に比べて肥育日数が長いので、それがうま味成分に反映していると考えられている。うま味を引き出すには、ブロック肉や厚切りの肉をステーキや網焼きにするとよい。地元では、網焼きやフライパンで焼いた肉を、ダイコンおろしと一緒にしたシンプルな食べ方を薦めている。

❸秋田牛

　秋田県の全域の大自然の山麓の環境の中で、のんびりとゆっくり、ストレスをかけずに育てた黒毛和種。

- **秋田牛きりたんぽ**　秋田牛だけでなく、鹿角牛の肉、ウシのもつ、八幡平ポークがきりたんぽ鍋の具に使う場合もある。

知っておきたい豚肉と郷土料理

　十和田湖高原など自然豊かな環境が銘柄豚の生産によい条件であった。

❶十和田湖高原ポーク「桃豚」

　秋田県鹿角郡小坂町地区で飼育しているブタ。十和田湖高原の自社農場（3社）でのみ生産されている。桃豚の名の由来は、肉質が鮮やかな色をしていることにある。筋線維は細かく軟らかくて臭みの無い肉質で、脂肪に甘みがある。生育段階ではミネラルたっぷりの水を与えることが飼育上の特徴である。トンカツ、しゃぶしゃぶ、串焼き、ソテーなどの一般に利用されている料理や、胃の部分は刺身で提供しているところもある。内臓はホルモン料理の材料にもなっている。

❷秋田美豚(あきたびとん)

3・11の東日本大震災により飼育を一時中止していたが、現在は飼育を再開している。十和田湖に面した秋田県小坂町の豊かな自然環境で、十和田湖高原の伏流水を与えて飼育している。桃豚の飼育と条件が同じである。サシ（脂肪交雑）の入った肉は、しゃぶしゃぶなどに適している。十和田湖高原の伏流水は、水田では「あきたこまち」という品質のよい米の栽培にも関わっているから、ブタの生育にもよい効果を示すことは明らかである。

❸笑子豚（エコブー）

秋田の名物の稲庭うどんや納豆を原料として飼育しているので、豚肉特有の臭みが少ない。豚しゃぶしゃぶが美味しい食べ方。

- 「豚汁風」なべっこ　秋田市、由利本庄市中心とする秋田県沿岸では、サトイモを入れた鍋料理は「なべっこ」といわれ、肉には豚肉を使い、味噌味の「豚汁風」の鍋料理すなわち、豚汁風なべっこを作る。

知っておきたい鶏肉と郷土料理

❶比内地鶏

秋田県の代表的鶏は、「比内地鶏」である。肉質は、味に優れ、脂肪が比較的少なく、ヤマドリに似て淡白で美味である。藩政時代には、年貢として納めていた。比内鶏は、日本固有の純然たる地鶏であり、学術的に価値が高いことから、1942（昭和17）年に天然記念物に指定されたために、比内鶏を育種選抜して造成した「秋田比内鶏」の雄とロード種の雌を交配して生まれたのが「比内地鶏」で、食用に生産されるようになった。

- **比内地鶏ときりたんぽ**　比内地鶏のがらから作る出汁は、秋田名物の「きりたんぽ鍋」には欠かせない存在となっている。比内地鶏の肉質は、適度な脂肪を含み、噛みしめるほどにコクと香りを感じる。
- **比内地鶏のその他の料理例**

　グリル　タケノコ挟み焼き、ささ身ダイコン醤油締め。

　明太揚げ　比内地鶏のささ身に明太子を入れ、小麦粉や片栗粉の薄衣に包んで揚げる。

　ステーキ　もも肉に塩コショウをし、フライパンで焼いて、ケチャップやソース、醤油で味を付ける。

知っておきたいその他の肉と郷土料理・ジビエ料理

　秋田県内にはジビエ料理を提供する店がある。クマ肉の鍋、エゾシカの炒め物などを提供されるほか、イタリアンの店ではイタリア料理の食材として提供している。居酒屋では日本酒に合う料理として提供している。

　イノシシ、エゾシカ、クマ、山鳥などは、資源調整の目的で、猟師が捕獲した時しか入手できないので、ジビエ料理の価格は比較的高い。秋田またぎは阿仁と百宅が特に有名で秋田内陸縦貫鉄道にも「阿仁マタギ駅」がある。

- **八郎潟のまがも**　マガモ鍋の名物の店の多い八郎潟町は秋田県のほぼ中央に位置し、八郎潟に面していて、秋田県では最も小さい町である。マガモは、古くから冬になると八郎潟に飛来し、すくすくと育つ。冬の猟期になると猟師は猟銃で撃ち落とし、自分たちも食べたり、地元の店に売っていた。他のジビエと違い、手に入れば必ず食べるが、多くは獲れないため、値段は高い。2000年代に入り、飼養するようになり、必要なときには入手でき食べられるようなった。

　飼養したマガモの肉質のうま味は野生のマガモとほとんど変わらないので、八郎潟の地元の人たちの間では馴染みの料理である。マガモ肉は、季節の野菜とともに煮込む鍋である。特製スープは、味噌と醬油で味を整えて煮立たせ、煮立ったところに椎茸、豆腐、ネギを入れて再び煮立たせる。さらに煮たったところでマガモの肉とセリを入れて、煮過ぎないように煮る。

- **北秋田の「松尾牧場」の牛肉と馬肉**　北秋田市の名産のウシで、とくに松尾牧場が飼育しているウシを松尾牛という名で区別している。ウマについては特別の名はない。ウシもウマも松尾牧場の徹底した品質管理と「あきたこまち」の米ぬかを給餌して飼育している。牛肉も馬肉も甘みのある肉質である。両者ともしゃぶしゃぶや、すき焼き、ステーキ、ハンバーグなどさまざまな料理の材料となっている。

- **くじらかやき**　鯨肉の脂肪組織（皮の下の脂肪組織）の鍋料理で、夏に食べる秋田県の郷土料理。クジラの脂肪層、ナス、ミズ（山菜）を味噌で味付けて、最後によくかきまぜ生卵をかけて加熱し、卵が半熟状態になればできあがり。

- **ヤジ** クマの血液を大腸に詰めて茹でたもので、秋田や岩手で食されていた。新潟では"やごり"という。昔は、クマの生の血液は、薬として飲まれており、クマの脂は火傷やひび割れの薬として、骨はてんかんの薬として使われていた。
- **ウサギの味噌煮** 昔は、農民が冬季、クマタカなどを使って、毛皮と肉を得るために野ウサギなどの狩猟を行っていた。ウサギは皮をはぎ、骨のままぶつ切りにして水に入れ、味噌と醤油で1時間ほど煮て、改めて適量の味噌と醤油を足して、汁がなくなるまで煮詰める。
- **ウサギの叩き** 骨付きのウサギ肉を骨ごと丁寧に木槌などで叩き、これに大豆と小麦粉を混ぜてさらに叩き、団子状に丸めて、味噌汁に入れて食す。
- **兎汁** 骨付きの兎の肉を水から時間をかけてコトコト煮る。骨付きの兎の肉を鍋から取り出し、鍋に大根やニンジン、ごぼう、ネギ、豆腐を入れ、最後に醤油か味噌で味をつけて頂く。
- **またぎ鍋** 阿仁地方に伝わる郷土料理。主として猟師(またぎ)が獲った熊肉の料理。味噌仕立てで、野菜。きのこも加える。百宅(ももやけ)にも熊鍋がある。
- **熊鍋** 百宅(ももやけ)のまたぎ料理。百宅は阿仁と並ぶ秋田またぎのふるさと。食べやすい大きさに切った熊の肉を水から煮る。

6・山形県

いも煮

▼山形市の1世帯当たりの食肉購入量の変化 (g)

年度	生鮮肉	牛肉	豚肉	鶏肉	その他の肉
2001	38,627	10,056	16,611	9,365	1,437
2006	41,646	7,753	18,593	11,267	1,676
2011	42,883	7,996	20,232	12,034	1,626

　山形県の有名な郷土料理は、芋煮である。現在のような牛肉や鶏肉を入れた芋煮鍋となったのは明治時代になってからであるといわれている。サトイモの冬場の貯蔵は難しく、稲の稔る頃までには食べてしまう風習があったので、サトイモをゴッタ煮の具材にしたという説もある。野菜類はサトイモのほかに、ニンジン、ネギ、キノコ、葉野菜、セリなどを使い、豆腐、こんにゃく、肉類（牛肉や鶏肉）を入れた。

　米沢では、1868（明治元）年にオランダ医学を取り入れていた病院で、体力回復のために牛肉や牛乳を提供していたと伝えられている。一般の人が贅沢もしたいという動機から芋の子汁に牛肉を入れるようになったともいう。現在では、味噌味と醤油味仕立てがある。もともとは、醤油味のようであったが、岡田 哲編『日本の味探究事典』では味噌味を紹介している。東北各地にみられる芋煮会では牛肉、鶏肉にこだわらず、豚肉を使っているところが多く、味付けも芋煮会により醤油味も味噌味もある。

知っておきたい牛肉と郷土料理

　山形県と牛肉の密接な関係は、明治時代初期に、一人の英国人が米沢へ来たことに端を発すると伝えられている。すなわち、上杉鷹山公が開設した藩校「興譲館」（1871［明治4］年）に赴任した英国人教師が、米沢牛の美味しさを広めたことにあるという。山形県の気候風土と最上川流域の豊かな水源に恵まれているのがウシの肥育に適しているのが、美味しい山形産のウシが存在する理由のようである。

環境が生み出す優良品種

山形県は、夏は暑く冬は雪も多く寒い。一日の昼夜の寒暖の差が大きい。このような自然条件の中でのウシの生育の状態は、月齢8～11か月から生育し、出荷は30～36か月となる。一日の寒暖の差は、ウシの体重がゆっくり増え、肉質はきめ細やかな組織となり、脂肪交雑（サシ）も程度良く入る。ウシの飲料の水質は、健康なウシづくりに重要な関わりがある。すなわち、山形県の山間部から農家へ流れる伏流水にはミネラルが豊富に含まれ、ウシの健康維持・増進に重要な要因なのである。

銘柄牛の種類

山形県で牛肉を飼育するようになったのは明治時代である。一人の英国人が米沢に来たことが端を発していると伝えられている。米沢藩の上杉鷹山公が開設した「興譲館」に東京開成学校から赴任した英国人チャールズ・ヘンリー・ダラス氏がコックとして一緒に来た万吉が黒毛和牛の料理を命じたことに、牛肉の利用が始まったと伝えられている。

❶米沢牛

現在の米沢牛は「山形県米沢市のある置賜地方3市5町で肥育された黒毛和種で、米沢牛銘柄推進協議会が認定した飼育者が、登録された牛舎において18か月以上継続して飼育されたもの」と定義されている。米沢牛は、黒毛和種の銘柄牛肉としては松阪牛、神戸牛と並んで日本三大和牛の一つとなっている。牛刺し、ステーキ、すき焼き、焼肉が美味しい。山形市観光協会の資料によると、米沢市周辺の置賜地区では、古くから岩手県南部地方の2～3歳のウシを導入していた。これを「上り牛」といい、農耕、運搬、採肥に使用していた。1962（昭和37）年に当時の県知事の安孫子氏が、山形県産のウシの品質・規格を統一することを提案し、米沢牛や山形牛が銘柄牛として誕生した。

❷山形牛

米沢牛と同じく岩手県の南部地方から導入したウシがルーツである。肉用牛の生産は米沢牛の誕生から始まったが、山形県では第二次世界大戦後に本格的なウシの増産体制に入り、飯豊牛・西川牛・天童牛・東根牛という肉用牛として優秀な品種が多数が作り出された。米沢牛の項目で述べたように、1962（昭和37）年に県知事の提案に従い、山形県内産のウシの品質・規格を統一し、「山形牛」という銘柄牛が誕生した。明治元年から

営業している横浜市のすき焼きの老舗の「太田なわのれん」は、山形牛と秘伝の味噌味のすき焼きを提供しているように、昔からすき焼きや牛鍋に適した牛肉である。山形牛の旨さの秘訣は、豊富な清い湧き水、新鮮な空気、明治時代以来の細やかな人情による飼育などにあるといわれている。山形の自然環境は黒毛和種の飼育に適した気候風土と山形県の県民性が美味しい山形牛という銘柄牛を生み出したと考えられている。

❸蔵王牛

山形県と宮城県の両県にまたがる自然の宝庫、蔵王山の麓に農業法人の蔵王高原牧場、蔵王ファームという2つの牧場がある。蔵王の澄んだ水と空気、四季の気候風土の変化など素晴らしい環境が、蔵王牛という品質のよい肉牛の飼育に適している。長年の肥育の経験がコクと深い味わいのある肉質を作り上げている。設計された必要不可欠な栄養を与えながら、ストレスのない環境でのびのび育った蔵王牛は、軟らかい肉質と融点の低い脂肪を形成している。

米沢牛肉料理

日本の肉用和牛は昔から水田の役・肉兼用に使っていた和牛を、第二次世界大戦後になってイギリス原産やスイス原産の品種と交配させて誕生したものであり、「和種」とよばれていた。山形県の肉用牛の改良が始まったのは、米沢牛が最初であったが、第二次世界大戦後は飯豊牛・西川牛・天竜牛・東根牛などの肉用牛が作り出されたので、1962(昭和37)年には山形県内で生産される優秀な肉用牛は「山形牛」と定義づけ、品質規格の統一が図られた。明治初期から営業している横浜市中区の「太田なわのれん」は、山形産の牛肉にこだわったすき焼き店であるが、ルーツは味噌仕立ての「牛鍋」にある。

山形牛に適した料理

ステーキ、しゃぶしゃぶ、すき焼き，焼肉など。焼肉は、火の乾いている炭火で焼くのが一般的である。炎が肉に余分な水分を与えないため、外側はカラっと、中は十分なうま味が存在している焼肉となる。

- **牛肉のじんだん和え** 置賜の方言で、豆打(ずだ)の訛りとも甚太(じんだ)という人が作ったからともいわれている。宮城の"ずんだ"と岩手の"じんだ"と語源は同じか。村山地方では"ぬた"と言い、酢味噌和えと混同しやすい。茹でた枝豆をすりつぶし、砂糖と塩で味を付け、酒で好みのゆるさにする。これを甘辛く煮た脂肪の少ない牛肉と和える。

米沢の旧家で作られるお盆のもてなし料理。
- **すき焼き**　すき焼きの割り下に味噌を入れるのが特徴的。春菊、ネギ、とうふ、しらたき。
- **牛刺し**　肉を販売する牛肉店で料理も食べることが出来るのも特徴。しょうが、にんにく醤油。

知っておきたい豚肉と郷土料理

山形市の1世帯当たりの豚肉購入量は全生鮮肉の40％台であり、東北地方全体は豚肉の購入量は多い傾向にあるが、山形は豚肉の購入量は東北地方の他の県庁所在地の世帯よりも少ない。牛肉の購入量は東北地方の他の県庁所在地の世帯より多い。

山形県観光協会の資料によると、山形県の養豚業においては、母親の改良に取り組み、多産系のランドレース「ヤマガタ」（L）、発育のよい大ヨークシャー種（W）を開発し、さらに「ヤマガタ」（L）の雌と、大ヨークシャー（W）の雄を交配したLW種を開発し、さらにこれに肉質のよいデュロック（D）の雄を交配した三元豚（LWD）を基本としたものが多い。

山形県には、庄内、最上、村山、置賜の各地域に養豚の拠点と産地がある。

山形県の豚肉の特長は、肥育日数を延ばし、飼料には大麦・トウモロコシを給与することによる、きめ細かい締まりのある肉質である。

山形の銘柄豚

冬に積もった雪は春には溶けて清冽な地下水を通り河川に入る。これらの清冽な水が通る自然環境が、ブタもウシも飼育するのに最適な条件となっている。（公財）日本食肉消費総合センター発行の『お肉の表示ハンドブック』「食肉宣言 銘柄食肉リスト」（http://www.jimi.or.jp/meigarashokuniku/list02.html）には、高品質庄内豚、平牧三元豚、平牧桃園豚、敬華豚、天元豚、平牧金華豚、米沢一番育ち、天元豚・減投薬、純粋金華豚・天元・無投薬、山形コープなどがある。

❶平牧金華豚・平牧純粋金華豚

豚肉とは思えない芳醇な味わいをもっていると評価されている。脂肪はしっとりして甘みがあり、筋肉は絹のようにキメの細かい肉質でうま味も豊富に含む。脂肪の交雑もきれいな霜降りとなっている。「平牧金華豚」「平

牧純粋金華豚」は山形県の庄内平野の平田牧場で生産している。「平牧純粋金華豚」は、通常のブタより成熟日数が多くかかるが、国内の一般的ブタに比べると体が小さく、黒豚よりも小さい。出荷体重は60〜70kgである。平牧金華豚は平牧純粋金華豚［純粋種（K）］と交配種（LDK）の中から、とくに肉質を吟味したものである。

豚肉料理

- **豚肉の味噌漬け・醤油漬け**　豚肉に特有な臭みを緩和し、保存性も高めた味噌漬けは国内各地で作られているが、山形には味噌漬けのほかに醤油漬けも作られている。これらは焼いて食べる。
- **「豚汁風」「すき焼き風」芋煮**　最上地方は、「豚汁風芋煮」をつくる庄内地方と「すき焼き風芋煮」をつくる村山地方の間に位置するために、両者の影響を受けた「豚肉・醤油味の芋煮」を作るときもある（村山地方の「すき焼き風芋煮」とは、牛肉・サトイモ・こんにゃく・ネギを主な材料とし、醤油で味付けしたものである。最近はシメジも入れることもある）。
- **カレーカツ丼**　河北町のカツ丼で、醤油ベースのカレー味の餡を掛ける。肉そばも有名。

知っておきたい鶏肉と郷土料理

もともと、山形県には地鶏といわれる在来のものがなかった。2000（平成12）年に、遊佐町の池田秋夫氏が観賞用・闘鶏用に維持・保存していた「赤笹シャモ」（コウがあり歯ごたえのある肉質）の雄と名古屋コーチンの雌を交配し、ここに生まれた交雑種の雄と横斑プリマスロックを交配させた三元交雑を行い、2003（平成15）年になって「やまがた地鶏」が誕生した。この鶏の肉質は、赤みがあり、適度な歯ごたえ、鶏臭さがない味わいのあるものである。肉質のアミノ酸含有量はブロイラーの肉に比べて、10％以上含む。鶏肉の料理としては、焼き鳥、水炊き、照り焼き、蒸し鶏がある。

- **蕎麦地鶏料理**　地鶏（全国の地鶏）ともりそばのセット。

知っておきたいその他の肉と郷土料理

野生のエゾシカ、クマ、イノシシなどは、環境保全の適正化のために猟師が捕獲し、ジビエ料理として利用されている。一部はマタギ料理として猟師や猟師の家庭で調理されている。山形市内のフランス料理店で提供されている。

変わったところで、シカの刺身、「脳・ハツ・レバー三種盛り」などを提供している店もあるが、ジビエの生食は寄生虫が存在しているので、生食はやめたほうがよい。生食し感染した例も報告されている。

3・11の東日本大震災に伴う、福島県の東京電力の事故により発生した放射性物質は、山形県の野生の獣鳥類に影響を及ぼしている可能性があるので、捕獲した野生の獣鳥類の放射性物質の検査を行っている。

- **蔵王ジンギスカン**　昭和初期には、山形では羊毛生産が行われていた。そのときにヒツジを飼育していた名残の料理として残っている。現在は、化学繊維が普及したために羊毛の生産は減少していった。
- **ダチョウの肉**　朝日町でダチョウの飼育が行われている。肉質は低カロリーで高タンパク質、鉄分含有量の多いことで知られている。皮は皮革製品の原料として使われている。
- **小玉川熊祭り**　飯豊連峰の麓の小玉川地区では、射止めたクマの冥福を祈りながら、猟の収穫を山の神に感謝する熊祭りで、300年余りも前から伝わっている儀式である。古式豊かな神事で、猟師（マタギ）がクマの毛皮をかぶってクマに扮装し、熊狩りの模擬実演を披露する。毎年5月4日（みどりの日）に行い、かつては熊汁が用意されたが、最近は熊汁を観客に振る舞うことはない。

7・福島県

ソースかつ丼

▼福島市の1世帯当たりの食肉購入量の変化 (g)

年度	生鮮肉	牛肉	豚肉	鶏肉	その他の肉
2001	32,664	4,254	17,399	9,117	1,200
2006	35,104	3,903	19,467	9,732	1,194
2011	30,502	3,646	17,314	8,026	554

　福島県は中央の奥羽山脈と東部の阿武隈高地によって、太平洋に面した東側の浜通り、東北本線や東北新幹線の沿線を中心とした地域の中通り、中通りの郡山から新潟方面へ走るJR磐越西線の会津・只見地方は会津と、福島県は3つの地域に区分される。浜通りは太平洋の影響により夏は涼しく、冬は比較的温暖であり、太平洋で漁獲される魚介類を食べる機会が多く、したがって食べる魚介類の種類も多く、量も多い。会津地方は盆地で夏の晴れた日は盆地特有の暑さであり、冬は積雪が多い。

　古くから飼育が行われていた会津地鶏は、絶滅寸前の地鶏をもとに福島県農業総合センター畜産研究所の養鶏分譲が4年の歳月をかけて作り上げたブランド鶏で人気がある。中通りは、浜通りと会津地方の両者の中間にあたる気象である。恵まれた自然環境と水がきれいなのでウシやブタの飼育には条件がよいのである。

　ただし、2011年3月11日の東日本大震災は、浜通りの双葉郡にある東京電力の原子力発電所の爆発を引き起こし、土壌や牧草に放射性物質が付着した。そのために、放牧しているウシは牧草から放射性元素による汚染が考えられるため、福島産のウシは市場では敬遠されている。

　ここでは、放射性元素による汚染を考えないで福島県の食肉について考えることにする。

　福島市の1世帯当たりの食肉購入量は、各年度の豚肉購入量を牛肉のそれと比べると4～5倍もある。福島県のブランドとして福島牛が開発されているが、県内での購入量は多くなっていない。

　各年度とも生鮮肉購入量のなかで豚肉の割合は50％以上である。福島

県畜産会によって2000（平成12）年に酪農・肉用牛生産近代化が計画され、年々実行してきたが、古くからの豚肉嗜好は、21世紀になっても続いていることが推察される。近代化は、県民への安全で良質な動物性たんぱく質の安定的な供給、中山間地域等を含めた農山村の活性化、農用地への堆肥等の供給による地力の維持・増進等を通して、地域農業の進展に貢献するように期待されていた。2011（平成23）年3月11日の東日本大震災の発生時に起こった福島県双葉郡に位置する東京電力の事故は放射性元素が飛散し、放射線障害が問題となり、福島県の生産物に対する風評被害が大きくなり、福島産の生産物の販売は難しくなってしまった。

肉用牛生産の近代化企画は、農作物や畜産物の放射性物質による汚染によって前へ進まなくなったように思われる。全国各地で開催されている畜産物のイベントでは、福島牛のPRを行っているが、知名度が高くないので販売の範囲が広がらないのが現状である。

生鮮肉の購入量に対する牛肉の割合は、2001年以来10～13％であった。全生鮮肉の購入量に対し数パーセントの「その他の食肉」は、ジンギスカン鍋の材料となる羊肉が主である。

知っておきたい牛肉と郷土料理

会津地方の農協が独自で開発した配合飼料を使い、肉質向上を目指して試行錯誤をしながら飼育を続けて成果を生み出したのが福島の銘柄牛の開発の動機づけとなったといわれている。

銘柄牛の種類

東日本大震災による東京電力の福島第一原子力発電所のトラブルによる放射性物質の汚染が心配となっているが、現在流通している福島産のウシについては問題がない。福島牛、白河牛、飯舘牛、都路牛など（飯舘牛は、大震災後放射性物質による汚染から守るために千葉県に避難しているものもある）。

❶福島牛

福島県の各地で飼育されている。良質な牛肉作りにこだわる生産農家が、手塩にかけて育てた「福島牛」は、色鮮やか、バランスのよい霜降り、軟らかな肉質、豊かな風味がありまろやかな味のブランド品であると評価されている。焼肉、すき焼きなどに合う。すべての牛がBSE検査放射性物質検査を受けている。放射性物質については、風評被害を受けていて、全

国的に販路を開拓するのは難しい。

福島牛の料理のメニュー
「福島牛特上カルビ」「福島牛特上ロース」「福島牛サーロイン」「福島牛みすじ」「福島牛さがり」「麓山高原カルビ」「福島牛上もも」「福島牛うで」などがある。

- **福島牛はしゃぶしゃぶで**　福島牛の品種は黒毛和種で、出生から出荷までの間に福島県内で飼育された期間が、もっとも長いウシである。ウシからとれる肉の量を示す歩留まり等級（A～C）と、脂肪の入っている状態（サシや霜降りの状態）で決まる肉質の等級（5～1）を組み合わせた格付けは、4等級以上が福島牛と指定されている。福島県は、この格付けのうちA5とB5に限って福島牛の銘柄と認証している。霜降りの状態が非常によい福島牛は、ステーキ、焼肉、シチューなどでも美味しく食べられるが、とくにしゃぶしゃぶに適しているといわれている。
- **福島牛販売促進協議会**　福島牛の切り落としをハンバーグ、煮込み料理などでの利用を進めている。

なお、福島県は山形県に隣接しているため牛肉料理には米沢牛を利用する店もあり、また宮城県とも隣接しているので牛タンの店（会津、福島、郡山、いわきなど）もある。一般につくられる牛肉料理は、ファミリーレストランにおいて食べられることが多い。

知っておきたい豚肉と郷土料理

東北地方は、古くから豚肉志向であるといわれている。焼肉やすき焼き用の肉は牛肉ではなく、ほとんどが豚肉を使っている。カレーに入れる肉も豚肉を使うのが当たり前のようである。バブル経済期（1980年代の後期～1990年代の初頭）に都会での贅沢な外食において牛肉を使ったすき焼き、しゃぶしゃぶ、焼肉、カレーなどを経験した団塊世代により、牛肉の利用が広まったように思われる。福島県内だけでなく、東北地方全域の大手スーパーや百貨店であっても牛肉を販売しているコーナーは狭く豚肉のコーナーが広かった。現在は、小売店でもスーパーやデパートの食肉売り場での豚肉、牛肉、鶏肉の売り場面積は同等となっているところが多くなった。隣接する山形県の米沢に影響を受けず、豚肉志向が大きい。

今でも、福島県では肉料理といえば豚肉を使った料理が福島県人の常識

ともいわれている。スーパーや小売店、百貨店での豚肉の販売には、すき焼き用にも豚肉、肉うどんの肉や生姜焼きの原料は豚肉である。焼き鳥の内臓も、豚肉を使うのが当然のように思っている年代の人は多い。

銘柄豚　銘柄豚の種類にはあぶくまナチュラルポーク、麓山高原豚、日本の豚・やまと豚SPF、清流豚とろなどがある。

福島県は豚肉文化で、かつてはカレーもすき焼きも豚肉の利用が多かった。現在は、すき焼きには牛肉を使うようになったが、カレーには豚肉を利用している家庭が多い。

『食べ物新日本奇行』(NIKKEI NET)によると、福島県は、すき焼きに豚肉を利用する人が10％以上存在する地域として紹介されている。

また餃子の具には、豚肉のミンチを使うことが多い。

❶**うつくしまエゴマ豚**

福島県全域で飼育している。古くから、会津地方ではエゴマが利用されているので、ブタのエサに加えるようになったと思われる。エゴマに存在するオレイン酸やリノール酸、リノレン酸などの健康効果を期待し、エサに加えるようになったと思われる。このブタは、福島県農業総合センター畜産研究所で造成された「フクシマL2」という品種のブタを利用しており、肉質が均一で、軟らかく、深い味わいを持つと評価されている。脂肪にはリノール酸やリノレン酸などの不飽和脂肪酸を含むので口腔内での口どけのよい融点となっている。

● **ソースかつ丼**　会津地方の豚肉料理の「ソースかつ丼」とは、第二次世界大戦後、会津地方の洋食屋が広くつくるようになった。ほかほかのご飯の上にサクサクキャベツを敷き、揚げたてのトンカツをオリジナルのソースでからめたものをのせた丼物である。店によって店主が工夫しているので、店による若干のちがいはある。第二次世界大戦後の食糧不足の時代に手軽に食べられる庶民のご馳走として生まれたともいわれている。

● **かつ丼のウスターソース味**　とんかつ、しゃしゃぶ、焼肉、かつ丼、串焼きなどの一般的な豚肉料理で利用されている。会津若松地方のかつ丼は、長野県のかつ丼にみられるように、丼のご飯の上に千切りキャベツを敷き、その上に薄切り豚肉のとんかつをのせ、ウスターソースをかけて味を十分に浸したものである。

- **三春グルメンチ** ご当地グルメのメンチカツ。地元特産の皮が薄く柔らかい三春ピーマンを、ざっくり大きくカットして挽肉に混ぜる。
- **引き菜もち** 福島県南部の郷土料理。豚挽き肉と、大根やニンジン、ごぼう、しいたけの千切りを炒めて、県南部の立子山特産の凍み豆腐と油揚げの千切りと白玉もちを合わせる。

知っておきたい鶏肉と郷土料理

❶川俣シャモ

福島県の地鶏には「川俣シャモ」がある。伊達郡川俣地区で飼育されている。闘鶏に用いられるシャモをもとに、福島県農業総合センター畜産研究所養鶏分場が作り上げた品種である。肉質は、シャモの特徴のしっかりした筋肉を受け継ぎ、低脂肪・低カロリーで、噛むほどにうま味が口腔中に広がり味わいがする。シャモ鍋、丸焼き、焼き鳥、親子丼、から揚げで食べられる。ガラはラーメンのだしの材料となる。

- **鶏もつ缶詰** 喜多方・塩川地方には、鶏の皮を使った鶏もつ料理がある。缶詰会社がこれを缶詰にし、この地方の名物にしている。

知っておきたいその他の肉と郷土料理・ジビエ料理

福島県のジビエ料理としては浜通り地区から中通り、会津地方のイノシシ、クマ、シカの料理があり、各地で提供されていた。とくにイノシシの牡丹鍋は浜通りの食堂でも提供されていたが、3・11の東日本大震災による東京電力福島原子力発電所の事故により、山間部に棲息する動物も放射性物質により汚染されて食用に適さなくなった。

福島県の家畜類の多くが、東日本大震災に伴う東京電力の福島第一原子力発電所の事故によって、放射性物質により汚染されていない県内または県外の安全の地域に避難したため、ペットや家畜を人間が管理できなくなってしまった。そのために、野生化したり、豚は野生のイノシシとの交配によりイノブタが出来てしまったということも報道されている。ネズミや猫による家屋が荒らされ、田畑も野生のイノシシにより荒らされた状態とも報道されている。

福島第一原子力発電所から離れている二本松、郡山、三春、飯坂のレストランや宿泊施設では、近くの山間部で環境保全調整のために捕獲された

獣鳥類は、ジビエ料理として提供されている。
- **熊肉料理**　福島県の中通りの山中や阿武隈山脈にはツキノワグマやヒグマが棲息している。福島市内には、熊肉鍋を提供する店がある。クマの手は薬膳料理に使う店もある。クマ肉やシカ肉は猟師が捕獲したものを食べる程度であるが、生食は寄生虫が存在しているので食べずに、必ずニンニク味をきかせて、から揚げのように加熱料理をして食べる。
- **マトンは焼肉**　福島県全体としての焼肉は、豚肉の焼肉が定番であるが、田村郡で焼肉といえばマトンの焼肉が定番である。
- **会津地方では馬刺し**　会津地方では馬肉を桜肉として賞味している。辛子味噌を醤油で溶かしたものを付けて食べる。とくに、会津坂下町の馬肉料理は有名である。
- **馬肉料理**　福島県の馬肉料理を提供する店は、会津若松方面に8〜9店ほどある。馬刺し、ホルモンの網焼き、肉の網焼き、ホルモンの味噌煮込み、桜鍋、馬肉すき焼きなど。網焼きは醤油をベースとしたタレで食べる。
- **くじら汁**　鯨の皮の付いた皮下脂肪の部分の塩漬けを塩抜きし、ジャガイモや大根と煮た味噌仕立ての汁。会津地方の郷土料理。
- **祝言そば**　猪苗代町で結婚式の時に振舞われた蕎麦。山鳥（現在は鶏肉）とごぼう、ネギが入る。

8・茨城県

イノシシ鍋

▼水戸市の1世帯当たりの食肉購入量の変化 (g)

年度	生鮮肉	牛肉	豚肉	鶏肉	その他の肉
2001	36,251	4,483	17,822	10,604	1,069
2006	31,567	3,657	16,010	10,127	1,092
2011	31,971	3,586	17,090	10,321	1,098

　茨城県は、関東地区北部に位置し、東側は太平洋に面し、約180kmに及ぶ美しい海岸線をもつ。北部には東北地方から繋がっている阿武隈山脈の南端で、常陸台地がある。南側に位置する利根川は千葉県との県境になっている。利根川の上流は栃木県へと繋がっている。西部に位置する筑波山は風土記や万葉集に詠まれる山としても知られている。筑波山は、農業の神として信仰登山される山でもあった。肥沃な大地と海や山、川など、豊かな自然と周年比較的温暖な気候に恵まれている大地では、四季折々に豊富な食材が育まれてきた。最近は、東京、神奈川の住民の中で、安全な農作物を作るために、耕作地を求めて移り住んだ人、定期的に通う人も多くみられる。また、研究都市として開発されたつくば市を擁しているので、品種改良、農作物の栽培、家畜の肥育について研究開発施設があることが、野菜や家畜の品質の改善に重要な施設であった。

　茨城県は、漁港が多いので水産物の利用も多く、魚介類の郷土料理は多い。1832（天保3）年2月に、徳川斉昭公が現在の水戸市見川町に桜野牧を設けて黒牛を飼育したと伝えられている。1965（昭和40）年には、ブタの生産額は、全国第2位の一大豚肉産地となっている。

　2001年度、2006年度および2011年度の生鮮肉に対する牛肉の購入量の割合は11～12％、豚肉の割合は49～53％、鶏肉は29～32％である。3％前後の「その他の肉」の購入は、マトンやイノシシなどと考えられるが、家庭よりも料理店の購入と思われる。

　茨城県は、東北の福島県に隣接しているためか、銘柄牛の常陸牛は有名であるが、おそらく販売域は大消費地の東京を中心とし、県民は豚肉を利

用していると推定している。

知っておきたい牛肉と郷土料理

銘柄牛の種類　紬牛、常陸牛、山方牛、花園牛、筑波牛、紫峰牛、つくば山麓飯村牛などがある。

　茨城県の肉用牛の歴史は1832（天保3）年の12月に、徳川斉昭公が現在の水戸市見川町に桜野牧を設けて黒牛を飼育していたと伝えられている。

❶常陸牛

　常陸牛は茨城県の指定された生産農家が飼育した黒毛和牛のうち、日本食肉格付協会枝肉取引規格のうち、歩留等級がAまたはBで、肉質等級が4以上のものである。子牛の育成期には運動を十分に行い骨格をつくり上げ、飼育後半には運動をし過ぎないように1頭または数頭ずつに分けて管理、肥育している。餌には豊かな茨城県の穀物を利用し、茨城県常陸地方（沿岸部）の温暖な環境の中で肥育している。良質な霜降り肉で、すき焼き、ステーキ、しゃぶしゃぶには茨城県だけでなく、福島県も東京都区内でも利用している店がある。日立、高萩、奥久慈の常陸牛のステーキは人気である。

　茨城県常陸牛振興協会のホームページによると、1832（天保3）年12月に、徳川斉昭が現在の水戸市見川町に桜野牧場を設け、黒牛を飼育した。それから144年後の1976（昭和51）年7月に茨城県産牛銘柄確立推進協議会が発足し茨城県の優秀な黒毛和種を「常陸牛」と命名した。常陸牛には、「常陸牛」である証として「産地証明書」も発行されているので、茨城県ばかりでなく、東京や横浜での食肉市場で信用のある牛肉である。

　茨城県内にある常陸牛を提供する店では、ステーキを薦める店が多い。グルメサイト「食べログ」では、ステーキを提供する店が28件ある。

　茨城県常陸牛振興協会が薦めている常陸牛の部位別料理について、下記のような例をあげている。

〔ロース、サーロイン、ヒレ〕ステーキ、ロースト、しゃぶしゃぶ、焼肉、すき焼きなどほとんどの牛肉料理に似ている。

〔首・スネ〕硬い部分なので、煮込み料理（シチュー、ポトフ、カレーなど）に適している。

〔バラ肉〕三枚肉など脂肪は多いが風味豊か。焼肉、炒め物、角煮など

に適している。

〔もも肉〕赤身が主体。脂肪が少なくたんぱく質を多く含む。ステーキ、焼肉、煮込み料理に向いている。

❷紫峰牛（筑波山麓 紫峰牛ともいう）

品種は黒毛和種。「紫峰」の名の由来は、筑波山が夕日の光加減によって紫色に光って見えることを「紫峰」とよんだことにある。肉質は赤身肉はきめ細かく、脂肪組織はしっとりし、サシが細かく色がよいのが特徴。炭火焼で食べるのが美味しい。

❸紬牛

茨城県西地域でやや肥育期間を長めにした黒毛和種で、枝肉の格付けがA-3〜5、B-3〜5のもの。つくば牛はホルスタインと黒毛和種の交雑種で、格付けはB-3以上。つくば山麓・飯村牛は黒毛和種で格付け等級がA、B-4以上である。

知っておきたい豚肉と郷土料理

銘柄豚

茨城県の銘柄豚肉は、ブタの品種や飼料、飼育法などいろいろな方面で安全性やおいしさにこだわって生産している。地域や生産者によって飼育法、飼料は工夫され、地域や生産者によって特色あるブタが生産されている。茨城県の養豚業は、温暖な気候に恵まれた自然環境であり、日本国内の食料基地の一翼を担う産業として発達してきた。平成22年度のブタの産出額は全国第2位の規模である。それは、銘柄豚の種類の多いことからも推察できる。銘柄豚には次のような種類がある。

キングポーク、はじめちゃんポーク、山西牧場、ローズポーク、奥久慈バイオポーク、美味豚、いばらき地養豚、岩井愛情豚、かくま牧場の稲穂豚、キング宝食、霜ふりハーブ、シルクポーク、ひたち絹豚、美明豚、撫豚、まごころ豚、味麗豚、弓豚、和之家豚など。

❶ローズポーク

「育てる人」「育てる豚」「育てる飼料」を指定して生産した銘柄豚である。茨城県が、長年かけて開発した系統豚である。2002年の全国銘柄食肉コンテストで優秀な銘柄豚と認定されている。肉質は弾力があり、きめ細かいのが特徴である。赤肉は締まりがあり、良質、脂肪は光沢があり、甘味があり軟らかい。

❷キングポーク

　食べて美味しく、肉質はきめ細かく美しい。脂肪は白色で適度に存在している。口の中ではとろけるような風味がある。

❸いばらき地養豚

　環境対策に取り組み、病原菌や抗生物質残留検査をクリアした指定の農場で、子豚から肥育豚まで一貫して生産飼育された銘柄豚で、いばらき地養豚専用の飼料を開発して与えている。とくに、海藻、ヨモギ、木酢精製液、ゼオライトなどを飼料に混ぜ、健康なブタに肥育している。肉質はつやがあり、弾力性に富み、甘味が強くコクがある。

❹美味豚（びみとん）

　配合飼料に20種類以上の天然素材（乳酸菌・ビフィズス菌・納豆菌・海藻・パイナップル粉末・ウコン・酒粕など）をバランスよく与え生産されたブタ。肉質は軟らかく、歯切れがよい。甘味とコクがある。

❺梅山豚（めいしゃんとん）

　典型的な脂肪型中国豚で、日本ではそれほど多くの頭数は肥育されていない。肉質は良好。日本国内での飼育数は約100頭で、そのほとんどは茨城県内の原塚牧場で肥育。日本国内に流通している三元豚よりも豊かな味と上質な脂身をもつ。霜降りの存在の度合いは高く、軟らかい肉質。肉汁が美味しい。

❻蓮根豚

　茨城県は蓮根の栽培量は全国中でも1、2位である。その蓮根を飼料に利用したのが蓮根豚である。研究開発の結果、出荷45日前から飼料に蓮根を15％を混ぜた餌を給与し、飼育している。

豚肉料理　一般に作るトンカツ、カレーの具、肉じゃがの具、炒め物、網焼き、生姜焼き、焼き鳥などの他、白くて甘味のある脂肪を活かしたしゃぶしゃぶが美味しい。ホルモンは串に刺して塩味で焼くところが多い。

- **茨城県の餃子**　地域により独特の作り方がある。

　水戸・赤塚・常陸青柳：「赤だるま」という店は、皿に餃子を円形に並べる。

　古河「ドミニカ」：手打ちの餃子で、幻の餃子といわれている。

　つくば：「餃子どん」は大きな手作りの餃子に小田米の麦とろが付く。

古河「餃子の丸萬」(東口店):ふっくら、もちっと、ジューシー。(本店)七福カレーつけ麺と餃子のセット。
守谷:「餃子処　もりや」コラーゲン餃子。
水戸:「餃子の福来」餃子と担々麺。
鹿島神宮:「次男坊」餃子定食。
その他、水餃子やランチ餃子などの店がある。

- **ツェッペリンカレー**　土浦市のご当地グルメ。1929(昭和4)年に、土浦に飛来した当時の世界最大級の飛行船「ツェッペリン号」の乗組員に、土浦の食材で作ったカレーを振舞って歓迎したという歴史に基づき、カレーによる街興しや食育を展開している。市内の30余りの店舗が「土浦カレー物語事業部」から認定されている。生産量日本一の特産品のレンコンや、地元の銘柄豚のローズポークや新鮮な野菜を使い、各お店が工夫している。鯛焼きや餃子、どら焼きなどもある。また、地元の高校生が作ったレシピも認定されている。

知っておきたい鶏肉と郷土料理

❶奥久慈しゃも

ブロイラーや養鶏の肉が流通している中、茨城県の地鶏として有名なのが「奥久慈しゃも」の肉である。肉質は引き締まり、脂肪含有量はそれほど多くなく、低カロリーの肉として評判である。ブロイラーの飼育期間はおよそ50日だが、「奥久慈しゃも」は約120日の飼育期間と長い。そのあいだに、締まった肉質がつくりあげられている。

鶏料理　焼き鳥、串焼きなどが多い。日立、高萩、奥久慈の奥久慈しゃもを使った「親子丼」が美味しいので、高く評価されている。

- **法度汁（はっと）**　シャモ肉を使った「すいとん」のようなものである。小麦粉を練って団子状にし、味噌仕立ての汁に野菜や鶏肉などと一緒に入れて煮込んだもの。水戸黄門があまりの美味しさからご法度にしたという伝説もある（「法度」は仏教の教えで「禁令」「おきて」の意味がある→御法度（禁令の意味））。奥久慈だけでなく、茨城県のその他の地域や栃木県でも法度汁を食べるところがあるが、地域によっては鶏肉を使わないところもある。

知っておきたいその他の肉と郷土料理・ジビエ料理

　東北から続いている阿武隈山脈や筑波山などの高地が多く、イノシシが棲息し、山林に餌がないと民家のあるところまで近づき、農作物を荒らしたり家庭のごみを散らしたりするので、生息数の調整ために捕獲を行っている。このときのイノシシ肉が流通する場合もあるが、狩猟の専門家が「マタギ料理」として食べる場合が多い。

- **イノシシ料理**　「食べログ」によるとイノシシ肉を提供する店が79軒もある。市街地よりも山間部のほうにある。古河地区にはイノシシ肉をラーメンに入れているところもある。石岡市八郷には、名物「イノシシ料理」を提供する店がある。同時にしゃも鍋も提供してくれる。一般に、イノシシ鍋は味噌仕立てにしたものが多い。味噌仕立てにすることは、肉の臭みを緩和させるのによい。味噌のコロイドが臭み成分を包み、味噌の匂いでマスキングするからである。
- **牡丹鍋**　茨城県は筑波山や阿武隈山脈の一部があるため、イノシシが生育されている。つくば、土浦、牛久などの筑波山に近い地域では、環境保全のために捕獲したイノシシは「シシ鍋」（牡丹鍋）にして提供する店がある。猟師の捕獲したイノシシを生食する人もいるらしいが、寄生虫による疾患にかかるので、決して生食をしてはならない。
- **雉肉**　猟師は野生のキジを入手することができるらしい。なぜなら、キジが送られてきたという情報を聞いたことがあったからである。専門家によって衛生的な処理をし、「雉鍋」など加熱して食べるのがよい。

9・栃木県

大好き栃木弁当

▼宇都宮市の1世帯当たりの食肉購入量の変化 (g)

年度	生鮮肉	牛肉	豚肉	鶏肉	その他の肉
2001	33,213	5,430	15,804	9,242	1,380
2006	31,506	4,794	15,229	8,929	1,470
2011	34,129	4,527	16,584	10,875	917

栃木県は関東地方の北部に位置し、茨城県との間に八溝山地、北の福島県と西の群馬県との境に那須連山・帝釈山地・足尾山地が連なる。山の麓や平地など自然環境を活かしてウシやブタの飼育が行われている。

山地が多いためイノシシやシカも多く棲息している。山林の開発により山野に餌がなくなったために、農家や民家の田畑に被害を及ぼすようになった。東日本大震災に伴う東京電力の福島第一原子力発電所の事故による放射性物質の拡散は、栃木県の山地にも及び、その放射性物質により野生のイノシシやシカも汚染され、捕獲しても利用できない状況である。

購入量の割合をみると豚肉が約50％を占めている。生鮮肉の購入量に対する牛肉の購入量の割合は数パーセントの増加がみられ、豚肉についてわずかに増加がみられる。鶏肉については茨城県とは大きな差がない。その他の肉については、栃木県は茨城県よりも野生動物の住処である森林地帯が多いことが考えられる。いずれの年代も牛肉の購入量の多い年は豚肉の購入量が少なく、牛肉の購入量が少ない年代は豚肉の購入量が多い傾向がみられる。

栃木県の有名な料理には餃子がある。第二次世界大戦後、中国から引き揚げてきた人々の中で、餃子を作ったのが普及したといわれている。餃子の具に欠かせないのがひき肉である。ひき肉は豚肉と牛肉の組み合わせで、豚肉と鶏肉も組み合わせるから、豚肉の購入量は多くなる。

栃木県の宇都宮市民は餃子の消費量で他の地域の人々に負けないほどに、宇都宮餃子を日本一の餃子にすべく市民全体で協力していると聞いている。餃子の具には肉は欠かせない。その食肉の種類は、各家庭で異なる。

知っておきたい牛肉と郷土料理

栃木県は、日光連山を背にした台地や那須野原台地などをウシの肥育に適した環境に開発し、銘柄牛を肥育している。関東農務省のホームページには、酪農協同組合や社団法人の観光物産協会が運営している「家畜ふれあい牧場・畜産物加工体験のできる公共牧場」など食肉や食肉加工品のPRとテーマパークもある。

銘柄牛の種類 宇都宮牛、島根和牛、とちぎ和牛、朝霧高原牛、白糠牛、那須高原牛、那須高原乙女牛、神明マリーグレー、前日光牛、とちぎ霧降高原牛、とちぎ高原和牛、おやま和牛、かぬま和牛、さくら和牛、大田原牛など。

❶日光和牛

日光連山のふところにいだかれ、深い霧に覆われた幻想的な世界の清潔な環境のもとで肥育され、まろやかで風味のある肉質である。生鮮肉として料理に使われるほか、ハム・ソーセージなどの加工品の原料ともなっている。

❷前日光和牛

日光連山を背にした高地で、丹精を込めて肥育している。この地域は、鬼怒川・那珂川の清流が南北に流れ、自然に恵まれ、稲作・麦作地帯の土地である。この良質の水と土壌に恵まれた土地でストレスを受けない自然の環境のもとで肥育されている。肉質は軟らかくうま味のある牛肉はステーキ、すき焼きに適しているが、ひき肉のハンバーグも絶品である。

❸宇都宮牛

栃木県宇都宮市を中心とした地域で飼育している。黒毛和牛で、神戸牛や松阪牛と同様に高級な肉との評価がある。肉質は、肉の部分も脂の部分も甘味がある。肥育については、生産者農家全員が統一マニュアルに従って行われている。どこの部位も上質で軟らかい。もも肉にもサシが入っているのが特徴である。すき焼き、焼肉、しゃぶしゃぶ、ステーキなどによい。

❹おやま和牛

栃木県小山市地域で飼育している黒毛和牛である。小山市内で生産された黒毛和牛の中で、肉質のAまたはBランク以上のものが「おやま和牛」

と認められているので、ほかの銘柄牛に負けない美味しい肉である。爽やかな香りと甘みとうま味のある肉質の評判はいい。小山市内の広大な水田で栽培したイネの藁や大麦が餌として利用されているのも特徴である。すき焼きや野菜などとの鍋料理に最適である。

❺とちぎ和牛、とちぎ和牛匠

栃木県内で飼育している「とちぎ和牛」の中で、さらに厳しい基準をクリアした黒毛和牛。「とちぎ和牛」のプレミアムブランドとして誕生した。脂肪交雑基準（BMS）が、A等級のみで、さらに厳しい基準をクリアした極上の霜降り肉のものをもっているウシ。肉質の霜降りはきめ細かなサシが入りうま味もあるもの。軽く炙って脂を少々落とし、温かいうちに天然塩をつけて食べるのがうま味も分かる美味しい食べ方である。

❻日光高原牛

栃木県全域で飼育。ホルスタイン種の雌に、黒毛和牛の雄を交配して生まれる交雑種の牛肉。指定された生産者が、専用の配合飼料を与え、衛生管理の整った環境の牛舎で、きめ細やかに管理飼育されたウシ。肉の品質が常に安定している。かるく炙った焼肉に天然塩をつけて食べるのが美味しい。

牛肉料理　おやま和牛の「牛めし」、とちぎ和牛の「すき焼き」、大田原牛のステーキなどがある。

- 川の幸と霧降高原ステーキの丼　とちぎ霧降高原牛と季節の川魚を盛り込んだぜいたくな丼物で、だし茶をかけて食べる。

知っておきたい豚肉と郷土料理

栃木県の農政局畜産課は、2006年に、栃木県の豚肉の安全性・栄養価などのPRのために栃木県銘柄豚を生産する計画を県内のブタの生産者に示した。銘柄豚を飼育している養豚場の数は20以上もある。ブランド名については制約がなく、現在22銘柄がある。

銘柄豚の種類　黒須高原豚、黒須こくみ豚、みずほのポーク、とちぎLaLaポーク、日光ユーポーク、エースポーク、小山の豚、あじわい健味豚、ヤシオポーク、千本松ポーク、千本松豚、那須野ポーク、笑顔大吉ポーク、日光SPF豚、みや美豚、ゆめポーク、しもつけ健康豚、さつきポーク、瑞穂のいも豚、日光ホワイトポーク、栃木産

平牧三元豚、郡司豚など。

❶小山の豚「おとん」

　栃木県小山市地域を中心に飼育。小山市内の養豚農家が丹精をこめて飼育している。赤身肉は、軟らかく、ジューシーな肉質で、脂には甘味がある。ほとんどの肉料理に向く。とんかつ、串焼き、味噌漬け、カレーの具、焼肉（生姜焼き）、肉じゃが、野菜炒めなど。那須・塩原エリアでの豚肉の味噌漬け、栃木・佐野・足利エリアの「おとん弁当」（焼肉弁当）は郷土料理となっている。

豚肉料理　焼き鳥が鶏肉の串焼きなら、「やきとん」は豚肉の串焼きである。栃木県内の宇都宮、小山など人口の多い街の繁華街では「やきとん」（焼きトン）の店が繁盛している。炭火焼の店、居酒屋では焼きトンを提供している。

　豚肉の食べ方として「しゃぶしゃぶ」と「すき焼き」を薦めている。豚肉の「しゃぶしゃぶ」と「すき焼き」は地産地消の料理としてアピールしている。

- **郡司豚ばら肉丼**　郡司豚と栃木産のニラ、かんぴょう、こんにゃくなどの具を集めて、飯の上にのせた丼物。
- **羽黒梵天丼**　地元の羽黒山と五穀豊穣・収穫を祝う秋の梵天祭りに作る。
- **佐野風豚ニラ丼**　地元「佐野ラーメン」の麺を揚げて、ご飯の上にのせて敷き詰め、その上に「那須三元豚」とニラの炒め物をのせる。
- **那須豚の焼肉丼**　地元の銘柄豚「ヤシオポーク」を南蛮味噌に漬けこむ。このときに矢板産のりんごのピューレを加えて、軟らかくしたものを炒め、丼飯にのせたもの。
- **那須高原豚の丼**　那須豚と高原野菜、栃木産かんぴょうをバジルライスにのせた丼。
- **栃木ぜいたく丼**　栃木ゆめポークのハンバーグ、佐野名水ゆば、仙波そば、寿宝卵の目玉焼き、芋フライなど地元の名物を満載した丼。
- **お好み焼き風丼**　栃木産のブタのバラ肉、キャベツなどを盛り込んだお好み焼きをのせた丼。
- **栃木辛味噌丼**　江戸時代から続く栃木の老舗味噌店「青源味噌」、エゴマ豚、ニラ、タマネギを辛味噌で炒め、どんぶり飯にのせたもの。
- **那須三元豚の彩丼**　那須三元豚で、春と夏は青葉の万能ねぎ、秋は錦糸

卵で紅葉をイメージし、冬はオニオンスライスと紅ショウガをのせて溶岩をイメージしたものを、季節に合わせてどんぶり飯にのせたもの。
- **ゆめポーク丼**　栃木の銘柄豚「とちぎゆめポーク」を使った丼。
- **宇都宮餃子**　ご当地グルメ。第二次世界大戦中、宇都宮には中国の東北部に駐屯していた陸軍第14師団の本部がおかれていたので、(昭和初期に) 終戦と共に、多くの復員兵が中国から宇都宮に戻った。本場中国の餃子の味や作り方を伝えたのが始まりと言われている。焼き餃子だけでなく水餃子、揚げ餃子も有る。豚肉とにら、キャベツ、にんにくなどの具を、薄めの皮で包んだ餃子。フライパンに並べて餃子が半分ほど隠れる程度の水を入れて蒸し焼きにする。

知っておきたい鶏肉と郷土料理

鶏料理　栃木県の地鶏「栃木しゃも」は、フランス原産のプレノアールとシャモをかけあわせて開発された。栃木県の鶏料理としては手羽先のから揚げ、串焼きが人気である。
- **栃木シャモ入りつみれ丼**　栃木しゃもと国産地鶏、シャモ半熟卵をのせた親子丼。

知っておきたいその他の肉と郷土料理・ジビエ料理

イノシシ肉・シカ肉

日本ジビエ振興協議会のホームページによると、栃木県の那珂川町の道の駅「はとう」に隣接して野生動物の施設があり、猟師がイノシシやシカを捕獲した時のみそれらを処理し、ジビエとして売るか、道の駅の食堂で食べられる。
- **イノシシ丼**　栃木県の那珂川町の「道の駅ばどう」に、栃木県内で捕獲されたイノシシを原料とした「イノシシ丼」を提供している。スライスしたイノシシ肉を甘辛く味つけした後に、フライパンで焼いて丼ご飯にのせたもの。臭みがなく、脂っこくなく、軟らかいとの評判である。

10・群馬県

まえばしTONTON汁

▼前橋市の1世帯当たりの食肉購入量の変化 (g)

年度	生鮮肉	牛肉	豚肉	鶏肉	その他の肉
2001	25,745	4,354	12,667	7,115	787
2006	26,239	3,091	13,704	6,971	1,059
2011	32,705	3,796	16,801	9,286	887

　群馬県は、首都圏から100km以内で農産物や畜産物の消費地が近い。食用肉を生産しても販売ルートを開発しやすいという地理的条件がよい。群馬県は水や緑が豊かで家畜を育てるのにも適した地域が多かった。土壌や気候は稲作に適さないため、食生活は小麦が中心であったので、郷土料理も小麦粉を使ったものが多い。野菜類の栽培が盛んであり、余った野菜はブタの飼育にも利用できた。古くから養豚業者は多く、平成23年2月現在の飼育頭数は全国第5位であった。現在では、群馬県はブタの肥育頭数は増え、料理店は豚肉を利用することにより街の活性化を企画している。(公社) 群馬県畜産協会は、畜産経営の安定向上と良質な畜産物の生産に貢献し、畜産の振興に寄与すべく活動している。下仁田から安中への下仁田養豚グループは、群馬県安中市を本拠として養豚事業が展開されている。

　群馬県は、利根川水系の豊富な水資源と上毛三山（赤城山・榛名山・妙義山）に囲まれ畜産の盛んな地域となっている。素晴らしい環境で育てられた群馬の肉牛は、古くから風味豊かな牛肉として知られている。代表的なものに「上州牛」がある。

　豚肉の購入量は50％前後であるところから豚肉文化圏と思われる。群馬県では、毎年約70万頭のブタが県内4か所の食肉処理場において処理され、4万5,000～4万6,000トンのブタの枝肉が生産されている。一方、食肉処理場における年間に処理される牛は8,000～1万トンの牛肉（枝肉）が生産されている。このうち、交雑種（乳用種×肉用種）が70％以上を占める。

知っておきたい牛肉と郷土料理

銘柄牛の種類

群馬県は、すでに述べたように赤城山、榛名山、妙義山に囲まれた牧草の豊富な地域で肉牛が肥育されている。この自然の環境で銘柄牛も肥育されている。群馬県の銘柄牛は、それぞれの銘柄牛の産地の地元ホテル、温泉旅館、レストランなどで利用されていることが多い。赤城牛や上州牛はサシが入っているので、すき焼きやしゃぶしゃぶに利用している。

❶上州和牛

群馬県内で肥育され、群馬県食肉卸売市場で取り扱う「上州肉」の中で、とくに和牛種を「上州和牛」という。黒毛和種の中でも優秀な血統のウシを、独自の飼料で肥育した、品質の高い牛肉である。格付けAランクのものは最上の美味しさと評判がよい。品質のよい牛肉で、軟らかく、うま味もあり、炭火焼き、ステーキ、しゃぶしゃぶなどに利用されている。生産者や専門店が薦める料理は、ステーキ、すき焼き、しゃぶしゃぶ、焼肉など特別な料理ではないが、美味しさは格別である。店によってはヒレカツ、三枚肉の角煮を提供するところもある。特別な衛生管理で飼育し、安全性を重要視しているのも特徴である。

❷赤城牛

自然環境豊かな赤城山の麓で飼育されている黒毛和種や交雑種である。安全性を重要視した飼育をしている。脂肪の構成脂肪酸はオレイン酸やリノール酸などの不飽和脂肪酸が多いので軟らかく、甘味もあることから、赤城牛の産地に近いホテルやレストランは赤城牛肉しか使っていない。主として、ステーキ、鉄板焼き、しゃぶしゃぶ、すき焼きという形で客に提供することが多い。肉料理とともに使う野菜には、主として地元で生産している野菜を利用している。

❸低脂肪牛

群馬県前橋市を中心として飼育されている。高たんぱく質、低脂肪の肉なのでヘルシー肉として注目され、愛好者がいる。ステーキ、ハンバーグなどに使われている。

❹榛名山麓牛

榛名山麓の渋川市や前橋市を中心に飼育されている上州牛の一種である。鉄板焼きが最も適した美味しい食べ方ともいわれている。

❺上州新田牛

太田市を中心として飼育している黒毛和種または黒毛和種とホルスタイン種の交雑種である。脂肪の付き方がよいので、しゃぶしゃぶなどに適している。

❻五穀牛

群馬県の21世紀肉牛研究会の会員が改良を研究し、飼料はコメ、大豆、麦、粟、キビからなっている。熟成肉の評価は高い。

- **もつ鍋** 群馬県には牛もつ鍋を提供する店が目立つ。前橋市には四川風牛もつ鍋、高崎市、太田市には醤油味のもつ鍋がある。

知っておきたい豚肉と郷土料理

群馬県は、行政と食肉販売専門店が協力してブタの生産と豚肉料理の普及により、群馬県の活性化に努力している。マスメディアを通しても群馬県特有の豚肉の料理を普及している。

群馬県は養豚の盛んなところで、豚肉料理での地域活性に食品の専門店や行政が意見の交換を続けているようである。

銘柄豚の種類 群馬県では種豚の改良増殖や肉豚の生産を図るために、種豚整備のための施設や養豚生産の強化のために組織的な仕組みで行われている。そのために、群馬県全域の契約農家により計画生産され、「上州銘柄豚」「上州麦豚」は生産者ごとに特徴をだしている。大消費地の東京、横浜、川崎に近いので、養豚農家も多く、関東地方の豚肉文化に貢献している。

❶福豚

林牧場が、60年もの間、理想のブタを目指して品種改良し続けた末に誕生したブタである。関東地方の各県にも出荷している。通常の豚肉の色に比べて赤色が濃く、霜降りの部分も多く、脂肪の融点は口腔内で溶け、あっさりしている。焼肉やしゃぶしゃぶが美味しい食べ方のようである。群馬の名物豚汁「とんとん汁」の名は、林牧場の「とんとん広場」に由来する名称と思われる。

❷愛豚(まなぶた)

前原養豚というファームが水にこだわり「活性水」を飼料に混ぜて与えている。肉質は臭みがなく、軟らかい。赤身肉の中の脂肪量が多く、脂の香りや甘味が好評の理由である。豚汁、肉じゃが、寄せ鍋、野菜炒めなどに向いている。

❸麦仕立て上州もち豚

ミツバミートというファームが、自然豊かな環境の榛名山麓で、ミネラル分の多い伏流水を飼料に加えて飼育している。肉質はきめ細かく、白色の強いブタである。上質な脂肪で甘味があり、臭みはない。焼いても硬くならないので、加熱調理による肉質の心配はないので、豚汁、とんかつ、ソテー、焼肉、串焼きにしてもよい。

❹やまと豚

フリーデンというファームが穀物主体の自社設計の配合飼料で飼育している。飼育に関しては衛生管理に配慮し、健康管理も十分に行っている。きめ細かい肉質で、脂肪は甘く、風味がある。焼いても家の中が臭くならず、冷めても美味しいので、弁当の惣菜に最適の豚肉との評判である。

❺和豚もちぶた

グローバルビッグファームが飼育しているもち豚。肉質は餅のように軟らかく、繊細な食感をもっている。ジューシーである。厚めに切った料理がよい。角煮、厚いとんかつ、ポークソテーなど。

❻上州麦豚

麦を多く含む飼料を与えて飼育している。肉質はきめ細かく滑らかである。和食・洋食・中華の各料理に向く。ハイポーク・上州育ち・奥利根もち豚・赤城ポークの4系統の麦豚の統一銘柄が「上州麦豚」である。他のブタに比べて、締まりがあり美味しいとの評判である。

❼はつらつ豚

サツマイモ、海藻、ニンニク、米を混ぜた飼料を与えている。脂肪の融点は口腔内での口どけがよいほど低い。大量には出回っていない。

❽榛名ポーク

特定の農場から導入した健康状態の安定したブタ。飼料にはイモやマイロなどのデンプン質の多い材料を使っている。口腔内で口どけの良い脂肪で、軟らかい。

❾赤城高原豚

　赤城山周辺の生産者により生産されたブタ。筋肉中の脂肪含有量は適度で、保水性もよい。肉そのものはみずみずしく、いろいろな料理に使いやすい。

❿赤城ポーク

　赤城山西麓で生産されているブタ。肉質はきめ細かく、保水性があり、締まりもある。早い時期から群馬県産のブタとして認められ、出荷量が安定している。

⓫加藤の芋豚（加藤ポーク）

　サツマイモの入った飼料を与えて飼育している。肉がしっかりして臭みがなくしっとりしている。しゃぶしゃぶにした場合でもアクはあまり出ない。

⓬クイーンポーク

　このブタの生産者が、美味しい豚肉を目指し、長年の品種改良によって生まれた品種。みずみずしい肉質で、歯切れ、食感がよい。ほとんどの料理に向く。

⓭黒豚とんくろ

　恵まれた自然環境のもとで飼育された黒豚。黒豚特有の美味しさがはっきりわかる。

⓮下仁田ポーク

　優秀な三元豚の品種。肉質は軟らかな赤身で甘味がある。塩コショウで焼くシンプル料理やしゃぶしゃぶに合う。

⓯えばらハーブ豚未来

　高崎市周辺で飼育している。飼料にハーブを混ぜ、ハーブの飼料効果を期待して飼育されている。

豚肉料理

- **まえばし TONTON 汁**　前橋市内の料理人11人が、2007（平成19）年に考案したオリジナル豚汁。群馬県の県庁所在地・前橋市が平成の大合併したことをきっかけとし、「TONTONのまち前橋」をキャッチフレーズに、前橋を「豚肉のまち」として定着させるための活動が始まった。群馬県産の豚肉と豊富な野菜を入れた具だくさんの味噌仕立て汁。キノ

コはバターソテーしてから入れてまろやかにする。味噌は白味噌と赤味噌を使用し、「ねじっこ」というすいとんも入れるというこだわりがある。野菜としてはジャガイモまたはサトイモ、キノコ類、ニンジン、タマネギ、ダイコン、ゴボウなど、その他にコンニャク、油揚げなどを入れる。

- **ソースかつ丼** 群馬県（高崎、伊香保、榛名地方）のかつ丼は、丼ご飯の上のとんかつにソースをかける。
- **上州かつ丼** かつ丼はご飯の上のトンカツは卵でとじてあるのが一般的であるが、上州のかつ丼は卵とじしていない。小ぶりのかつが数個のっているだけのシンプルなかつ丼。甘味のタレがしっとりとトンカツに浸みこんでいる。タレは長年かけて足し増ししながら使っている。
- **上州味紀行ロースハム** 群馬県内で生産した良質のブタの肉を、ハム・ベーコン・焼き豚・ソーセージに加工したものである。群馬県ふるさと認証されたもの。とくに、ロースハムは、ブタのロース肉を調味液の漬けこみ低温で熟成させてからスモーク熟成したもの。
- **ソースかつ丼** ウスターソース系のトマトケチャップベースのソースに酒を加え、それに揚げたてのトンカツをくぐらせ、どんぶりに盛ったご飯の上にのせた丼もの。丼の中のご飯の上には千切りキャベツを敷いてある。群馬県の前橋、桐生の両市のご当地グルメとされている。
- **太田焼そば** 秋田の横手と静岡の富士宮とともに日本三大焼そばの一つと言われている。太田市内には80店ほどの焼そば屋がある。明治以降、工業が盛んな土地だった。中島飛行場や富士重工業のお膝元で、全国から多くの人が働き手として集まった。その中で、秋田の横手の焼きそばが影響したといわれる。地元産の麺と特産の豚肉、そして、名産品のこんにゃくを使うこと以外レシピは自由。上州太田焼そばのれん会が、"焼そばマップ"を配布して、食べ歩きを提案している。

知っておきたい鶏肉と郷土料理

銘柄鶏の種類　　上州地鶏、風雷どり、榛名うめそだち、きぬとりがある。

- **上州地鶏** 群馬県畜産試験場が品種改良して造成したものである。食味がよく、ほとんどの鶏料理に向く。もりそばのつけ汁（鴨南蛮）の鶏肉として利用される。高崎市内の焼き鳥の店には、備長炭を使うところが

多い。

知っておきたいその他の肉と郷土料理・ジビエ料理

- **上野村のイノブタ**　多野郡上野村で飼育しているイノブタである。イノシシとブタを交配させて誕生したイノブタは、上野村の自然の環境の中で飼育している。赤身肉で甘くコクがある。脂肪の融点は低いので、口腔内での口どけもよい。イノシシの野生の風味を残しながら、豚肉のようなうま味がある。イノブタ鍋やしゃぶしゃぶ、焼肉に適している。
- **イノシシ料理**　群馬県は山野が多いため、イノシシの棲息地も多く、捕獲数も多い。伊香保や草津の温泉地、下仁田など各地にイノシシ料理を提供する店がある。「ぼたん鍋」ともいう。イノシシ肉は薄く切り、皿に花びらのように盛り付けてある。群馬のイノシシ肉は臭みがなく、淡白でほのかな甘みがある。
- **クマ料理**　グルメサイト「食べログ」でも群馬県のクマ料理の店が紹介されている。水上温泉地帯の宿泊施設で、熊汁を提供する店がある。ニラなどの臭みの強い野菜との熊肉鍋または熊肉汁が用意される。宝川温泉、水上温泉などの地域の宿泊施設で提供される。古くは、水上地区ではクマの肉を食べていたと伝えられている。

11・埼玉県

焼きとん

▼さいたま市(旧浦和市)の1世帯当たりの食肉購入量の変化(g)

年度	生鮮肉	牛肉	豚肉	鶏肉	その他の肉
2001	35,076	5,878	16,525	10,594	767
2006	41,299	7,129	18,136	12,950	962
2011	47,083	7,272	21,319	14,180	1,197

埼玉県は、西部の秩父山地が県域の3分の1を占め、残りの3分の2は平野部は丘陵、台地、利根川や荒川の流域となっている。

内陸県である埼玉県域は、江戸中期から穀類、芋類および野菜類の栽培が広く行われていた。ブタやウシの飼育も江戸時代から行われていたが、これに携わっている農家は多くなかった。

現在は、埼玉県としてウシやブタの飼育の支援をしているようである。埼玉県周辺の群馬県、茨城県、栃木県との交流が便利であるので、県内での畜産業が普及しなかったのかもしれない。

埼玉県の多くの人々の中には、埼玉県の地産のものは肉も野菜も美味しいと評価している。

各年度のさいたま市の1世帯当たりの食肉の購入量は、関東地区の他の県に比べても大差はみられない。これを生鮮肉の購入量に対する各種食肉の購入量の割合について計算すると、牛肉の割合は関東地区の他の県より多い。埼玉県は、東京都に隣接しているので牛肉の購入量が増えているのは、東京都の影響をうけているのかと推察できる。

知っておきたい牛肉と郷土料理

銘柄牛の種類

深谷牛、武州和牛、五穀牛、彩の夢味牛など。
(公財)日本食肉消費総合センターの資料には、埼玉県の銘柄牛の種類として深谷牛、武州和牛が紹介されている。

❶武州和牛

深谷市、本庄市、上里町の地域で飼育している。岩手県の肥育素牛（黒

毛和種）を主体に導入し、指定した飼料をブレンドした飼料で飼育している。都心に近いが、自然環境に恵まれたところで、比較的長期間飼育する。上質な脂肪と赤身肉のバランスがよく、霜降りの状態がよく、きめ細かい肉質である。風味もよく甘味もよい。厚切りにしたタンも評価が高い。主として焼肉の材料として提供されることが多い。

❷深谷牛

深谷市地域で飼育する。肉質のよい黒毛和種の素牛を導入し、深谷市の生産農家が各自の適正な飼養管理により肥育している。霜降りの状態がよいので、深谷のネギとのすき焼きによく合う。

❸彩の夢味牛

深谷市、神川町、所沢市、入間市の地域で飼育している交雑種（一部黒毛和種）である。後味がさっぱりした甘味のある脂肪が特徴である。彩の夢味牛の脂肪の特徴を活かしたしゃぶしゃぶや炙り焼きが人気である。

❹五穀牛

黒毛和種とホルスタイン種の交配により造成された改良種。五穀米を主体とした飼料を与え、肉質も改良されている。熟成肉として提供するのに適している。

牛肉料理 すき焼き、しゃぶしゃぶ、鉄板焼きなどの牛肉料理を提供する店が多いが、鉄板焼きに添える野菜には季節の旬のものを使う店もある。埼玉県内の主なJR駅の駅ビルの食料品店には都心の百貨店や駅ビルの店があるので、東京と埼玉県の人々の食生活や料理には大差がみられない。埼玉県内のしゃぶしゃぶやすき焼きを提供する料理店で使用されている牛肉は国産和牛が多く、埼玉県の銘柄牛を利用する店は少ない。

- **のらぼう菜の肉巻き** 埼玉県の郷土料理の一種。のらぼう菜の代わりに菜の花を使うこともある。のらぼう菜を食べやすい太さにまとめ、薄切りの牛肉でこれを包み、棒状にまとめ、一口で入るくらいの長さに切って、油を敷いたフライパンで焼いたもの。

知っておきたい豚肉と郷土料理

埼玉県の養豚業者は、よい肉質のブタを生産するよう肥育しているが、輸入の豚肉の価格の点では難しい問題を抱え、年々飼育頭数が徐々に減少

している。

銘柄豚の種類　キトンポーク、小江戸　黒豚、埼玉県産いもぶた、彩の国　黒豚、4サイポクゴールドポーク、狭山丘陵チェリーポーク、スーパーゴールデンポーク、花園黒豚、バルツバイン、武州さし豚、幻の肉古代豚、わたしの牧場 彩の国 愛彩豚など。

❶古代豚

児玉郡美里町を中心に飼育されている中ヨークシャー種を基礎豚にし「古代豚」と命名したブタ。現在は、中ヨークシャーの飼育が少なくなり、希少種となっている。古代豚は中ヨークシャー種と大ヨークシャー種との交配によって誕生した改良種である。中ヨークシャーは成長が遅いという理由からほとんど飼育されなくなった。古代豚の脂肪の融点は低く、口腔内ではほどよく溶ける。料理はしゃぶしゃぶ、とんかつ、焼肉、串焼きなど。どんな料理にも合う。

❷彩の国（黒豚）

品種はバークシャー（黒豚）なので、大ヨークシャーに比べれば締まりのある肉質で、きめ細かく歯切れもよくうま味が豊富である。脂肪は白く、さっぱりしている。とんかつ、しゃぶしゃぶ、角煮、焼肉などに適している。

- ゴールデンポークのハム・ソーセージ　日高市地域の自然環境のもとで、独自の飼料を与え、60年もの歳月をかけて改良し、誕生した「ゴールデンポーク」を原料としたハム・ソーセージはドイツの国際食品コンテストでも高い評価を得ている。ブタの育種から加工して生産している。

- 東松山の焼き鳥（焼きとん）　埼玉県東松山市のご当地グルメの料理。原料は豚肉で大きめの肉塊を串に刺して焼く。味付けには、トウガラシなどを混ぜた味噌だれを塗るのが特徴。「やきとり」を注文すると「ネギを挟んだ串焼き」がだされる。カシラ（頭部の筋肉）、タン（舌）、ハツ（心臓）もネギを刺して提供される。焼き鳥の由来は「焼き鳥屋」という料理店で提供していたから。初期の焼き鳥はスズメのような小鳥の炙り焼きであったと伝えられている。

- 豚丼　埼玉県の各地、各店でそれぞれ工夫した豚丼が提供されている。シソとチーズをのせたもの、かけこみ豚丼、上州豚丼、味噌豚丼、ぶたみそ丼、豚バラキムチビビン丼、清香園のぶた丼などがある。

- **わらじかつ丼** 西秩父の小鹿野地区の有名なかつ丼。甘辛のタレがかかった豚かつが2枚、ほかほかのめしにのっている丼物。
- **とまとルンルン揚げ餃子** 北本市のご当地餃子。豚肉を地元のトマトのエキスの染み込んだ地元のキャベツとジャガイモが具となっている。
- **なめがわもつ煮** 滑川町のご当地グルメ。豚のモツとこんにゃく、大根やニンジンや季節の野菜を入れて煮込み、味噌と醤油、しょうが、酒で味を調える。器に盛り付けた後、やきとり用の甘辛の味噌だれと長ネギを中央に載せる。
- **一般的料理** 焼肉、ソテー、串焼きなど。

知っておきたい鶏肉と郷土料理

❶彩の国地鶏タマシャモ

坂戸市、深谷市、川越市の各地域で飼育されている。シャモを改良したもので、赤身で、豊かなうま味とコクがあり、弾力もある肉質。脂肪の構成成分はリノール酸が多い。広範囲の料理に合う。1984（昭和59）年に埼玉県養鶏試験場（現・埼玉県農林総合研究センター畜産研究所）で肉用鶏として開発した品種。「大和シャモ」の雄と「ニューハンプシャー種」の雌を交配して得た雌に、「大軍鶏」を交配して「タマシャモ原種」を作成し、これに「ロードアイランドレッド種」を交配して得た雌に、さらに「タマシャモ原種」を交配して開発した品種である。

❷香鶏

南埼玉郡で飼育。中国伝来のハブコーチンと烏骨鶏の血統を継承している。肉質は、筋線維が細かくジューシーで弾力がある。
- **一般的料理** とりしゃぶ、とりすき、串焼き、から揚げ、とり刺身など。

知っておきたいその他の肉と郷土料理

- **猪肉** 野猪鍋、シシ鍋、山クジラ鍋、ぼたん鍋ともいわれている。秩父山系にはクマ、シカ、イノシシが棲息している。猟師が捕獲したこれらの野生の動物は、マタギ料理となり、郷土料理となっている。イノシシは焼肉にするか味噌仕立ての鍋料理で食べられる。イノシシ鍋は、猪肉のほかに、ダイコン、ネギ、シイタケなどの季節の野菜や豆腐などと一緒に煮込み、秋から冬の野菜を入れて煮込む。味噌仕立てにする。

- **猪肉の味噌漬け**　埼玉県の秩父の土産に、「猪肉の味噌漬け」がある。味噌漬けに加工することにより、イノシシの獣臭を緩和することができる。

埼玉県のジビエ料理

クマやシカの捕獲数は多くない。捕獲時にその地域で「マタギ料理」として供される程度である。

秩父地方で野生の獣鳥の駆除のために捕獲したイノシシ、キジ、その他の獣鳥などを、衛生的に処理し、鍋などマタギ料理に似たものを、観光客相手に提供している。

秩父地方には若いシカの肉のステーキ、ソーセージを提供する店がある。ジビエ料理の美味しい時期は、秋から冬にかけての猟期に限る。

12・千葉県

くじらのたれ

▼千葉市の1世帯当たりの食肉購入量の変化 (g)

年度	生鮮肉	牛肉	豚肉	鶏肉	その他の肉
2001	33,813	5,596	15,761	10,489	824
2006	38,575	5,590	18,877	11,141	1,208
2011	41,934	6,089	19,977	12,086	1,311

　千葉県の南房総から鴨川にかけて広がる嶺岡丘陵に、「千葉県酪農のさと」といわれる地域がある。嶺岡丘陵の上に、戦国大名・里見氏は、軍馬を育成する牧場を作った。1614（慶長19）年に、この牧場は江戸幕府の管轄下に置かれた。8代将軍徳川吉宗（在職1716～45）の「享保の改革」において牧場の整備が行われ、現在のバターに似ている牛酪を作り始めた。このことから、嶺岡丘陵は日本の酪農の発祥の地といわれている。現在もこの地域は山林に囲まれ目立たないところであるが、ウシが飼育されている。千葉県での食用牛の飼育は明治時代以降である。

　千葉県のブタの飼育は、中ヨークシャーを主体としていたが、この品種は発育が遅く、出産数が少ないために徐々に減少していった。1960年以降、外国から大型種（大ヨークシャー）が導入されると、大ヨークシャーを主体とした品種が飼育されるようになった。

　千葉市の1世帯当たりの生鮮肉、牛肉、豚肉、鶏肉の購入量をみると、生鮮肉ばかりでなくそれぞれの食肉の購入量は2001年度よりも2006年度の購入量が増え、2006年度より2011年度の方が増えているが、各年度の生鮮肉の購入量に対する牛肉、豚肉、鶏肉、その他の肉の購入量の割合には大差がみられない。

　それぞれの年代とも、千葉市の市民の食肉購入量は、さいたま市の市民や東京都都民の購入量より少ない傾向がみられる。千葉市民の食肉購入量をみると、上記の各年度とも豚肉が多いのは、豚肉文化を維持しているように思われる。

　千葉県の嶺岡丘陵地域が酪農発祥の地であることを維持するかのように、

小規模な酪農家があり、それぞれ独特の牛乳の加工品を作っている。飼育しているウシから二次的に得られるチーズは昔風の味覚であり、隠れた人気生産物である。

知っておきたい牛肉と郷土料理

銘柄牛は、自然豊かな環境の中でストレスを与えないで、素牛から肥育、出荷に至るまで一貫して育てられている。

牛肉料理には千葉県産ばかりでなく松阪牛も仕入れて、ステーキ、しゃぶしゃぶ、すき焼きなど、全国各地の牛肉料理が提供されている。とくに、成田空港という世界の人々が訪れる場所であるから、外国人にも人気のある牛肉料理が提案されている。

銘柄牛の種類　林牛、そうさ若瀬牛、八千代ビーフ、かずさ和牛、千葉しおさい牛、みやざわ和牛、しあわせ満天牛、美都牛、千葉しあわせ牛（しあわせ絆牛）、白牛がある。

❶千葉しあわせ牛・しあわせ絆牛

（一社）千葉農業協会に所属する畜産農家が飼育している肉用牛。飼料は千葉県内で収穫できる米を混ぜたものを使用している。黒毛和種の雄とホルスタイン種との交配による交雑種で、黒毛和種の肉質とホルスタイン種の成長力を生かした肉質で、焼肉、すき焼きに適している。健康なウシを目指した、ストレスの少ない自然環境の中で飼育している。牧場の中には焼肉店や生産した牛肉だけでなく、地域で生産している野菜の直売所も併設している。

❷白牛（はくぎゅう）

外観が白色でコブのあるウシで、アメリカでは「セブー種」といわれている。江戸時代に、インド産の3頭の白牛が輸入され、一時は70頭も飼育されていた。明治時代の中期に伝染病により死滅し、現在は、千葉県の「酪農のさと」がアメリカから輸入したセブー種のみが存在している。主として牛乳が「白牛酪」という乳製品に加工されている。千葉県が日本の酪農の発祥の地といわれているのは白牛の飼育による。

❸かずさ和牛

千葉県内の21の農場で飼育している黒毛和種。肉質はきめが細かく色も鮮やか。脂質はねっとりしていてほんのりと甘味がある。規模の大きい

取引会社では、1頭丸ごと購入し、オーダーカットして販売し、また自社内に炭火焼きで食べられるレストランを用意している。「かずさ和牛工房」という名で、かずさ和牛を原料としたハム・ソーセージの製造・販売会社もある。

牛肉料理

- **千葉県の牛タン**　千葉県内の大型ショッピングセンターを中心に、仙台市の有名牛タン専門店が営業している。仙台市の専門店の支店、千葉県内の個人の店を合わせると牛タン専門店が20店舗以上もある。牛タンは炭火焼きで食べるところが多い。
- **一般的料理**　ステーキ、すき焼き、ハンバーグ、しゃぶしゃぶなどがある。東京圏に近いので、本格的フレンチ料理のシェフが牛肉料理を提供する店も多い。

知っておきたい豚肉と郷土料理

千葉県はサツマイモの栽培の盛んなところなので、ブタの餌にサツマイモを与えているところもある。

❶ダイヤモンドポーク

千葉県全域で飼育。千葉県の養豚は1830年代（天保年間）に始められたが、産業としての養豚の成立は明治時代になってからと伝えられている。この時代の飼料にはサツマイモや醤油粕、イワシなど千葉県の特産物が利用された。現在も、千葉県産のサツマイモを飼料に加え、コクのあるうま味と甘味のある豚肉を作り上げている。脂身は輝くような白色である。肉質はジューシーで深みがあり、軟らかく、脂身は口腔内の温度でほどよく溶ける脂肪を含んでいる。適量の脂身の存在はしゃぶしゃぶに適している。軟らかい肉質と脂身の甘さがわかる。煮る料理、焼く料理でも食べられる。千葉県の生産者では「幻の豚肉」、別名「チバポーク」として全国に広めているところである。

❷林SPF

林商店は全国各地に安全で安心の養豚を展開している。千葉県産の「林SPF」は林商店の管理で飼育されている養豚の一つ。

❸ひがた椿ポーク

　現在は干潟八万石と称される豊かな穀物地帯となっている千葉県九十九里浜北部の旭市周辺の地域。かつては、「椿の海」とよばれた潟湖であった。江戸時代に干拓されている。昔の「椿の海」の名にちなんで、この地区で生産しているブタを「椿ぽーく」の名をつけた。干潟であったことから「ひがた椿ポーク」とよばれている。椿ポークの肉質を良質にするため、穀物トウモロコシ、パン粉、キャッサバ）の選定と配合のバランスは厳しくチェックして、与えている。

知っておきたい鶏肉と郷土料理

❶上総赤どり

　レッドラージとロードアイランドレッドの交配種。肉質のきめが細かく、肉色は赤みが濃い。4週の飼育で市場へ流通する。

❷房総地鶏

　千葉県固有の地鶏で、横斑プリマスロックの雄と千葉県が保有しているレッドラインロードの雌を交配して生まれた。ブロイラーに比べれば小形の肉用鶏。しっかりした食感のある肉質で、ジューシー。イノシン酸の含有量が多いのでうま味がある。広範囲の料理に適している。

鶏料理　　佐原市から取り寄せる鶏が多い。また各地の地鶏を提供する店も多い。肉やホルモン串焼き、ホルモンの味噌煮込み（醤油煮込み）料理、手羽先料理、から揚げ、水炊き、炒め物などよく知られた料理が多い。宮崎県の鶏料理を提供する店もある。

知っておきたいその他の肉と郷土料理

- **ツチクジラとくじらのタレ**　南氷洋でのクジラに関しては、商業捕鯨ばかりか調査捕鯨も国際的に禁止となった現在、日本でのクジラの利用は、日本近海で捕獲できるクジラに限られてしまった。現在捕獲・利用できるクジラの一つが、南房総市の和田浦港に水揚げされるツチクジラである。年間約30頭の水揚げである。日本人がクジラを伝統食材として利用してきた歴史は約400年もあり、今なお、親しまれている。南房総の館山は江戸時代にツチクジラの捕鯨が盛んだった。また南房総の和田浦は、関東地方では唯一の捕鯨基地であり、近海のツチクジラの水揚げ港

である。水揚げされたツチクジラは、資源上の関係事項について調査した後に解体する。解体する場所には、食品関連会社の人々や市内の人々が集まってきて、解体後のクジラの肉や内臓を購入していく。南房総の食品製造会社や料理店、家庭の人々は、それぞれの目的で冷凍保存するか、房総の名物の「くじらのタレ」に加工する。家庭や料理店では刺身、フライ、佃煮などにして食べる。

- **くじらのタレ**　南房総の名物の一つで、土産品としても販売している。クジラの赤肉を適当に薄切りし、醤油をベースにした秘伝のタレに漬けこんでから、自然乾燥させる。タレは醤油ベースに酒、みりん、にんにく、生姜などで作った調味液である。水揚げは6月頃が多いので、夏は各家庭の庭や玄関の外に干している。醤油ベースのタレに漬けて天日で乾燥した物。クジラのタレは酒の肴に使われることが多いが、これを再び調味液で佃煮風に煮込み、ご飯の惣菜とする家庭もある。軽く炙ってほぐしていただく。
- **いのしし料理**　南房総の猟師たちが山間部で捕獲したイノシシは鍋料理（イノシシ鍋）で食べる程度。イノシシが捕獲されたときに、たまたま民宿でイノシシ鍋を提供することがある。千葉県産の野菜を入れ、味噌仕立てである。

13・東京都

ちゃんこ鍋

▼東京都区部の1世帯当たりの食肉購入量の変化 (g)

年度	生鮮肉	牛肉	豚肉	鶏肉	その他の肉
2001	36,669	7,013	17,103	10,451	901
2006	38,175	6,666	17,537	10,866	1,114
2011	42,538	7,137	18,748	12,718	1,085

　現在の東京都内ではウシやブタの飼育する適切な場所は少ない。多摩地区や大島などに小規模の飼育しているところがある。

　1867（慶應3）年に、現在の東京・港区の白金に屠場が開設され、明治2年に公営化された。第二次世界大戦後の食生活の洋風化に伴い食肉の需要が非常に多くなり、1966（昭和41）年、現在の屠場（東京都中央卸売市場、食肉市場、芝浦と場）が設立された。現在、東京都中央卸売市場の食肉市場で処理されるウシは千葉県、栃木県、宮城県、岩手県で飼育されたものが多く、また食肉市場で処理されるブタは、千葉県、岩手県、茨城県で飼育されたものが多い。

　購入する生鮮肉の中で、どの年代も牛肉の購入量の割合は16〜19％で、豚肉の購入量は44〜46％である。牛肉の購入量は、東京都近隣の県の購入量よりもやや多い。豚肉や鶏肉の購入量（鶏肉の割合は30％）は近隣の県のそれとほぼ同じである。

　東京都の23区内には、日本の各国の名物料理を提供する店が多く、食べたい地方の料理を、目的の土地へ行かなくても食べられる。最近は、各都道府県のアンテナショップが有楽町、日本橋を中心に開設されているので、各地域の現在の人気物産を入手できるという便利な時代である。

　東京の名物肉料理のすき焼きは、長い肉食禁止の時代が終わり、キリスト教の布教や文明開化に伴い来日した西欧人の食生活や食文化の影響である。

知っておきたい牛肉と郷土料理

東京都の代表的な銘柄牛が黒毛和種牛の秋川牛である。秋川牛は、都内でも少なくなった多摩地区の里山で飼育しているだけである。現在は、岩手県の稲作地帯より買い付けた高級和牛を東京・あきる野市にある竹内牧場で、手塩にかけて飼育している。

銘柄牛の種類　秋川牛、東京黒毛和牛がある。

❶秋川牛

「東京都産秋川牛」ともいわれている。東京都あきる野市の牧場で飼育している黒毛和種である。素牛の子牛は、岩手県の稲作地帯より買い上げ、あきる野市の竹内牧場で丹念に育て上げている。松阪牛や米沢牛の子牛の素牛も、岩手県水稲地区から買い上げたものである。鮮やかな霜降り肉はさっぱりした味なので、軽く火を通してワサビ醤油をつけて食べる和風料理スタイルに合う。

❷東京黒毛和牛

東京黒毛和牛は、自然環境に恵まれた伊豆七島の最南端の青ヶ島の佐々木農家で生まれたウシを、東京の西部の多摩地区の肥育農家が自然環境のもとで、丁寧に健康状態よく飼育したものである。鮮やかな小麦色の肉は、細かい肉質でツヤがある。広範囲の料理に向いている。

牛肉料理

- **すき焼き**　文明開化とともに、横浜で牛鍋が発達し、関西で食べていた牛肉のすき焼きが、東京でもすき焼きとなった。すき焼きの由来は、野外で捕獲した獣鳥類を鋤の上にのせて焼いたことによる説、魚介類を鋤の上にのせて焼く「魚鋤」を肉に替えた説などがある。鋤で焼く調理法は関西から東京に伝わり、長崎の卓袱料理や南蛮料理のように大勢で一つの鍋を囲んで食べる食事習慣が、東京ですき焼きという形になったとも考えられる。関西のすき焼きの発達は江戸中期であり、東京でのすき焼きの普及は、関東大震災後に関西から伝わった。昆布、醤油、砂糖、みりんで調味しながら割り下を補いながら煮る。牛肉以外の具は、長ネギ、タマネギ、シイタケ、春菊、ハクサイ、焼き豆腐であるが、ダイコ

ンやニンジンを入れるところがある。現在のすき焼きの材料は、ナマの牛肉、ザク（ネギ・白滝・焼き豆腐）・卵を基本とし、店や家庭によりザクの種類は異なり、使いやすいものを使っている。
- **牛丼** 牛丼屋の元祖は「牛めし屋」といわれている。雑誌『国民之友』(1897、明治30年)に、「牛めしというものが東京にある。京阪にはない。」という記事があったと伝えられている。この牛めしは、牛肉の細切れとネギの煮込みをどんぶり飯にかけたものである。牛丼屋の吉野家は、1955（昭和30）年に築地1号店を開いた。

知っておきたい豚肉と郷土料理

東京都畜産試験場が開発した「TOKYO X」という銘柄豚は、生産者と流通業者との契約により大事に飼育され販売されるほど貴重な銘柄豚である。

❶ TOKYO X

東京都畜産試験場で鹿児島で多く飼育されている黒豚（バークシャー種）、中国のブタでイノシシのような肉質をもつ北京黒豚、さらにデュロック種の3品種のブタのそれぞれのよいところを取り込んで、5世代にわたり、育種改良を続け、遺伝的に固定した。交雑種では初めて新たな系統豚として（一社）日本種豚登録協会で登録された（1996）。「X」の由来は、3品種を交配させて作ったことにある。光沢のある淡いピンク色をしている赤身肉は、ジューシーで適度な弾力性がある。脂身は純白でコシがあり、あっさりした食味をもっている。まろやかなうま味があり、炙って自然塩で味付けて食べるのが、最も美味しい食べ方である。
- **TOKYO X の美味しい食べ方** 炭火で炙り、ごま油を付けて食べる。
- **とんかつ** とんかつはフランス語の骨付き肩肉 cotelette（カットレット）に由来する。幕末の頃、福澤諭吉の『増訂華英通信』(1860 [万延元] 年) に「吉列」(cutlet) と書いている。1907（明治40）年には、カツレツは人気の料理であったらしい。庶民の洋食として普及したのは、関東大震災の後で、その後「とんかつ」の名で普及した。牛肉より豚肉の購入量の多い関東地方や東北、北海道では「とんかつ」の専門店が増え、家庭での惣菜として、弁当の惣菜として広く利用されるようになった。
- **からし焼き** 北区十条地区の昔からの料理。ニンニク、ショウガ、豚バ

ラ肉、豆腐を混ぜて炒める。炒めたものを食器に移し、その上にキュウリの千切り、刻みネギ、七味唐辛子をかけたものである。調味料には砂糖を使うので辛くて甘い一品である。

知っておきたい鶏肉と郷土料理

❶東京烏骨鶏

東京全域で飼育している。「うこっけい」の卵は高価であるが美味しいという話題が広まると、東京だけでなく近県でも飼育した。「うこっけい」は、中国・インドの国境あたりが原産地であり、卵が目的で導入・飼育していた。最初に導入した頃の「うこっけい」は年間50個ほどの卵しか産まなかったが、東京都畜産研究所で改良した「東京うこっけい」は、年間190個ほどの卵を産むようになった。

「うこっけい」の薬用効果が期待されている。「うこっけい」の薬用効果については、古くから免疫力を強くし病気にかかりにくくなることが期待されている。ホルモン作用にも有効に働くことも認められている。

一般に、家庭や営業用に使う鶏はブロイラーが多い。「うこっけい」の肉を取り扱っている店は非常に少ない。ブロイラーか平飼いか鶏舎内で飼育されている白色レグホンが広く利用されている。

- **親子丼** 一口大に切った鶏肉に溶き卵をかけて熱し、ミツバ、タマネギ、長ネギをあしらい、炊きたてのご飯の上にのせた丼もの。シャモの肉を使う、日本橋の「玉ひで」は、江戸時代中期の1760（宝暦10）年の創業の店である。平日の昼食時は、サラリーマンやOLの長い行列ができる。

❷ネッカ・チキン

ツチヤ養鶏が運営・管理しているネッカリッチ（木酢）を入れた飼料で飼育している鶏。発祥は島根県。

知っておきたいその他の肉と郷土料理・ジビエ料理

- **シカ料理** 東京都内のフランス料理やイタリア料理の専門店ではジビエ料理が用意されている。エゾシカについては、煮込み料理、ハンバーグなどに利用されるが、屋外でのバーベキューの材料ともなっている。現在は、市販の焼肉用のソース（タレ）が開発されているので、アウトドアの料理は便利になった。

- **猪鍋** イノシシは奥多摩地方で捕獲される。奥多摩の民宿や休憩所などでイノシシの味噌仕立て鍋を用意している。
- **ももんじ屋** 東京・両国に江戸時代から営業しているジビエ料理を提供してくれる店がある。それが、ももんじ屋である。江戸時代の肉食禁止の頃は、イノシシを山クジラとして提供していた。江戸時代は、薬としてジビエを利用していたが、現在は忘年会など行事の中で食べる。ももんじ屋で利用している食材は、東京都近郊で捕獲されたものでなく、他県の山中で捕獲されたもの。食材を入手してから提供する料理も決まるようである。江戸時代は麹町にあり、イノシシやシカだけでなく、山鳥やサル、クマも食材に使っていた。
- **馬肉料理** さくら鍋が代表的料理である。東京では、明治4年に浅草の「桜なべ中江」が馬肉の鍋の発祥と伝えられている。割り下で煮込んだ鍋で、牛鍋の値段が高いので馬肉に替えたという説もある。
- **ちゃんこ料理** ちゃんこ料理の代表的なものが、ちゃんこ鍋である。寄せ鍋やちり鍋の種類である。明治末に、横綱常陸山谷左門以降に、相撲部屋で取り入れた料理である。魚、肉、野菜などたっぷり入っているので、食べ過ぎなければ健康によい料理である。種類には、スープ炊き（鶏のスープで作る鍋で、そっぷ炊きともいわれている）、塩炊き（魚介類系が多い）、味噌炊き（カキの土手鍋に由来）がある。魚介類系のちゃんこ鍋が多い。食肉系では鶏肉を使った鍋はそれほど多くない。最初は鶏系のスープと具が多かったが、最近では具とする肉には豚肉も牛肉も使う。

14・神奈川県

シュウマイ

▼横浜市の1世帯当たりの食肉購入量の変化 (g)

年度	生鮮肉	牛肉	豚肉	鶏肉	その他の肉
2001	39,950	7,879	18,111	11,482	790
2006	40,137	6,950	19,260	11,233	1,065
2011	45,379	7,322	20,784	13,960	1,247

　神奈川県の西部の山岳・丘陵・平野、太平洋に面した湘南地区、太平洋に突出している三浦半島などいずれの地域でも農作物の栽培、ウシやブタの飼育が行われ、県内だけの消費だけでなく、隣接する東京都でも販売している。穏やかな気候と広い平野は、農作物も食肉、乳製品の生産を有利にし、西部の東南に面している里山では温州みかんの栽培も行っている。現在は東京の企業へ通勤している人が多く、兼業の人々が多いので、農作物や食肉、酪農などの大規模経営者は少なくなっている。

　牛肉をのぞいて、2001年度、2006年度、2011年度の生鮮肉、豚肉、鶏肉、その他の肉の購入は現在に近づくほど多くなっている。各年度とも豚肉の購入量は、各年度とも牛肉の購入量の2〜3倍であるから、豚肉文化圏であるといえる。

　2001年度、2006年度、2011年度の横浜市1世帯当たりの生鮮肉の購入量に対する牛肉、豚肉、鶏肉、その他の肉の購入量の割合は、東京都のそれらと比べると同じような割合である。いずれの年度も横浜市のその他の肉は神奈川県の西部の山間部で捕獲されたものの利用であろう。

　神奈川県の西部の山間部に近い市町村の田畑は、イノシシによる被害が多く、それを捕獲し、田畑の被害を少なくしようと考えている。ときどき、猟師が捕獲したイノシシは一部の人々や集落のイベントのときに味噌仕立ての鍋をつくり賞味しているが、実際にはイノシシの新しい料理や加工品を模索しているところである。イノシシは捕獲、屠殺してから素早く料理や加工品にしなければならないので、新商品の開発は難しいらしい。

　文明開化の時代の横浜には、外国人の居留地があったことから、食べ物

に関しても欧米や中国から導入したものも多かった。今でも中華街はグルメの中心地であり、横浜港の近くには、古くからのすき焼きの店、ヨーロッパ料理の店などがある。

中華街と肉料理

神奈川県内だけでなく、中華街で提供される肉料理が日本人の食卓へ影響を及ぼし、それが地域の名産品となっている例は多い。

1859（安政6）年、横浜港が開港されると、外国人居留地が造成され、欧米人とともに中国人貿易商も来往し、居留地の一角（現在の山下町）に、関帝廟、中華会館、中華学校などを建てていった。1899（明治32）年、居留地が廃止となり、居留地以外でも住むことが許され、中華街はさらに発展していった。1923（大正12）年に発生した関東大震災では中華街は大打撃を受け、大多数の中国人が帰国した。その後、1937（昭和12）年に日中戦争が勃発すると、貿易の仕事も難しくなった。第二次世界大戦後の復興期になると横浜港は外国との貿易港として賑やかになった。

知っておきたい牛肉と郷土料理

神奈川県の厚木、大和、足柄、箱根、愛甲、伊勢原などの清涼な自然環境の地域で肉牛の肥育、酪農などが多い。厚木の食肉処理場は県内だけでなく近隣の県からも肉牛が運ばれてくる。

神奈川県の銘柄牛は次のとおりであるが、牛肉も豚肉と同様に地産地消の食品として役立つことを狙っている。神奈川県内は都市化が進み、肉牛、乳牛、ブタ、鶏を飼育する場所が少なくなっている。ある飼育場はゴルフ場の近くにあることもある。ゴルフというストレスから守るために、クラシック音楽をかけている養豚場や養鶏場もある。かつては、横浜でもウシが飼育されていたが、都市化に伴い畜産物の生産者は減少したが、現在でも畜産物を生産している農家がわずかに残っている。

銘柄牛の種類

三浦葉山牛、足柄牛、横浜ビーフ、市場発　横浜牛、やまゆり牛、市場発横浜牛などがある。さらに、神奈川県では新しい肉牛（神奈川牛）を開発している。

❶葉山牛

葉山牛の飼育には、コメ、おからなど加熱した穀類や豆類を配合した独特の飼料を与え、葉山牛の霜降り肉を作っている。甘みがあり、うま味も

ある美味しい肉として評価されているが、国産牛に比べると値段が高い。葉山牛は、三浦半島酪農組合連合会の指定された会員が、指定の飼料を与え、肥育した黒毛和種である。黒毛和種も未経産雌牛ならびに去勢牛でなければならない。葉山牛が食べられるのは神奈川県内の指定される飲食店、販売店である。人気のある店は、鎌倉市の小町通りにある「マザース　オブ鎌倉」で、ステーキを中心に提供している。

❷**足柄牛**

　ホルスタイン種と黒毛和種の交雑種で、神奈川県でも自然豊かな丹沢麓で、ストレスがない環境で育成されたウシである。飼料には地域の特産物の足柄茶を混ぜている。きめ細かい肉質としっかりした食感をもっている。広範囲の料理に利用されている。葉山牛に比べると、手ごろな価格で購入できる。

❸**横浜ビーフ**

　牛鍋の発祥の地として、(一社)神奈川県畜産会が主体となって横浜市内の牧場で育成した黒毛和種である。21世紀になって誕生した極上の黒毛和種の肉である。

❹**市場発横浜牛**

　専門家の目で育成した和牛である。

❺**やまゆり牛**

　藤沢市、茅ヶ崎市、寒川町、足柄地域の指定農家だけが飼育している黒毛和種である。やまゆり牛を使った郷土料理の「やまゆり牛丼」は、この地域の人たちが薦める牛肉料理である。

❻**生粋神奈川牛**
きっすい

　2013年12月に登録。神奈川県と神奈川県食肉協同組合が「神奈川生まれの神奈川育ちの牛」の開発に研究を重ね、ブランド名を消費者から応募し「生粋神奈川牛」の銘柄牛が誕生した。肉質は霜降り肉が多くやわらかい。

●**牛鍋**　横浜・中区の「太田なわのれん」は、明治元年創業である。現在はすき焼きの店といわれているが、元来は牛鍋の発祥の店である。1862（文久2）年に、横浜に最初の牛鍋屋があらわれる。伊勢熊という居酒屋で、牛肉の煮込みを出した頃は大盛況であった。本格的な牛鍋を始めたのは1862（文久2）年であった。本格的な牛鍋を始めたのは、老舗

の「太田なわのれん」で、能登の国の高橋音吉が1865（慶應元）年に、横浜の横浜堤で牛肉の串焼きを始めたことから牛鍋に発展したといわれている。

「太田なわのれん」の牛鍋は、サイコロ状に角切りした牛肉を鉄板に載せて焼いてから、味噌仕立てのすき焼きとする。野菜類は、牛肉を焼いてから同じ鍋で割り下を足しながら肉と同様に味噌味で食べる。最後に、鍋に残った煮汁を白いご飯にかけて食べるのが、この店の食べ方の流儀である。獣の臭みを緩和するのに味噌味にしたといわれている。「太田なわのれん」の使用している牛肉は山形産である。

文明開化の時代にもう1軒できたすき焼きの店「荒井屋」は1895（明治28）年創業である。最初は牛鍋や牛めしを提供し、「牛肉を食べないものは、文明開化にのり遅れる」というようなキャッチコピーで、客を呼んでいたそうだ。

- **葉山牛のステーキ・焼肉**　神奈川県内には葉山牛を取り扱い、葉山牛のステーキや焼肉を提供する店もある。鎌倉の小町通に古くから葉山牛を提供している店があり、今も続いている。

知っておきたい豚肉と郷土料理

銘柄豚　飯島さんの豚肉、かながわ夢ポーク、さがみあやせポーク、自然派王家（王家　高座豚）、みやじ豚、湘南うまか豚、湘南ぴゅあポーク、湘南ポーク、丹沢高原豚、日本の豚　やまと豚、はーぶ・ぽーく、はまぽーく、やまゆりポークなどがある。これらは、現在販売しているので、神奈川県内の指定された食肉販売店で購入が可能である。

❶飯島さんのぶたにく

神奈川県の系統豚カナガワヨークとユメカネルを活用してデュロックを改良したものである。品質がよく好評である。

❷かながわ夢ポーク

カナガワヨークとユメカナエルを活用して造成したブタで、その肉質は軟らかく、ジューシーである。

❸さがみあやせポーク

きめ細かい滑らかな肉質。

❹自然派王家高座豚

　中ヨークシャーの血統に属するヨークシャー種で、ハム・ソーセージ・味噌漬けなどの加工品の原料として使われることが多い。高座豚は、神奈川県の綾瀬町、寒川町で飼育しているが、加工は厚木などでも行っている。

❺みやじ豚

　藤沢地区でストレスのない環境で飼育した豚で、脂身はさらっと口どけのよい脂肪が含まれている。専用の焼肉店で利用されている。

❻湘南うまか豚

　湘南地区の養豚家が独自の飼料で育成している。

❼湘南ぴゅあポーク

　中ヨークシャー種で、非遺伝子組み換えの大豆、トウモロコシのほか、大麦、マイロを飼料に混ぜて投与している。

❽湘南ポーク

　肉質はきめ細かい。熟成した品質のよい豚肉である。

❾丹沢高原豚

　細菌性の安全性をチェックし、安全性を確保している。

❿日本の豚やまと豚

　肉質のたんぱく質の構成アミノ酸の主成分はグルタミン酸であり、うまみ成分のイノシン酸は少ないが、活性水を利用している。健康によい豚肉として知られている。

⓫はーぶ・ぽーく

　漢方粕を混ぜた飼料を与えて飼育している。風味のよい肉質である。

⓬はまぽーく

　飼料に、学校給食の食べ残しやスーパーやレストランの食べ残しを飼料化したものを混ぜて与えている。肉も脂身も軟らかい。

⓭やまゆりポーク

　白い脂肪と軟らかい肉質をもった豚肉である。

　神奈川県内には、西部、湘南、横浜など各地に屠場があった。各地にあると場を廃止し、厚木に大きな食肉処理場をつくり、県内だけでなく、近隣の県のウシやブタを処理している。厚木は、食肉処理場があるために、新鮮な副産物も入手できるので、焼きトンの店は多い。

豚肉料理

- **しろころホルモン** 　B級グルメで知られている「しろころ」は、新鮮なブタの腸の内側を外側にひっくり返して焼いた一種のホルモン焼きである。部分の焼きものである。食肉処理場があるからできる一種の焼きトンである。本来のブタの腸（シロ）は、よく洗って湯がいてから適度な大きさに切断し、串を刺して焼くのであるが、しろころは、腸の内側を外へだしても脂肪が残る。
- **高座豚の味噌漬け** 　県央は稲作に不向きで、麦と芋しか穫れなかった。しかし、この麦と芋はブタの格好の飼料となり良質のブタが生産された。豚肉の味噌漬けは「とん漬」ともよばれる。とくに高座豚のロースの味噌漬けが人気。神奈川の名産の一つである。それぞれの店の漬物用の味噌作りは独特である。やや甘味のある味噌に漬けこみ7日頃が食べごろ。高座豚は、高級ハム・ソーセージにも加工されている。
- **高座豚のハム・ソーセージ** 　厚木市には近代的な食肉処理場と加工場があるので、厚木市には食肉加工場が多い。食肉販売店で、高座豚のハム・ソーセージを作る設備をもっているところが多い。
- **しゅうまい** 　広東語のシューマイが言葉の起源。横浜中華街は1859（安政6）年の横浜の開港とともに始まる。中国人居留者は山下町の一角に集団で居住したため、その一帯を"唐人町"とよんだ。中国人の鮑寿公氏の「博雅亭」が日本人好みのシューマイに改良した。横浜中華街があるので横浜名物には中華料理があげられている。横浜市内の主な駅には、崎陽軒のしゅうまいやシュウマイ弁当の専門の売店がある。
- **肉饅頭（豚まん）** 　横浜中華街のレストランでは、肉饅頭を販売している店が増えた。観光客の中には、店先で熱々の肉饅頭を求め、歩きながら食べる光景が多くみられるようになった。中華饅頭の中のあんには小豆餡、ごまだれ餡などがあるが、本格的な中華饅頭はひき肉や刻みタマネギを具にしたものである。
- **厚木のころ焼き** 　食肉処理場から仕入れたブタの腸を裏返して、鉄板で焼いたものである。B級グルメとしては人気のもつ焼きである。普通、焼き鳥店では、腸（＝しろ）は湯がいて使用するが、厚木のころ焼きの腸は、内部の脂肪を残して焼くので、食感がよい。

知っておきたい鶏肉と郷土料理

❶三浦地鶏
　三崎養鶏場が飼育している地鶏（シャモ系統）。コメを混ぜた飼料を与え、平飼い鶏舎で飼育している。肉も卵も地元レストランをはじめ、料亭、イタリアン、フレンチに利用されている。

❷湘南地鶏
　辻堂鵠沼の湘南の飲食店の有志が、「湘南ワンダーファーム」を作り、飼育しているシャム系の地鶏。飲食店では湘南地鶏の「レバーのささっと焼き」「砂肝のブラックペッパー焼き」「鳥の塩麹焼き」などを用意している。

- **串焼き焼き親子丼**　三崎にある「地鶏屋」は三浦地鶏の串焼きや三浦地鶏の肉と卵を使った親子丼を提供している。

知っておきたいその他の肉と郷土料理・ジビエ料理

　神奈川県の西部に位置する丹沢山の麓の温泉旅館では、古くからイノシシ鍋を提供している。近年、野生のイノシシやシカによる山林、田畑の被害が多くなってから、これら獣の駆除対策に苦労している。

- **猪肉**　丹沢など山間部では、昔から「イノシシ鍋」は「牡丹鍋」として名物である。とくに、温泉旅館の定番料理の一つであった。最近は、どこの県でも山には餌がなくなりそのために野生のイノシシによる田畑の被害が多くなった。神奈川県でも、生息数の調整のためにイノシシを捕獲したいが、猟師やその後継者が少なくなり、なかなか捕獲も難しい時代となっている。さらに、捕獲したイノシシの食べ方が分からないので、利用に苦労している。
- **牡丹鍋**　丹沢山系で捕獲したイノシシは、味噌仕立ての牡丹鍋で食べる。イノシシの肉の他、野菜類ではダイコン、ニンジン、ささがきゴボウ、シイタケ、ネギ、セリ、三つ葉、焼き豆腐、白滝などを使う。地域の祭りのような場合も、地域の人々によって牡丹鍋を作り、あつまった人々に振る舞うこともある。大山の修験者や信者の好物であった。
- **うずわの鹿煮**　神奈川県西部の足柄下郡一帯で食べられていた郷土料理。"うずわ"はマルソウダ鰹のことで、小田原地方の呼び名。本来は鹿肉

を使ったが、なかなか入手できなくなり、鹿肉のように赤身の多い"うずわ"で代用するようになり、「鹿煮」という言葉だけが残った。うずわは、魚の臭いを消すために油で炒めてから使う。一緒に煮る野菜は青ネギが主で、しらたきを加えてすき焼き風に醤油と砂糖で味付けする。

15・新潟県

タレカツ丼

▼新潟市の1世帯当たりの食肉購入量の変化 (g)

年度	生鮮肉	牛肉	豚肉	鶏肉	その他の肉
2001	34,558	4,983	18,763	9,001	784
2006	38,562	5,067	19,665	10,142	1,201
2011	40,068	2,633	23,799	11,537	981

　日本海沿岸は、荒川・阿賀野川・信濃川の流域に越後平野、関川流域に高田平野がありそれらを囲むように、朝日山地・飯豊山地・越後山地などが連なっている。平野部は新潟自慢の銘柄米「コシヒカリ」の栽培地である。ウシやブタなどは、清涼な空気のなかで、山々から日本海に注ぐ清い水のなかで、コシヒカリも飼料にして飼育されている。

　新潟県の北部に位置する朝日・飯岡山地、南部の県境に位置する三国山脈、妙高山を水源とし、日本海へ流れる阿賀野川や信濃川などの河川は、信濃平野、越後平野、柏崎平野、高田平野を、新潟のコメの栽培に適するようにしているだけでなく、家畜の放牧や飼育のために必要な良質な水の給原ともなっている。

　2001年度、2006年度、2011年度の食肉の購入量をみると、2011年度の生鮮肉、豚肉、鶏肉は多く、2006年度の豚肉が多い。食肉の種類をみると、各年とも豚肉の購入量が多く豚肉文化圏といえる。

　新潟市の1世帯当たりの食肉の購入量の割合をみると、山形市（18.6〜26.04％）よりも少なく、秋田市の牛肉の購入量（9.1〜13.9％）に近い。とくに、2011年の牛肉の購入量6.1％と非常に少なかった。年々牛肉の購入量が減少し、豚肉の購入量は生鮮肉の購入量に対して50％以上であったということは、豚肉文化圏と推測できる。新潟の生鮮肉の購入量に対する豚肉の購入量の割合は、山形市の43〜47％や秋田市のそれ（生鮮肉の購入量に対する豚肉の購入量の割合は50〜51.5％）に比べても高い値であった。生鮮肉の中での鶏肉の購入量の割合は26.0〜28.8％で、鶏肉の購入量は、他の市の1世帯当たりの購入量とほぼ同じ量である。

知っておきたい牛肉と郷土料理

新潟の豊かな気候と風土を活かして育てたウシを、地元の特産品として日本中に広めたいというコンセプトで生まれた銘柄牛が多い。

銘柄牛の種類　新潟県のご当地・銘柄牛には、村上牛、佐渡牛、くびき牛などがある。新潟県の銘柄牛の条件は、①黒毛和種の去勢牛または未経産牛であった、血統の明らかになっているもの、②新潟県内で肥育され、最長飼育地が新潟県内であること、③家畜個体認識システムにより、生産から出荷まで移動履歴の確認できるもの（traceabilityの確認）、④そして枝肉の品質が「A」「B」で、3等級以上のもの。

❶村上牛

1996年度と2003年度の全国肉用牛枝肉共励会で最高位の名誉賞を受賞する銘柄の牛肉。出荷数が極めて少ない銘柄牛。霜降りの入り具合、脂身のバランス、肉の軟らかさが最高によい。ステーキ、すき焼き、しゃぶしゃぶに適する上品な牛肉。焼肉には、もったいない肉に思われる。新潟北部の村上市、岩船郡、胎内市で肥育された「にいがた牛」のうち、枝肉格付等級が「A」「B」、4等級以上ものをいう。脂身は甘く、豊かな風味と、口腔内でとろけるような食感をもつ。霜降りの肉は、赤身肉への脂肪組織の入っている状態（サシの入り方）のバランスがよい。にいがた牛の中では、品質の最もよい肉とされている。すき焼き、ステーキ、焼肉、しゃぶしゃぶなどに適している。村上牛のハンバーグステーキは手ごろな値段で満足できる美味しさを賞味できる。

❷越後牛

肉の色、霜降りの入り具合、噛み心地のよい軟らかさ、とろけるような脂肪の入り具合が特徴の肉質である。このような肉質になるようによい自然環境と肥育に心掛けている。越後牛は、肉の締まりがよく、ドリップが少ない。

❸佐渡牛

江戸時代から飼育されている。脂肪の融点が低いので口腔内の溶け方がよい。いがた牛の中では、飼育数が少ない。

❹くびき牛

　新潟県の西南部の旧「頸城郡」で育成された黒毛和牛。冬には非常に寒い雪国で育成されているため、身肉が締まっている。また、育成地の飼料となる草の種類が多く、それが肉質の形成によいのではないかとも考えられている。炭火焼は美味しい食べ方の一つであるが、新潟県内の妙高市、糸魚川市、上越市の和・洋・中華の多くのレストランで食材として使っているが、メニューには炭火焼きが必ず用意されている。

　十日町市や糸魚川市の雪国で飼育しているので「深雪くびき牛」といわれている。ステーキが美味しい。

知っておきたい豚肉と郷土料理

　新潟県は、幕末頃から養豚業が行われている。新潟県は平野が多く、水質、風土などブタの飼育には適していたので、銘柄豚の種類も多い。

銘柄豚の種類　朝日豚、あすなろポーク、越後あじわいポーク、越後もち豚、北越後パイオニアポーク、しろねポーク、つきがたポーク、なごみ豚、ぼくじょうちゃんポーク、ヨツバポーク、妻有ポーク、つなん（津南）ポークなど。

❶妻有ポーク

　新潟県十日町周辺で肥育しているブタで、そのほどよい歯ごたえのある赤身と甘い脂には、うま味がぎっしり詰まっていると感じる豚肉である。子豚の頃から薬剤や農薬を使用しない指定配合飼料で仕上げまで与えている。脂肪の溶ける温度が32℃と低いので、口の中に入れると溶ける食感が楽しめ、えぐみも感じなく、「しゃぶしゃぶ」で食べることで、ストレートに豚肉の甘味とうま味が味わえる。

❷越後あじわいポーク

　ランドレース×大ヨークシャー×デュロックの交雑種。抗生物質などの薬剤を加えない安全な自然を素材に生かした飼料と、キャッサバ（主成分はデンプン）を与えて飼育。赤身肉の肉質はジューシーで甘味がある。脂肪も甘味があり、とくに風味と甘味が評価が高い。特別な微生物を与え、肉や脂肪層にはしつこさがなく、あっさりしている。

豚肉料理

- **タレカツ丼**　新潟県の豚肉消費量は国内では多いほうである。最も消費量の多い地域ともいわれている。かつ丼は、ご飯の上のとんかつに、醤油ベースのタレで味付けている店もある。使用するとんかつはヒレかつが多い（北陸圏内でも福井県はソースをかける「ソースかつ丼」である）。うなぎの蒲焼がご飯の中に存在しているうな丼のように、かつ丼にもトンカツの上にご飯をのせて、とんかつをご飯で隠した丼ものもある。串焼き、ソテー、カレー、肉じゃが、野菜炒めなどいろいろな料理に広く利用されている。
- **醤油だれカツ丼**　「とんかつ」を食べるときの調味料は、店や地方によりこだわりがある。新潟市では、「とんかつ」を醤油味のタレで味付けして、丼飯の上にのせる食べ方の「醤油だれカツ丼」がある。丼飯の間に「とんかつ」を挟んだ2段重ねにした食べ方もある。1945（昭和20）年に新潟市の「とんかつ太郎」の初代店主が考案したもので、それが新潟市内に広まったと伝えられている。この丼に使うソースは醤油であって、ウスターソースではない。
- **新潟バーガー**　新潟バーガーは2006（平成18）年の新潟県内または新潟市内のイベントに登場してから固定化されたもので、「新潟バーガーの憲章」がある。「パンは新潟コシヒカリの米粉を使い、生地への米粉の混入率は80％以上であること。具材は新潟産の食材を50％以上使用擦ること。人工添加物の保存料、人工着色料はなるべく使わないこと。使用した場合は食品の表示法に基づき表記すること。調理・販売する場合は「食の陣　実行委員会」に届けて認可を受ける必要がある。」という地産地消、新潟こしひかりの利用に重点を置いた、地域活性の食品である。
- **焼きとん**　豚肉の串焼き。
- **朝日豚ロースかつ丼**　村上市の料理店が、岩船米コシヒカリと朝日豚をはじめとする地域の食材を使ったかつ丼。
- **かつ丼の種類**　新潟市のしょうゆだれカツ丼（タレかつ丼）、長岡市の長岡洋風かつ丼がある。

知っておきたい鶏肉と郷土料理

　銘柄鶏の種類にはにいがた地鶏、越の鶏がある。
❶にいがた地鶏
　2004（平成16）年に登場した新潟の食用地鶏である。新潟県原産の天然記念物の「蜀鶏(とうまる)」に「名古屋種」と「横斑プリマスロック」を交配させて誕生した地域豊かな地鶏である。生産者、食鳥処理業者、加工業者からなる「にいがた地鶏生産者および研究会」で生産から流通までの品質管理を徹底する。にいがた地鶏は、うま味成分のイノシン酸が多く、脂肪含油量は少なく、保水性がよくジューシーである。
- **にいがた地鶏の料理**　親子丼（新潟の米の飯との相性がよい）、水炊き、串焼き、石焼の焼鳥など。

知っておきたいその他の肉と郷土料理・ジビエ料理

　ウサギ、シカ、マガモ、イノシシなどジビエ料理の食材として使われるが、猟師の捕獲した動物の種類によってメニューを考える店が多い。フランス料理、イタリア料理の店で、ジビエ料理を提供する。とくに、カモの料理を提供することが多い。カモの捕獲数の多い時期は冬なので、冬にはカモを鍋の具にして食べることも多いようである。
- **やごり**　クマの血液を大腸に詰めて茹でたもの。岩手や秋田では"ヤジ"という。昔は、クマの生の血液は、薬として飲まれており、クマの脂は火傷やひび割れの薬として、骨はてんかんの薬として使われていた。
- **熊肉料理**　十日町市に熊肉のすき焼きを提供する店がある。
- **深雪汁**　ウサギの肉を使ったけんちん汁。ウサギの肉のほかに、こんにゃく、ニンジン、ダイコン、しめじ、ゴボウ、サトイモなどを入れてつくるけんちん汁。「またぎ汁」ともいう。ウサギ肉に代わり鶏肉が使われることもある。
- **鯨雑炊**　「ゆうごうの鯨汁」ともいう。「ゆうごう」は夕顔のこと。雑炊に鯨肉のほかにナス、ジャガイモ、タマネギなどを入れる。夏に食べる雑炊である。

16・富山県

富山ホワイト

▼富山市の1世帯当たりの食肉購入量の変化（g）

年度	生鮮肉	牛肉	豚肉	鶏肉	その他の肉
2001	38,410	7,974	17,532	9,600	1,197
2006	40,915	7,365	18,946	9,443	1,599
2011	34,495	5,803	16,961	9,293	846

　新潟県から福井県の長い海岸線には大きな川があり、それに沿って平野がある。背後に連なる山地を源として発する清涼な水は、ウシやブタの飼育のための水として使われ、背後の山地はストレスのない自然環境となっている。

　富山県の東部に位置する飛騨山脈やその他の山地から、日本海や富山湾に流れる黒部川や神通川を含むいくつかの河川は富山平野を作り、家畜にとってストレスのない環境も形成している。山々から流れる水と環境が、富山県の家畜を健康に育成するのに適切な条件である。北陸地方は海の幸にめぐまれているためか、食肉の種類は少ない。富山県の氷見や黒部、石川県の能登、福井県の若狭など各地域で銘柄牛や銘柄豚が開発されている。

　北陸地方の1世帯当たりの食肉の購入量は、2001年度は他の年度に比べて多い。北陸域の1世帯当たりの牛肉の購入量は2001年度は7,974gであったが、2006年度のそれは2001年度よりも減少、そして2011年度のそれは2006年度より減少している。鶏肉の購入量についても牛肉と同じような傾向がみられた。一方、豚肉の購入量については、2001年度の購入量よりも2006年度の購入量が増え、2011年度の購入量は減少している。

　富山県の河川は、いずれも急流であるが流量が豊富であり、その流域にある平地はウシやブタの飼育に適している。銘柄牛や銘柄豚も清涼で急流の川沿いにある平地を利用して肥育したものが多く、黒部の名をつけたものもある。酪農は明治時代初期に始めているが、銘柄牛を育てるために、1970（昭和45）年に富山県肉用牛協会が積極的に銘柄牛を肥育した。また、富山県養豚組合は1960（昭和35）年から銘柄豚の肥育に力を入れ始めた。

2001年度、2006年度、2011年度の北陸地方の生鮮肉の購入量に対する牛肉の購入量の割合は13〜16％、富山県の牛肉の割合は16〜20％であった。すなわち牛肉の購入量の割合は、北陸地域全体に比べると富山市のほうがやや多くなっている。豚肉の購入量の割合は、北陸地域が45〜50％、富山市は45〜49％でほとんど同じ割合の購入量であった。

　2001年度、2006年度、2011年度の富山市の生鮮肉の購入量に対する牛肉の購入量の割合は、同じ年度の新潟市に比べて多い。これに対して、生鮮肉全体の購入量の中で豚肉の購入量の割合は富山市は新潟市よりも少ない。

　このことは、食肉文化に限って推測すると、新潟市は東北地方の豚肉文化の影響を受け、富山市は関西の牛肉文化の影響を受けていると思われる。

知っておきたい牛肉と郷土料理

　富山県の緑豊かな大地には、山岳地帯を源とする急な流れの豊富な水は、栄養源も豊富で美味しい水であり、ウシを肥育するに最適である。1980年代から、富山県内の各地の農家が差別化できる銘柄牛の肥育を始めている。

銘柄牛の種類　銘柄牛の種類には古くから農耕や運搬に使っていた日本の在来種と但馬牛を交配させて造成した「氷見牛」と2004（平成16）年に「とやま肉牛振興会」が決めた「とやま牛」がある。

❶氷見牛

　昭和時代に兵庫県から導入した但馬牛の雌と在来種を交配し、改良を重ねて造成したウシである。肉質、脂肪交雑（サシの入り方）ともよいとの評判である。緑豊かなストレスのない環境の山間で、自家製のバランスのよい飼料を与えて飼育したウシである。すき焼き、しゃぶしゃぶ、ステーキなど、よく知られている料理が多く、氷見牛に適した特別な料理は見あたらない。すき焼きの後の残りの汁で、細いが弾力のある氷見うどんでしめるのも格別な美味しさである。氷見牛の出荷頭数はそれほど多くない。氷見の郷土料理に「氷見牛昆布じめ」がある。

❷とやま和牛

　富山県内で12か月以上飼養され、最長飼養地が富山県であるウシ。黒毛和種で、枝肉の格付けは、３等級以上のものである。年間に出荷される

黒毛和種の「とやま牛」はそれほど多くない。これまでの牛肉料理(ステーキ、焼肉、しゃぶしゃぶなど)への利用法が多いようである。
❸とやま牛
2001(平成13)年に、「とやま肉牛振興協会」を設立し、より品質のよい肉をつくるべく、自然環境豊かな富山県内で12か月以上飼育した黒毛和種。(公社)日本食肉格付協会の基準が3等級以上のもの。代表的な地域銘柄には氷見牛、稲葉メルヘン牛、立山牛がある。この牛肉を主として焼肉にして提供する店もある。

知っておきたい豚肉と郷土料理

銘柄豚の種類
富山県内を流れる名水が、ブタの肥育に適しているらしく、黒部名水ポーク、タテヤマポークなど川や山など産地名を冠にした銘柄豚が多い。

❶黒部名水ポーク
富山産の銘柄豚の中では最も優良品種である。黒部川扇状地の伏流水と竹酢を混ぜた独自お飼料を与えて飼育している。肉質はきめ細かい繊維で、保水性があり、ジューシーである。竹酢液が肉の保水性を高める効果があると推定されている。

❷とやまポーク
富山県内で肥育しているブタは、「とやまポーク」とよばれているが、生産者が産地銘柄として地名や飼育方法にちなんで名付けている。とやまポークの特徴として竹酢液を使う。竹酢液とは、竹を蒸し焼きにしたときに出る蒸気を冷却してできる液体で、殺菌作用や消毒作用がある。ブタの飼料に加えることにより、豚肉特有の臭みが緩和される。富山県内の養豚にはほとんど使われている。これが「とやまポーク」の特徴である。小矢部市のメルヘンポーク、砺波市のたかはたポーク、富山市八尾のおわらクリーンポーク、南砺市のむぎやポーク、地名を冠にした「地豚」(黒部名水ポーク、タテヤマポーク、フクノマーブルポーク、城端ふるさとポーク)がある。

とやまポークはトンカツ、ソテー、串焼き、チャーシューなどの材料となるほか、豚肉料理を自慢に提供している店もある。角煮、塩釜焼きなどは特別に作っている。

> 知っておきたいその他の肉と郷土料理・ジビエ料理

　富山県では、イノシシなど野生の獣による農作物の被害が、大きな問題となっていることは、他の県と同じである。富山県では、その被害防止の対策として野生の獣の捕獲強化に取り組んでいる。

富山県のジビエ料理

　捕獲したイノシシについては、狩猟者が自家消費するほかは、ほとんどは埋却処分している。そこで、イノシシの肉を「とやまジビエ」として有効活用することに取り組んでいる。

　富山県では、とやまジビエ料理の紹介、とやまジビエの料理講習会、ジビエ料理店のレシピ紹介など積極的な企画を立てているようである。一般には猪鍋のほか、フランス料理店やイタリア料理店で提供されている。

- **猪肉・鹿肉の利用**　富山県もイノシシやシカによる被害があり、有効利用を考えている。猪肉をソーセージの原料に使用している工房もある。
- **マタギ料理**　ハンターが捕獲したイノシシやシカは、猟師たちの鍋料理の材料として利用されている。
- **その他**　能登町南部の旧宇出津（うつし）にクジラの煮物に「鯨のジブ」がある。

17・石川県

鴨じぶすき

▼金沢市の1世帯当たりの食肉購入量の変化 (g)

年度	生鮮肉	牛肉	豚肉	鶏肉	その他の肉
2001	34,145	7,917	14,931	7,968	1,308
2006	39,423	7,756	17,019	10,002	1,559
2011	43,717	7,061	19,268	12,495	2,331

　石川県の県庁所在地の金沢市は白く神々しく輝く雪に覆われた白山から延びる丘陵地帯の先端にあり、北陸の中心地である。京都の文化の影響をうけているところは、食生活にもみられる。寒く、積雪の多い平野部はコメや加賀野菜の生産に適し、日本海に突き出ている能登半島は、漁業も盛んであるが、能登牛や能登豚、能登地鶏など畜産農家も多い。寒い季節の長い石川県は独特の保存食が発達している地域である。また、かつて石川県の加賀や能登は、大陸から伝わる食に関する文化ばかりでなく、いろいろな文化の導入口であった。

　中世から近世にかけて、石川県は北前船の重要な寄港地であった。当時は、北前船の寄港地であったから、石川県には日本海を航行する北前船によって日本海の各地の物品の流通の拠点ともなっていた。

　海と山、川に恵まれた石川県は、昔から新鮮な食材を豊富に確保できる自然環境であった。石川県は北前船による物品の流通の盛んなところであったためか、銘柄のウシやブタはそれぞれ一種である。

　金沢市の生鮮肉の購入量を隣の県の富山市と福井市の生鮮肉の購入量に比べると、2001年度と2006年度では富山市よりも少なく、福井市より多い。2011年度では富山市よりも多く、福井市よりはわずかに多い。

　金沢市と富山市の1世帯当たり生鮮肉購入量に対する牛肉、豚肉の購入量の割合は同じような傾向がみられている。

　牛肉については、2001年度よりも2006年度が少なく、2006年度よりも2011年度が少なくなっているのも、金沢市と富山市の世帯の購入量と同じ傾向がみられている。生鮮肉に対する豚肉の購入量の割合が2001年度

と2006年度ではほぼ同じであり、2011年度が多くなっているのも、同じような傾向である。生鮮肉に対する鶏肉の購入量の割合が2011年度が多いのも富山市と同じ傾向である。

> 知っておきたい牛肉と郷土料理

銘柄牛の種類 石川県内の肉用牛関係団体で構成している「能登牛銘柄推進協議会」が県内で飼育している黒毛和種を格付けし、肉質の優れているウシを「能登牛」と認定している。

❶能登牛

能登牛の飼育については、天照大神の時代に遡るという伝説がある。また、江戸時代には、前田藩主の前田利常が能登の外浦で製塩を行ったときに、製塩に必要な薪炭の運搬に役牛を使ったとも伝えられている。1934(昭和9)年に、石川県が兵庫県から種牛を導入し、さらに鳥取系のウシと兵庫系のウシを交配・改良し、資質がよく、発育もよい和牛を造成したのが、能登牛の誕生のきっかけとなったと伝えられている。現在の能登牛は、兵庫系のウシを主体とし、環境のよい能登の自然の中で飼育している。枝肉の肉質はきめが細かく、美味しい味を引き出すために丁寧に飼育している。能登牛の販売店が金沢市に現れたのは1890(明治23)年で、能登牛のステーキを提供する店として開かれた。現在、金沢市にある能登牛の料理を提供する店は70店である。

能登牛の料理 牛肉の美味しさを引き出す料理は、特別な料理でなくステーキ、焼肉、しゃぶしゃぶなどが人気である。とくに能登牛ヒレのステーキは最高に美味しい。能登牛にこだわる石川県内のレストランは、和・洋・中華を問わず、自慢の料理を提供してくれる店が多い。内臓のホルモンまで能登牛にこだわる店もある。

● **能登牛のおすすめ丼** 牛丼、カレー丼、すき焼き丼など。

> 知っておきたい豚肉と郷土料理

銘柄豚の種類 能登HIポーク、能登豚がある。

❶能登HIポーク

特別の配合飼料を与え、自然のままで育て、枝肉の肉質は豚肉特有の臭

みが少なく、きめ細かく、さっぱりした脂身の味である。
❷能登豚
　石川県の在来種と黒豚の交雑種で、HACCP対応の衛生管理と衛生的で安全・安心の飼料を与え、能登の綺麗な自然と水に恵まれた環境で飼育している。4人の養豚農家で丁寧に飼育。加工品として生ハム、味噌漬けは贈答用としても用意されている。美味しい食べ方はしゃぶしゃぶで、ワサビもつけるとよいアクセントとなり、美味しく食べられる。関連のホームページを参考にすると、生産環境や衛生に注意し、特別の飼料のほかに、能登の天然水を与えて飼育している。もちもちした肉質である。

❸石川県産豚
　石川県産豚の品種は、（ランドレース×大ヨークシャー）×デュロック、（大ヨークシャー×ランドレース）×デュロックのいずれかである。石川県内で生産されたもので、石川県産豚普及推進協議会が認めたもので、格付け品質は「極上」「上」「中」のものである。枝肉の重量は60〜80kg未満のものと決められている。

　代表的地域銘柄豚には「$α$（あるふぁ）のめぐみ」がある。石川県・北陸学院大学と日清オイリオグループが共同開発した飼料を出荷時までの約6週間給与した、安心・安全なブタである。このブタの開発の目的は、生活習慣病予防のために脂質の構成脂肪酸として$α$-リノレン酸が豊富に存在するように開発している。$α$-リノレン酸は私たちの体内では、DHA（ドコサヘキサエン酸）やIPA（イコサペンタエン酸、一般にはこの脂肪酸の最初の名称のEPAエイコサペンタエン酸が使われている）に変換され、血中コレステロールの蓄積予防によいことが明らかになっている。「$α$のめぐみ」の脂質の$α$-リノレン酸の含有量は通常に飼育されているブタよりも多く含まれていることも明らかになっている。

豚肉料理　豚肉一般の料理が提供されている。串焼き、トンカツ、焼肉、しゃぶしゃぶ、その他の肉料理など。

知っておきたい鶏肉と郷土料理

「能登地どり」の特徴
　「能登地どり」は、能登の大自然で飼育（平飼）している。1平方メートル当たり5羽以下の、のびのびと運動できる広さで飼育している。肉質はコクがあり、ほど

よい脂を含むので食感もよい。岐阜地鶏改良種（♂）と［白色プリマスロック（♂）×ロードアイランドレッド］（♀）］（♀）の交配・改良した赤系の鶏である。金沢市の伝統料理の治部煮の食材に、鴨肉の代わりに使われることもある。

- **治部煮**　実際は鴨肉を使うが、鶏肉で代用することが多い。金沢を代表する料理。この呼び名には諸説がある。①秀吉の文禄の役の時に兵糧奉行・岡崎治郎右衛門が、朝鮮から導入した陣中料理の説、②煮るときにジブジブと音を立てるからという説、③キリシタンの宣教師が伝えたという説、④キリシタン大名・高山右近が考案した説などがある。江戸時代前期の『料理物語』（1643［寛永20］年）に、「じぶと」というカモの皮をジブジブと煮る料理があることに由来するとの説もある。カモの皮を煮るときに、うま味が逃げないように片栗粉をまぶすという現在の手法も書かれている。

知っておきたいその他の肉と郷土料理・ジビエ料理

❶坂網鴨
さかあみかも

石川県加賀市に棲息。江戸時代から坂網猟で捕獲するカモのこと。年間200羽ほどしか捕獲できないので、貴重な食材である。天然のカモで、穀類をエサにしているから臭みがなく、弾力のある食感をもつ。野生のものだけが食材として使う。

- **治部煮**　重複しているが、実際は鴨肉を使うので、本項目でも説明する。石川県の伝統料理の「治部煮」は金沢市の伝統料理である。この名称の由来は、諸説があるが、その一つに金沢城が落城したときに、料理人の治郎が作った祝い料理とする説がある。また、江戸前期の『料理物語』（1643［寛永20］年）に、「鴨皮をジブジブ煮る料理」を「じぶ」と称するとある。中国料理の影響を受けた料理で、カモだけでなく小鳥の肉と野菜類を煮た料理である。鳥の肉に片栗粉をまぶしてから煮る料理である。
- **鴨のじぶすき**　治部煮専門の老舗料理店で提供している。「じぶすき」の材料は、野鴨（傷のついていない坂網鴨）の肉の他、つみれ用のカモの胸肉のミンチしたもの（つみれを作る）、野菜、キノコ、だし汁、コンロ、鍋がじぶすきのセット。鍋にだし汁を入れ、このだし汁でつみれ、キノコ、野菜などを煮る。カモの肉は前もって片栗粉をまぶしておく。

鍋のだし汁が沸騰し、野菜類やつみれが煮えてから食べる。煮立ったら片栗粉をまぶした鴨肉も入れて煮て食べる。

❷猪肉

イノシシによる田畑や山林の被害は、ほかの県と同じく増えている。そこで、捕獲して有効活用を研究しているが、なかなか目立った有効な利用法は見つからない。自然のイノシシの間引きが猟師により行われ、一部は牡丹鍋などで食べるが、焼却するものもある。野生の動物は、特有の臭みがあり、寄生虫の存在することもあるので、必ず加熱して食べることがポイントである。

- **イノシシ料理** 石川県で食材としてイノシシを提供する店は、ドイツ料理の店、フランス料理の店、イタリア料理として提供されている。ステーキ、テリーヌなどがある。和食では猟師料理としてのシシ鍋（牡丹鍋）が山間の旅館などで提供されている。

18・福井県

醤油カツ丼

▼福井市の1世帯当たりの食肉購入量の変化 (g)

年度	生鮮肉	牛肉	豚肉	鶏肉	その他の肉
2001	32,500	8,912	11,229	9,141	1,469
2006	33,794	7,833	13,876	10,117	1,398
2011	43,642	8,441	16,853	13,424	1,633

　福井県は北陸道の起点であり、小浜や敦賀の港は京都の北の玄関口であった。多くの物資をこの2か所の港から京都や奈良へ運んだ。越前国や若狭国といわれていた頃から開けた土地であり、商業の盛んな所だった。奈良時代には朝廷へ海産物を運び、8世紀には製塩業が盛んで、塩を京都へ運んだ。京都の公家や貴族のための食材として若狭湾で漁獲された魚介類や北前船で運ばれた物品を福井県の港から運んだ。京都の食文化の発展には福井県は重要な所であった。また、ウシの飼育に関しては盆地や平野を利用して古くから行っていた。とくに、兵庫県から導入した但馬牛を種牛とした「若狭牛」は有名である。

　福井平野は穀倉地帯で、平野を流れる九頭竜川や足羽川はコメや野菜の栽培に必要であるばかりでなく、伏流水や清涼な水は家畜の健康な育成にも必要である。

　2001年度、2006年度、2011年度の福井市の1世帯当たりの食肉の購入量をみると、生鮮肉、豚肉、鶏肉については、次第に多くなっているが、牛肉については2006年度の購入量が他の年度に比べて少なくなっている。

　次に、近隣の県庁所在地の1世帯当たりの食肉の購入量と比較してみる。2001年度の生鮮肉については、福井市の購入量は金沢市よりも少なく、山梨県の甲府市よりも多かった。2006年度の生鮮肉の購入量は、金沢市と甲府市の両市よりも少なかった。2011年度の生鮮肉の購入量は、2001年度と同じく金沢市よりも少なく、甲府市よりも多かった。福井市の2001年度、2006年度および2011年度の1世帯当たりの牛肉の購入量は金沢市や甲府市よりも多かった。福井市の2001年度、2006年度および2011

年度の1世帯当たりの豚肉の購入量は、金沢市や甲府市よりも少なかった。このことは、福井市は金沢市と同じように関西の牛肉文化の影響を受け、甲府市は関東の豚肉文化の影響を受けていると思われる。

2001年度、2006年度、2011年度の富山市の1世帯当たり生鮮肉購入量に対する牛肉、豚肉、鶏肉、その他の肉の購入量の割合をみると、2001年度より2006年度、2006度より2011年度と少なくなっている。一方、2006年度の生鮮肉購入量に対する豚肉の購入量の割合は2001年度や2011年度より多くなっている。生鮮肉の購入量に対する鶏肉の購入量の割合は2001年度＜2006年度＜2011年度となっている。

鶏肉の購入量については、富山市の1世帯当たりの購入量を除けば、2001年度＜2006年度＜2011年度という順に多くなっている。生鮮肉の購入量に対する鶏肉の購入量の割合は25〜30％である。そして、現在に近い年度のほうが鶏肉の購入量が増えている傾向にあるのは、鶏肉は他の肉に比べて安価であることも理由の一つと考えている。

知っておきたい牛肉と郷土料理

❶若狭牛

若狭牛は、明治時代より食べられてきた歴史のある肉牛といわれている。もともとは兵庫県の但馬牛を種牛として開発したウシであるが、現在は全国的に有名となっている。県内各地で飼養されているが、とくに坂井市、池田市、敦賀市、おおい町、若狭町で多数飼養されている。福井の厳しい気候や環境の中で優秀な肉牛の「若狭牛」が開発されるには、生産者の努力と餌や肥育法の研究によるところが多かった。とろけるような味わいと全国的に評価の高い若狭牛の肉質はきめ細かく、上品なサシと軟らかさのあることが特徴である。また、赤身肉には甘味とうま味成分が十分に含まれている。若狭牛の品種は黒毛和種。生産者は福井県若桜牛流通推進協議会が代表となっている。

- **若狭牛の食べ方** 単純に焼いて塩やタレまたはソースで食べる。地野菜をたっぷり使ったコロッケが地産地消を兼ねた郷土の料理である。地野菜を入れたコロッケは「若狭コロッケ」といわれている。

知っておきたい豚肉と郷土料理

福井県の銘柄豚は「ふくいポーク」1種類のみが造成されている。

❶ふくいポーク

福井県畜産研究場から種豚が供給されて造成した三元交配豚として造成されたものである。生産者は「福井県養豚協会」。品種は（ランドレース×大ヨークシャー）×デュロック。子豚から出荷まで、徹底した衛生管理のもとで飼育されている。温度管理やストレスのないようにし、十分な衛生管理をしながら飼育している。生まれたての子豚は30日前後で子豚用の豚舎に移し、60〜70日齢まで離乳期の飼料で飼育する。肉質は締まりがあるが、軟らかくて美味である。福井県内の量販店や農産物販売店で販売している。料理法は、広く行われている豚肉料理の串焼き、トンカツ、生姜焼き、しゃぶしゃぶなどである。

- **豚足料理** 豚足を特別な材料として取り扱っている店が多い。蒸す、から揚げ、煮込み料理、マスタード風味のオーブン焼き、ボイル、塩焼き、タレをつけながら焼くなど日本料理や西欧料理のジャンルを問わず、豚足料理を提供しているレストランや居酒屋が多い。
- **ソースカツ丼** 溶き卵でとじずに、とんかつにソースを掛けたかつ丼。薄めにスライスしたとんかつを、特製ソースに潜らせて、ご飯の上に載せる。キャベツは使わない。東京早稲田で大正2年に創業した「ヨーロッパ軒」が元祖で、創業者の高畠増太郎が、修行先のドイツから本場のウスターソースを持ち帰り、とんかつ用にアレンジしたのが始まりと言われている。早稲田のお店は、大正12年の関東大震災で被災し、故郷の福井市へ戻り、現在の「ヨーロッパ軒」をオープンさせた。敦賀にも暖簾分けした「敦賀ヨーロッパ軒」がある。
- **醤油とんかつ丼** とんかつに醤油をかけたものである。似たようなものは群馬県（下仁田）や岐阜県（中津川）にもある。
- **醤油かつ丼** 福井県（大野市）の醤油ベースのタレをかけたかつ丼。

知っておきたいその他の肉と郷土料理・ジビエ料理

❶猪肉

イノシシによる里山や田畑の栽培物の被害が多くなり、ハンターが捕獲

して利用することも多くなっているので、福井県では獣肉の安全管理および品質管理に関するガイドラインを策定している。福井県内のレストランでは、イノシシやシカの肉を使った料理を提供している。「ふくいジビエガイド」のパンフレットを作り、猪肉や鹿肉の利用を提案している。福井県ではジビエ料理には「森のお肉」の冠をつけたレシピを作成している。

　福井県でのジビエ料理を提供している料理店は少ない。イノシシの牡丹鍋のほかに、内臓料理もジビエ料理として提供している。とくにブタの内臓を使ったホルモン料理もジビエ料理として提供している。イノシシ肉をパスタやハンバーグに利用している店もある。イノシシ肉とゴボウを一緒に甘辛く煮つけた和風料理もある。福井県の銘柄地鶏は見当たらないが、各地の銘柄地鶏を材料とした店は多い。串焼き、ころ焼き、ソテーなど各種料理がある。

19・山梨県

ほうとう鍋

▼甲府市の1世帯当たりの食肉購入量の変化 (g)

年度	生鮮肉	牛肉	豚肉	鶏肉	その他の肉
2001	32,029	4,158	16,887	8,043	2,165
2006	35,435	4,023	18,969	9,772	1,448
2011	39,911	3,850	20,012	12,549	1,743

　山梨県は、日本一高い富士山の北側に位置し、海抜2,000m以上の山々が肩を並べ、山地が県全体の70％を占めている海なし県である。富士山を中心として富士箱根伊豆、秩父多摩、南アルプス国立公園、八ヶ岳中信高原公園がある。富士山麓には5つの湖と桂川が流れ、甲府を流れる笛吹・釜無・荒川が合流して富士川へと通じる。平坦な地域は盆地になっていて、夏は猛暑に見舞われ、冬は近隣に比べ極端に寒い。

　世界自然遺産の富士山の山麓の牧草地帯には数多くの乳用牛や肉用牛が放牧されている（平成18年度には、肉用牛は8,000頭、乳用牛は5,210頭である）。山梨県の養豚が組織立って本格的に始まったのは、1959（昭和34）年、山梨県が台風で被害を蒙ったときに、アメリカのアイオワ州から山梨県に種豚35頭、飼料用トウモロコシが贈られたことが契機となっている。これを契機に1960（昭和35）年に山梨県とアメリカのアイオワ州は、姉妹県州を締結している。もともとは、山梨県畜産試験場が開発したランドレース種系統の「フジサクラポーク」の血統の雌とアイオワからの種豚の交配から、山梨県の銘柄豚が開発された。小規模だが南アルプスの自然環境を活かし放牧豚の肥育も行っている。

　県庁所在地甲府市の1世帯当たり食肉の購入量は、北陸の各県庁所在地の購入量に比べて、2001年度、2006年度、2011年度のいずれの年度も少ない傾向がみられる。鶏肉の購入量も北陸地方に比べれば少ないことから、食肉の入手の難しい地域と思われる。その他の肉としてイノシシやシカの利用が多いのかとも想像したが、購入量は2001年度が842g、2006年度が892g、2011年度が1,219gで、北陸地方に比べると非常に少ない。た

だし、割合にすると北陸よりもやや多くなっている。イノシシ肉が入手できると、ジンギスカンで食べることが多いようである。

山梨県は、富士山、赤石山脈、関東山地など大小さまざまの山々に囲まれ、平地はこれらの山に囲まれた盆地にある。山の麓はウシの放牧場となっている。甲州の特産品のブドウが飼料に使われている場合もある。

知っておきたい牛肉と郷土料理

銘柄牛の種類

黒毛和種で、山梨県の甲州牛研究会の会員が飼育し、山梨県内での飼育期間が最も長い。

❶甲州牛

甲州牛研究会の会員が、山梨の豊かな自然の中で、丹念に育成した黒毛和種で、この中でも枝肉の等級が4、5等級に格付けされたもの（（公社）日本食肉格付協会の定める肉質等級の5段階中）。平成元年に「甲州牛研究会」が誕生し、会員のみが肥育している。「甲州牛」の商標登録は1989（平成元）年の9月。非常に軟らかい肉質、鮮やかな肉色、豊かな風味と食感をもつ。飼料には、ミネラル含有量の多いといわれている武州米の麦わら、八ヶ岳山麓の乾草、ウイスキーを作ったあとの粕を配合した飼料を与えて育成している。

❷甲州麦芽ビーフ

平成15年度から飼料の一部に麦芽糖化粕を混ぜて肥育したウシ。麦芽糖化粕はサントリーなどのウイスキー工場でできる副産物を利用している。

❸甲州ワインビーフ

山梨県甲府では1870年頃（明治2～3年）ワイン作りを始めている。山梨県特産のブドウからワインを作った後のワイン粕を飼料に混ぜて飼育したのが、甲州ワインビーフである。ワイン粕は、食物繊維を含んでいること、ブドウの皮に含まれるポリフェノールなどの成分が、牛肉の改善に関与している。枝肉の肉質はきめ細かく軟らかく、ほんのりした甘みとうま味がある。

甲州牛・甲州ワインビーフの料理

焼肉、ステーキ、しゃぶしゃぶ、すき焼きなどよく知られている料理が多い。とくに焼肉や韓国風料理はマッコリの友として食べるのがより一層味が引き立つ。焼き方として熱い岩盤で焼く店もある。

知っておきたい豚肉と郷土料理

銘柄豚の種類

1959（昭和34）年に、山梨県の台風災害の見舞いとしてアメリカ・アイオワ州から種豚35頭と飼料用トウモロコシが山梨県に贈呈されたのを契機として、銘柄豚の開発が本格的に行われるようになった。

❶甲州富士桜ポーク

山梨県畜産試験場が開発したフジサクラポーク（ランドレース種）が、種豚となっている。

フジサクラポークの品種は、（ランドレース×大ヨークシャー）×デュロックで、肉質も脂肪も良質で、うま味がある。

甲州富士桜ポークは、フジサクラポークを基礎として、畜産試験場が7年の歳月をかけて完成した「フジサクラポークOB」の雄を交配して生まれたものである。

❷ぶぅふぅうぅ豚

「ぶぅふぅうぅ」農場で放牧、肥育している。小規模農場で肥育している。1頭1頭丹精込めて肥育しているので、締まった肉質が特徴。脂肪の筋肉への入り込みも適度である。

❸フジサクラポーク

山梨県の畜産試験場が長い年月かけて開発して誕生したブタで、すぐれた品質の肉質をもつ系統のブタである。この高品質の血統を受け継いだブタを、飼育や管理の優れた養豚農家が、独自の高品質の飼料を与え、健康的で衛生的なブタに肥育したもの。枝肉は、きめ細かく、軟らかく、鮮やかな肉色を示している。

豚肉料理

- **卵でとじられているかつ丼**　一般的なかつ丼のスタイルで、「豚カツを卵でとじたもの」が丼飯にのせてある。
- **フジサクラポークの料理**　広く、一般に知れている料理が多い。料理の中には地野菜と組み合わせた料理もある。
- **ほうとう鍋**　豚のバラ肉を入れる。ほうとうは山梨県特有のめん類で、食塩を加えないうどん様のもの。地元の人に密着した食べ物で、必ずカ

ボチャを入れる。その他シイタケ・サトイモ・ダイコン・ニンジン・ゴボウ・タマネギ・ネギ・ナメコ・油揚げなどを加え、味噌煮込みのようなめん類料理。最近は、豚バラ肉を入れてだし汁にコクを加える。また栄養のバランスも少しは改善されるようになった。武田信玄が好んで食べた陣中食だったと伝えられている。
- **焼きとん** 串焼き。

知っておきたい鶏肉と郷土料理

甲州地どり 山梨県で改良したシャモ（♂）と家畜改良センター兵庫牧場が改良した劣性白色ロック（♀）を交配してつくった地鶏である。120日かけて丁寧に飼育している。運動もよくするので、肉質に締まりがある。焼き鳥、串焼き、水炊き、から揚げなど、よく知られている料理が多い。名物としては、鳥モツ煮やジューシーな串焼きが多い。

- **鳥モツ煮** 鶏のレバーやハツ、砂肝、卵巣（キンカン）といった食感の異なるモツを、醤油ダレで照りが出るように甘辛く短時間で煮た郷土料理。60年ほど前に甲府市内の蕎麦屋で考案された。お酒のおつまみとしても、郷土の鍋料理のほうとうともあう。一般のモツ煮と異なり汁気は少ない。ご飯に載せて"鳥モツ丼"にしてもよい。やわらかい食感のレバー、ぷりぷりしこしこのハツ、サクサクコリコリの砂肝、プチッとしたキンカンがヒトサラで楽しめる。甲府市の市職員の有志がボランティアで「みなさまの縁をとりもつ隊」を結成して普及活動を展開している。

知っておきたいその他の肉と郷土料理・ジビエ料理

山梨県は、山に囲まれているので、野生のジビエを使った料理を提供する店がある。猟師が環境保全のために捕獲したイノシシの一部は、猟師たちが牡丹鍋（シシ鍋）として食べる。その他は、県内の旅館や料理店で扱うが、埋めてしまうものもある。

- **イノシシ料理** イノシシ料理は甲斐住吉地方の郷土料理として存在している。とくにイノシシ鍋が多い。
- **イノブタの味噌鍋** 西澤渓谷入り口の三富特産で、イノシシとブタを交

配したイノブタ。焼肉でもいただける。
- **鴨料理**　鴨鍋。野菜としては、シイタケ、水菜などを利用する。醤油味のタレで食べるが、粉山椒を使うことにより臭みを消すことができる。
- **鴨肉焼き**　鴨のロース肉を醤油ベースのタレで味を付けフライパンで焼く。酒の肴にもよい。
- **馬肉料理　さくら鍋**　山梨県の石和温泉の温泉旅館では桜鍋（馬肉の鍋）を提供するところもある。
- **馬刺し**　松本では1887（明治20）年にはじめて馬刺しが提供された。馬の内臓（もつ）の味噌煮を「おたぐり」という。
- **吉田うどん**　富士吉田名物のうどん。富士山の麓の富士吉田は、寒いので米作りが難しく、また、雪解けの綺麗な水が豊富なので、うどんが良く食べられた。コシが強くて太い麺が特徴で、具はニンジンやごぼう、ゆでたキャベツ、そして、馬肉を入れることが多い。味付けは醤油か味噌、または両方でつける。辛い香辛料の"すりだね"を入れると美味。昔、機織をしている女性に代わって、男性がこのうどんを用意したことが始まりと言われており、絹商人や富士山信仰の登山者に好まれ、現在に至る。

20 ・ 長 野 県

馬刺し

▼長野市の1世帯当たりの食肉購入量の変化 (g)

年度	生鮮肉	牛肉	豚肉	鶏肉	その他の肉
2001	28,517	3,711	14,391	8,237	1,022
2006	31,038	3,571	16,274	8,389	1,475
2011	36,178	3,206	19,954	10,952	1,085

　長野県は飛騨・木曾・赤石の山脈に囲まれ山地が広い。山地から木曾川、天竜川などの河川が横切っている。また長野県のほぼ中央の位置に標高759mの諏訪湖があり、これは農作物の栽培に重要な湖となっている。海のない県なのに、海藻を原料とする寒天の生産地として有名である。冬は厳しい寒さであるが、昼と夜の温度差が大きく、この温度差を利用した寒天の産業は、江戸時代の頃から始まっている。山岳地が多く、耕作可能な平地と台地はそれほど多くない。食文化では馬肉、イナゴやハチの蛹などを食べる風習のある地域もある。

　長野県の食文化としては、信州そばはもちろんのこと長野の馬刺しは欠かすことができない。大宝律令 (701年) による牧場の制度化で、霧原牧 (現在の岐阜県中津川市の近く) でウマの生産をしていたということが、馬産のはじまりと伝えられている。信州でウマが飼育されるようになったのは木曾街道 (古代から中世までは東山道、江戸時代には中山道といった) が開通することにより農耕文化が定着したため、ウマは農耕馬として、山間の高冷地で飼育された。

　家計調査の食材や食品の種類には、「馬肉」という項目がないので、長野市のその他の肉という項目の中に、馬肉も含まれていると考えられる。その他の肉に馬肉が含まれているとするなら、長野市のその他の肉の購入量が多いのではないかと考えたが、甲府市や福井市などと大差はない。2001年度、2006年度、2011年度の長野市の1世帯当たり牛肉購入量は近隣の甲府市や岐阜市に比べると少ない。

　2001年度、2006年度、2011年度の長野市の1世帯当たり生鮮肉購入量

に対する牛肉の購入量の割合をみると、やや減少している。これに対して、豚肉の購入量の割合は、年々やや多くなっている。2001年度、2006年度、2011年度の食肉の購入量は、豚肉＞鶏肉＞牛肉＞その他の肉の順になっていて、豚肉の利用が生鮮肉に対して50％以上であった。

知っておきたい牛肉と郷土料理

信州のアルプスをはじめとする山々を源とする清流と、信州の爽やかな自然環境の中で、生産者は信州人の粘り強い性格さをもってウシ1頭1頭に愛情をこめて飼育した信州の銘柄牛は下記のとおりである。

銘柄牛の種類 　銘柄牛には、信州牛、阿智黒毛和牛、信州蓼科牛、北信州美雪和牛、久堅牛、信州プレミアム牛がある。とくに、信州牛の利用は多く、取り寄せも可能である。

❶信州牛

リンゴで育った黒毛和牛として宣伝している。その理由は、飼料としてリンゴを与えることにより、リンゴの酸味により食欲を刺激し、健康なウシとして飼育している。リンゴの他に、砂糖、糠、味噌豆の煮汁、豆腐粕、酒粕なども混合した飼料を与えて飼育している。地元の加工生産地から生み出される副産物も利用し、環境保全に役立つ飼料を作り、与えている。

❷阿智黒毛和牛

豊かな自然に恵まれた環境の阿智村で丁寧にストレスを受けないよう飼育しているウシである。阿智村では4軒の畜産農家が生産している。生産者も少なく、出荷頭数も少ないので、希少価値の高い黒毛和牛である。霜降りの状態はよく、冷蔵庫からとりだした肉の脂肪は、すぐに溶けてしまうほど融点が低い。口腔中に入れると、とろけるような食感、甘みと風味、軟らかさのある肉質である。南アルプスが望める澄んだ空気の中で飼育していることや、周囲の山脈から流れる水も美味しい肉質を形成する理由の一つである。この牛肉の料理は、信州牛に準ずる。

❸信州プレミアム牛

長野県が「信州あんしん農産物」として、食味、香り、食感のよいウシを「信州プレミアム牛」として認定している。脂肪が滑らかで口腔内での溶け方がよく、軟らかさと風味に優れている牛肉である。料理法は、信州牛の肉と同じである。

❹南信州牛

長野県の南、南信の下伊那地区の和牛。

信州牛の料理

口腔中で溶けるような食感と、まろやかな、甘みと香りがあり、長野県では利用される量が最も多い。すき焼き、しゃぶしゃぶ、ステーキ、焼肉で食べるのが多い。大きな料理店では桐箱入りの贈答用も用意している。

- **長野の牛肉駅弁**　「信州牛すき焼き弁当」は2004(平成16)年頃に長野の駅弁屋により楕円形の木目調ふたつきボール紙容器で誕生。中身は弁当の真ん中に梅干しをのせた「日の丸」弁当に、信州牛のすき焼き肉と焼き豆腐、シラタキ、煮卵、ネギをのせた弁当。旧国鉄が駅弁事業から撤退し、現在はNREが受け継いでいる。長野の駅弁の製造会社は1888(明治21)年に創業。

知っておきたい豚肉と郷土料理

日本の養豚の基礎は、養豚職人(故)岡本睦身が長年かけ品種交配を重ねて作った「千代幻豚(ちよげんとん)」といわれている。岡本氏が長野の養豚に貢献したことは確かである。

銘柄豚の種類

信州SPF豚、アグリ豚、蓼科山麓豚、純味豚、信州南部豚、みなみ信州黒豚、千代福豚、さんさん豚、コープネット産直豚、お米そだち豚、信州黒豚、野豚、みゆきポークなどがある。

❶信州ポーク

バークシャー種。特徴は、獣臭さがない、適度量の脂肪が入りジューシーで軟らかい(SPF豚は筋肉の中に脂肪が入り込んでいる)。脂肪層は白くあっさりし、弾力性のある食感とうま味がある。

豚肉料理

ドイツ料理の店、イタリア料理の店などでは、長野県の銘柄豚肉を積極的に使っている。日本料理や居酒屋の料理では、とんてき、串焼き、しゃぶしゃぶ、とんかつ、煮込み料理、焼肉など一般に知られている料理が提供されている。

知っておきたい鶏肉と郷土料理

信州黄金シャモ、遠山地鶏、信濃地鶏などがある。長野県では、品質を

守るために、厳しい管理のもとに飼育している。

鶏肉料理 料理法は、焼き鳥、串焼き、から揚げ、水炊き、ソテーなど、一般に知られている料理が提供されている。

- **山賊焼き** 第二次世界大戦後に誕生した中信地方の郷土料理である。秘伝のタレに2日間漬けた鶏肉に、衣をつけて焼いたもの。衣のサクサク感が魅力的な美味しさとなっている。

知っておきたいその他の肉と郷土料理・ジビエ料理

信州ジビエとして、古くから信州の自然に棲息する鳥獣の肉の利用は、山脈に囲まれている長野の食文化に関与している。信州のニホンシカは繊細な風味をもつジビエとして長く利用されている。近年、再びジビエ料理が見直され、イタリア料理、山師料理、信州マタギ料理などとして、ロースト、ワインの煮込み料理、焼肉などで提供されている。

馬肉料理 馬肉を食べるようになったのは、江戸時代後期である。最初は一般の人々の関心を引かなかったが、明治時代に入り、牛肉の需要が増えてくると、馬肉も注目されるようになった。

長野県で最初に馬刺しを食べたのは1882（明治21）年であり、その後信州の名物料理となったと伝えられている。

現在、馬肉料理を提供する店は10軒前後ほどである。伊那谷地区は昔から馬肉料理に親しんできているといわれている。馬肉料理には馬刺し、馬肉の鍋（さくら鍋）、モツの味噌仕立ての煮込みなどがある。生食は、寄生虫の感染のおそれもあるので、避けたほうがよい。

- **おたぐり** 伊那谷地方の郷土料理。馬肉のモツ煮込みで、ウマの腸を丁寧に水洗いし、細かく切り、弱火で4～5時間水煮してから、味噌と酒でさらに煮込む。蛋白だが歯ごたえが良い。刻みネギや七味トウガラシをかけて主として酒の肴として食べる。明治時代後半から伊那谷地方でウマの内臓を食べるようになった。ウマの内臓から、腸をとりだす作業を「たぐり」ということから「おたぐり」とよばれている。
- **馬刺し** 南信の飯田から伊那、諏訪地方では、馬肉を食べる食文化がある。サシの入っていない赤身が使われ、生姜やニンニク醤油で食べる。淡白で甘みがあり癖の無い馬肉の旨みを味わえる。寄生虫がいるので、今は一度冷凍して寄生虫対策を行う。生の馬肉の刺身は日本だけの料理

であり、長野県では酒の肴のほかに、定食の惣菜とする店がある。トンカツ店でも提供する場合もある。明治時代から馬肉の刺し身が登場したと伝えられている。
- **桜鍋** 馬肉を使ったすき焼き。名の由来は桜の咲く春に馬肉が美味しいからともいわれるが定かでない。薄切りの腿肉とネギ、しらたき、豆腐、春菊などを、醤油と砂糖、みりん、酒で作ったたれで煮て食べる。馬肉は炒めないで煮立っているたれに入れるほうが固くならない。薄切りの生姜や味噌を入れて煮ると一層馬肉の風味が引き立つ。
- **桜節** 馬肉の腿肉の燻製。醤油とみりんと酒で作ったたれに1週間ほど馬の腿肉を漬け込み燻製にする。薄く削ぎ切りにして食べる。軽く炙っても美味しい。マヨネーズやレモン汁も合う。

羊肉料理

- **ローメン** 伊那の郷土料理。肉（ロー）と炒めた麺（チャーメン）からローメンと名付けられた。肉はマトンが必須で、麺は太麺。キャベツとニンニクと共に炒めて、スープ仕立てにするお店と、スープがほとんど無い焼きそば風に仕上げるお店があるが、ラーメンや焼きそばとは全くの別物。各お店のテーブルには、醤油やソース、お酢、七味唐辛子、ごま油、おろしにんにくなどの調味料が置いてあり、自分流の味に仕上げることができる。最近は、夏季限定の冷やしローメンもある。

21・岐阜県

奥美濃カレー

▼岐阜市の1世帯当たりの食肉購入量の変化 (g)

年度	生鮮肉	牛肉	豚肉	鶏肉	その他の肉
2001	35,756	8,000	15,334	10,192	760
2006	36,988	7,568	14,936	10,908	904
2011	36,315	6,185	16,412	10,868	853

　岐阜県は、飛騨山脈・飛騨高地・両白山地などの山々が占め、長良・木曾・揖斐の三川の流れる南西部に濃尾平野がある。河川の流域にある低地は水害に見舞われることが多い。岐阜県は海に面している地域はないが、自然環境の豊かな飛騨山脈、飛騨高地・両白山地の麓は、家畜の飼育に適していて、銘柄牛、銘柄豚、地鶏が飼育されている。奥美濃・飛騨地方を中心に畜産業は発達し、飛騨牛、飛騨・美濃けんとん（豚）などの銘柄牛や銘柄豚の知名度が高い。

　2001年度、2006年度、2011年度の東海地区の1世帯当たり食肉購入量を総理府の「家庭調査」から調べてみると、次のようなことが考えられる。

　2001年度、2006年度については、牛肉、豚肉は関東地区に比べれば少しは多いが、北陸地区、近畿地区に比べると非常に少ない。鶏肉については北陸地区より多いが、近畿地区より少ない。2011年度については、牛肉の購入量は北陸＜東海＜近畿地区の順になっているが、豚肉の購入量については北陸＞東海＞近畿地区の順になっている。

　総理府の「家計調査」によると、2001年度、2006年度、2011年度の岐阜市の1世帯当たり食肉の購入量は、いずれの年度も牛肉の購入量は、東海地方の平均値よりも多い。飛騨牛の開発が影響しているのかと想像されている。一方、岐阜市には知名度のある銘柄豚が生産されているが、豚肉の購入量は東海地方の平均値に比べれば少ないが、近隣の県庁所在地よりも少ない。

　2011年度の北陸地区および東海地区の1世帯当たり生鮮肉購入量や生鮮肉購入量に対する牛肉購入量の割合は、2001年度および2006年度と比較

すると少なくなっている。BSE問題は2011年以前に問題となっているので、購入量の減少の原因は別な問題があると推測している。2011年度の豚肉の購入量は、北陸地区も東海地区もやや増えている。

鶏肉については、年度を問わず東海地区での購入量が北陸地区より増えている。名古屋を中心とする鶏肉文化の影響のように思われる。北陸地区の富山市と東海地区の岐阜市を比較すると、年度を問わず岐阜市の生鮮肉全体の購入量の中で鶏肉購入量の割合は富山市の割合に比べて2～3ポイント増えている。

その他の肉としては、シカ肉やイノシシ肉の利用が考えられるが、生鮮肉に対する牛肉・豚肉・鶏肉・その他の肉の購入量の割合の合計が北陸地区にそれに比べて2～9ポイント少ない。すなわち、東海地区の住民は、北陸の住民に比べて、牛肉・豚肉・鶏肉などの生鮮肉だけでなく他に食肉を材料として加工食品や総菜の利用も多いのでないかと推測している。

知っておきたい牛肉と郷土料理

銘柄牛の種類

飛騨牛のみである。おそらく飛騨牛よりも優秀な銘柄牛の開発が難しいからと思われる。

❶飛騨牛

岐阜県の飛騨地方で肥育している黒毛和種である。1981（昭和56）年に、岐阜県の雄牛として「安福号」を導入してから、飛騨地方のウシの繁殖と飼育に力を入れ、他の地域のウシに比べて非常に品質のよい肉質をもつウシを育成するに至っている。飛騨牛のほとんどは飛騨地方で肥育されているが、生産者所在地が飛騨地方で、岐阜県内で飼育したウシにも飛騨牛の名でよばれる。

優秀な品質の肉質をもつ子孫を作り出す「安福号」は、現在の兵庫県香美町で生まれた但馬牛である。飛騨牛のブランド化を研究してきたが、安福号の導入により、他のウシの肉質に劣らない最高級の品質の牛肉を作り続けることとなっている。「安福号」の名は、1980年代の岐阜県知事の上松陽助氏によると伝えられている。

飛騨牛の枝肉の肉質は、きめ細かい霜降りで、うま味があり、滑らかでやわらかい食感である。肉色は鮮やかで、無駄な脂肪がつき過ぎていなく、適度な霜降りの状態は、噛むことにより脂のうま味が口腔内に広がる。枝

肉の格付けは5、4、3等級のみが飛騨牛であり、この格付け以外のものは「飛騨和牛」の牛肉として流通する。

飛騨牛の郷土料理

ステーキ、すき焼き、しゃぶしゃぶ、焼肉など、一般に知られている料理の他に、「飛騨牛の朴葉味噌ステーキ」がある。岐阜県の飛騨地方を含む高山市の郷土料理に「朴葉味噌」がある。朴葉味噌は、モクレン科に属する朴の木の枯れ葉の上に味噌を厚めに塗り、おろしショウガ、刻みネギ、シイタケ、ミョウガを混ぜてのせ、炭火で焼き、香りをかぎながら食べる郷土料理である。この味噌や薬味をのせた枯れた朴の葉に適度の大きさに切った飛騨牛の肉をのせて焼く。家庭でもできる料理である。味噌と牛肉のうま味が合い、味噌の塩分とアミノ酸はうま味の相乗効果が期待できる。味噌の香ばしさはより一層食欲を刺激する。

知っておきたい豚肉と郷土料理

銘柄豚の種類

岐阜県は、関西食文化圏に入ることと、飛騨牛の美味しさに押されているためか、銘柄豚は少ない。恵那山麓寒天豚、飛騨けんとん・美濃けんとん、美濃ヘルシーポーク、清流の国ぎふポーク。

❶美濃ヘルシーポーク

主に、美濃地方で生産されているブタ。全農「ハイコープ」（1990年に全農が開発）と岐阜県「ナガラヨーク」の交配により誕生した品種である。大麦を強化した植物性の専用飼料を与え、厳格な衛生管理のもとに健康的に肥育したもの。枝肉の肉質は、軟らかく、臭みがなく、うま味とコクがある。脂肪を構成している脂肪酸として、不飽和脂肪酸が多く、脂肪の融点は低く、口腔内の温度で溶ける食感を示す。熱湯ですぐに軟らかくなる「しゃぶしゃぶ」に適している。その他、ソテー、串焼き、煮物、炒め物などに利用されている。

❷清流の国ぎふポーク

新しく開発したブタの名称として公募して決められた名称。清流は飛山濃水のイメージからの発想らしいことから、良質の水で健康的に肥育したというイメージのあるブタ。広く知られている料理で美味しく食べられる。「まるっとうんまい」というキャッチコピーもつけられている。

❸飛騨けんとん・美濃けんとん（飛騨・美濃けんとん）

「けんとん」の名の由来は、「けん」は健康の「けん」、「とん」はブタの「とん」から「健康な豚」を意味する。大ヨークシャー種×ランドレース種×デュロック種の交雑種。飼料にビタミンEを含むヨモギを加えて飼育しているのが特徴。

❹栗旨豚（くりうまぶた）

最近、中津川市の養豚家が栗をまるごと飼料の一部として与えている銘柄豚。中津川市内のレストランが地域活性のために協力している。

豚肉料理

- **朴葉味噌と豚肉**　豚肉に朴葉味噌を絡めて焼いて食べる。朴葉味噌の香りが加わりより美味しく食べられる。
- **豚の生姜焼き**　生姜焼きは一般的な料理であるが、岐阜県内で提供される豚の生姜焼きは格別な美味しさと評価されている。
- **れんこんかつ丼**　岐阜県羽島市はレンコンの産地である。羽島地方の町興しから生まれた料理。レンコンを豚のバラ肉で巻いて、衣をつけてトンカツ様に揚げ、卵とじにして丼飯にのせる。彩りよく紅ショウガなどをつかう。
- **高山御膳**　飛騨高山の郷土料理。朴葉の上で焼いた豚肉を味噌と混ぜて食べる料理。
- **明宝ハム**　岐阜県の郡上市の明宝特産物加工㈱が、畜産振興と山間部の食生活改善を目的に作り出した畜肉加工品。
- **照りかつ丼**　土岐市の特製ソースをかけたかつ丼。

知っておきたい鶏肉と郷土料理

奥美濃古地鶏、美濃地鶏などがある。

❶奥美濃古地鶏

「お米育ちの」というキャッチコピーがつけられている。天然記念物の「岐阜地鶏」を育種・改良したもの。飼料として、キャッチコピーの「米」を歯ごたえ肉の脂質の脂肪酸には、オレイン酸が多いので、口腔内ではしつこく感じない。肉質としては、甘みがあり、ほどよい歯ごたえがある。水炊き、カレーの具、肉団子、焼き鳥、串焼きなどよく知られている料理に

使われる。とくに、炭火での焼き鳥は評判がよい。

鶏肉料理

- **鶏ちゃん** 鶏肉を北海道のジンギスカン料理のように焼いて食べる料理。1960年頃から飛騨・高山地方の精肉店が考案した料理。鶏肉を醤油や味噌ベースのタレに漬けこんでおいて焼く。野菜類も焼いて食べる。

知っておきたいその他の肉とジビエ料理

飛騨山脈や飛騨高地を擁している岐阜県は、野生の獣鳥が多い。ジビエ料理に使われているものには、イノシシやシカが多い。春は山菜、夏は川魚、秋は天然のキノコ、冬はジビエというのが岐阜県の山々の味覚となっている。飛騨山地の山里の人々は、農家の仕事を終えたマタギたちはジビエ（天然イノシシ、クマなど）を追って山に入り、狩猟をする。

マタギの捕獲したイノシシは、山里の旅館では牡丹鍋、燻製、カレーの具、味噌漬けとして用意され、客をもてなしている。

- **イノシシ料理** ジビエとして洋食の食材か昔からの牡丹鍋を提供する店が、県内で20店ほどある。
- **鹿肉料理** シカ肉は養殖のジビエとして飼養することが多い。古くは、猟師が捕獲したシカをマタギ料理として、安全な鍋料理か焼肉として利用している。
- **牡丹鍋** イノシシ鍋。岐阜県ではイノシシを捕獲したときに牡丹鍋（イノシシ鍋）を提供する店が10軒以上もある。クマを捕獲したときには猟師料理または「またぎ料理」として熊鍋を提供する店もある。

22 ・ 静岡県

イノシシ鍋

▼静岡市の1世帯当たりの食肉購入量の変化 (g)

年度	生鮮肉	牛肉	豚肉	鶏肉	その他の肉
2001	42,059	6,514	19,767	12,270	1,762
2006	39,526	5,326	18,661	11,688	1,821
2011	42,332	4,935	20,888	13,206	1,657

　静岡県は、夏はそれほど暑からず、冬はあまり寒くなく、魚介類を水揚げする漁港や農作物が栽培されている面積もあるので、食べ物や着る物には、工夫次第ではそれほど不便を感じないところなので、住みやすい地域といわれている。しかし、海が時化れば海には近寄れず、富士山麓の冬は寒すぎるので、遠くからみているのと、その土地での生活は理想と事実の間に大きなギャップがある。また、第二次世界大戦後に中国や朝鮮半島から引き揚げてきた人々には、生活の場として富士山麓に住み着き、多くの苦労を覚悟で生活をしなければならない多くの人がいた。

　静岡県は、太平洋に突き出た伊豆半島地域、駿河湾に面する静岡・焼津などの遠州灘、富士山麓・赤石山脈などの山岳地帯により産業の中心も異なる。傾斜地は耕地として茶・野菜・果物の栽培に適し、太平洋の黒潮の影響を受ける遠州灘や伊豆半島の産業の中心は漁業や水産加工業である。乳牛や肉牛の放牧は富士山麓の高原地で行われ、養豚は三島や浜松などの平地で行われている。近年、イノシシによる食害が問題となり、保護数の調整のために捕獲したイノシシの利用にも取り組んでいると聞いている。

　静岡市の食肉の購入量については次のようなことが考察できる。2001年度、2006年度、2011年度の静岡市の1世帯当たりの生鮮肉購入量に対する牛肉購入量の割合は、東海地区より少ない。東海地区の1世帯当たりの生鮮肉に対する牛肉の購入量は年々少なくなっているが、豚肉と鶏肉の購入量の割合は年々増えている。静岡市の1世帯当たりのその他の肉の購入量の割合については、東海地区の1世帯当たりの割合に比べて1～2ポイント多く、岐阜市のそれに比べると約2ポイントの増加がみられる。

生鮮肉の購入量を100（％）とすると、生鮮肉に対する牛肉、豚肉、鶏肉、その他の肉の割合の総和は、2001年度が89.4（％）、2006年度が87.9（％）で、東海地区の2001年度が93.2（％）、2006年度が94.6（％）に比べて小さい。静岡市では合いびき肉の購入量が他の市に比べて比較的多いのが関係していると考えられる。

　静岡市は中部地方の中心の名古屋市に近いので、中部地方の食肉文化（鶏肉の利用）の影響もあり、鶏肉の購入量が関東地区や北陸地区に比べて多くなっているが、豚肉の購入量は関東地区ほど多くはないが、豚肉の利用は多い。

知っておきたい牛肉と郷土料理

　静岡県は、富士山を源とする伏流水が県内各地で利用されている。その伏流水には、栄養分の豊富な水であり、のびのびした静かな自然環境がウシの放牧に適している。富士山麓だけでなく、伊豆の平地、島田地方の平地などにもウシを肥育する牧場がある。JA経済連が銘柄牛の開発に力を入れている。

銘柄牛の種類　銘柄牛として、あしたか牛、伊豆牛、遠州夢咲牛、特選和牛静岡そだちが飼育されている。とくにあしたか牛が人気である。

❶あしたか牛

　静岡県駿東郡長泉町で飼育している。静岡県東部の愛鷹山麓の裾野に広がる大地と富士山の豊富な湧き水で、ストレスのない環境で飼育されている。軟らかい肉質と豊かなコクのあるのが特徴である。長泉の白ネギとコラボレーションで作られたメンチカツは「長泉あしたかつ」の名で人気の郷土料理となっている。

❷伊豆牛

　伊豆の国市近郊で飼育している黒毛和種とホルスタイン種の交配種である。ステーキが伊豆の国市内の人気の料理となっている。伊豆の国市の牧場で肥育した伊豆牛は、生産量が少なく、静岡県内の飲食店などに卸している程度ある。

牛肉料理　海の幸に恵まれている静岡県の牛肉料理は、家庭でもレストランでもみられる料理である。すき焼き、しゃぶしゃぶ、

焼肉などがあるが、部位によってはシチュー、煮込み料理にも利用される。
- **長宗あしたかつ**　長宗町のご当地メンチカツ。長宗特産のあしたかつ牛と長宗白ネギを使ったメンチカツ。
- **静岡おでん**　削り節と牛すじでだしをとり、醤油で味を付けるが、だしを毎日継ぎ足しながら煮込むので汁の色は"茶色"がかっている。ゆで卵や大根、牛すじなどの具は、すべて串に刺してある。また、具のはんぺんは鯖と鰯を骨も皮も丸のまま使って作った静岡名物の"黒はんぺん"を使う。食べるときには、鯖や鰯の削り粉の"だし粉"や青海苔をかける。好みで辛子をつけてもよい。「静岡おでんの会」が全国に情報発信をしている。

知っておきたい豚肉と郷土料理

銘柄豚の種類　静岡県の銘柄豚には、朝霧ヨーグルト豚、熱川高原フレッシュポーク、遠州黒豚、遠州夢の夢ポーク、奥山の高原ポーク、おらんビック、かけがわフレッシュポーク、御殿場金華豚、サンサンポーク、とこ豚、富士朝霧高原放牧豚、富士なちゅらるぽーく、ふじのくにいきいきポーク、ふじのくに「HHP」浜北ヘルシーポーク、ふじのくにすそのポーク、ふじのくに浜名湖そだちなどがあり、各地域で飼育されている。それぞれ、独自の飼料を開発し、ストレスを与えないで丁寧に飼育している。すべてのブタの枝肉の肉質はきめが細かく、脂肪層には甘みがある。

豚肉料理　豚肉料理は一般の家庭で作る料理に利用されている。とんてき、串焼き、ソテー、しゃぶしゃぶ、煮込み料理などがある。

- **富士宮やきそば**　やきそばに使う麺は蒸し麺で茹でずに使うので歯応えがある。キャベツなどの野菜や豚肉、ラードを搾った後の肉かすを炒めて、ウスターソースで味を付け、最後の仕上げに鰯の魚粉"だし粉"を振り掛ける。民間団体の富士宮やきそば学会が"やきそばマップ"やのぼりなどを作り応援している。市内には200店以上のやきそばを出す店がある。

知っておきたい鶏肉

静岡県で飼育されている鶏の種類には以下のようなものがある。太陽チキン（御殿場）、駿河シャモ（静岡市、富士宮市、掛川市）、鶏一番（愛知県に飼育を委託）、一黒シャモ（島田市、日本各地で飼育）、富士の鶏（静岡県）、富士あさひどり（静岡県、その他の県）、ふじのくにいきいきどり（静岡県）、地養鳥（静岡県）、美味鳥（びみとり）（静岡県）などがあり、種類によっては県外でも飼育している。

知っておきたいその他の肉と郷土料理

ジビエ料理
伊豆半島は相模湾や太平洋に面しているので、漁業が盛んであるが、山地が多く、イノシシ、シカなどが多い。伊豆市地区、修善寺地区、中伊豆地区、天城湯ヶ島地区、土肥地区に位置する旅館では、それぞれジビエ料理を工夫しているが、共通している料理に「シカ丼」または「イズシカ丼」がある。

❶イノシシ肉
野生の動物は、獣臭みがあるので、これを消すには、味噌仕立ての牡丹鍋に調理するとよい。

- **イノシシ料理** 大井川上流に位置する川根の旅館では、イノシシ肉を利用した料理（牡丹鍋、ラーメンのチャーシュー、シュウマイの具など）がある。
- **猪鍋** 中伊豆の天城辺りの温泉場を中心に作られる名物料理。イノシシがあまり捕れなくなり、イノシシとブタを交配させたイノブタの肉が使われる。白ネギ、豆腐、しらたき、春菊、しいたけ、大根など　味噌と醤油で味付けする。最近は、臭いを抑えるためにごぼうを入れることが多いが、この地方の猟師に伝わるシシ鍋は、大根をはじめ、白菜、ねぎ、にんにく、豆腐、しらたきなど具だくさんだが、ごぼうはそのアクによって食材の色がくすむため使わない。味付けには塩とラー油が使われていた。

❷その他の肉
- **シカのモツ鍋** 静岡県井川地区で作る、シカの内臓を使った濃厚な味わいの鍋料理。内臓は、腸と胆嚢を取り除きぶつ切りにし、味付けは醤油

東海地方 163

と砂糖、そして味噌が使われる。

- **イルカの味噌煮**　10月から12月まで、伊豆の富戸や安良里、川奈などでは勇壮なイルカの追い込み漁が行われる。静岡県の伊豆・沼津・焼津の家庭ではイルカの味噌煮を食べる。大井川から西のほうでは食べない。普段は漁港の売店や魚屋でも売っており、冬はスーパーでも売っている。クジラの肉に似ているが独特の臭みがある。皮と2cmくらいの脂肪の層、その下の肉に分けて、肉は2〜3cmの角切りにし、さっと湯がいて霜降りにする。イルカの赤身肉を角切りし、水にさらし、湯通しをしてから、だし汁・味噌・みりんで煮て、生姜やネギを加え、臭みを抑える。皮下脂肪は厚く、美味しいので、味噌煮にして食べる。あるいは脂の付いた皮は細かく切りよく炒めて、ごぼう、ニンジン、こんにゃく、霜降りにした肉を加えて、だし汁、醤油、砂糖、酒を加えて味を調え、最後に味噌を入れ煮詰める。
- **すまし**　イルカの背びれ。スライスするとクジラのベーコンのように薄い脂肪がある。刺身として食べる。

23・愛知県

味噌カツ

▼名古屋市の1世帯当たりの食肉購入量の変化 (g)

年度	生鮮肉	牛肉	豚肉	鶏肉	その他の肉
2001	38,767	7,887	14,629	10,478	1,075
2006	36,625	6,228	15,253	10,938	1,363
2011	39,362	6,163	17,945	12,698	970

　愛知県は、西部に木曾・揖斐・長良の3つの川によって形成された濃尾平野が開け、その南側には尾張丘陵がある。東部美には濃三河高原が広がっている。台地や平野が広く、気候も温暖なことから農業の発達している地域である。とくに、栽培している野菜の種類が多く、大消費地名古屋を抱えているので、近代農業の発達している地域である。名古屋が養鶏の盛んになったきっかけは、明治時代初期の廃藩置県のために春日井郡池内村に戻った尾張藩士が収入源として養鶏を始めたと伝えられている。1882(明治15)年に、在来種の鶏と安政の頃(1852～59)に中国から導入された外来種のコーチンを交配して作り出したのが名古屋コーチンであり、日本の質・量ともに優秀な日本を代表する品種となっている。ウズラの飼育も盛んであることで知られている。

　愛知県の和牛に関する歴史は、戦国時代末期徳川家康の父・広忠の頃に和牛生産が始まっていた。健康にすぐれなかった広忠が妻・於大のすすめでヨーグルトの原型の「蘇」を食べて回復したという記録があるので、乳牛を飼育しそれから搾った牛乳から、発酵した乳製品をつくっていたことが想像できる。350年前には、和牛を放牧していたとの記録もある(全国和牛登録協会愛知支部刊行の『愛知の和牛』1954)。

　愛知県の養豚は、ブタのマーケットを設定する必要性から群馬県などの他県の種豚を気候温暖な知多半島や豊橋周辺で行われている。歴史的には新しく、1980～90年に始めたところが多い。

　上の表から明らかなように、生鮮肉の購入量は2006年度が少なくなっている。牛肉、豚肉、鶏肉については年度を追うにつれ、購入量が増えて

いる。鶏肉王国といわれる名古屋の食肉の購入量の中で、鶏肉：牛肉を計算すると、2001年度は1.3、2006年度は1.7、2011年度は2.0であった。牛肉の購入量より鶏肉の購入量のほうが年々増えている。

愛知県は「養鶏王国」といわれているように、養鶏の盛んな地域である。特産の名古屋コーチンの人気は高く、名古屋市、豊橋市で飼養している。その他の銘柄鶏の飼養している地域を含めれば、愛知県全域で鶏の飼養が行われている。ウズラの飼育も行われており、豊橋は全国のうずら卵の60％を生産している。

生鮮肉に対する牛肉の購入量の割合は20～16％であり、2001年度＞2006年度＞2011年度となっている。これに対して豚肉や鶏肉の購入量の割合は2001年度＜2006年度＜2011年度となっている。豚肉や鶏肉の購入量の割合が2011年度に近いほど多くなっているのは、デフレのために家計の節約から価格の安い食品の購入の傾向と関係があるのかとも考えられる。鶏肉王国の名古屋市の購入量の割合から豚肉：鶏肉を計算すると、2001年度は1.2、2006年度は1.3、2011年度は1.4となっている。鶏肉王国といえ、豚肉の購入量は鶏肉よりわずかに多かったといえる。

知っておきたい牛肉と郷土料理

愛知県のウシの肥育は温暖な渥美半島地域、三河山間部知多半島が多い。渥美半島では「田原牛」「あつみ牛」「暖か渥美の伊良湖常春ビーフ」の3つの銘柄牛が生産されている。三河山間部は古くから和牛繁殖が盛んで、子牛は「三河子牛」といわれている。愛知県の南西に位置し、世内海に囲まれた知多の風土は牛の肥育に向いている。

牛肉全般の料理としては、ステーキ、すき焼き、焼肉、しゃぶしゃぶなどがある。

銘柄牛の種類　　銘柄牛には、みさき牛（愛知県内）、ぴゅあ愛知（愛知県内）、あいち牛（愛知県内）、みかわ牛（愛知県内）、安城和牛（JAあいち中央管内）、鳳来牛（愛知県新城市）、田原牛（愛知県田原市）、暖か渥美の伊良湖常春ビーフ（愛知県田原市）、あつみ牛（渥美半島の田原市）、あいち知多牛（知多半島）が肥育されている。この中で上位ランキングに位置するのはみかわ牛といわれている。

❶みかわ牛

愛知県の豊かな自然に恵まれた黒毛和種。みかわ牛の中でもA5、A4の等級のものが「みかわ牛」の牛肉として認定されている。

❷ぴゅあ愛知

愛知県産のホルスタイン種で、品質基準がA5、A4のもの。

❸あいち牛

黒毛和種とホルスタイン種の交配種で、肉質は和牛に似ている。

愛知県の牛肉料理

すき焼き、しゃぶしゃぶ、焼肉、ステーキなど知られている料理のほかに、みかわ牛の家庭料理や自慢料理には次のようなものがある。

- **牛肉のバルサミコ煮味噌** 愛知県三河地方の家庭料理。鍋にオリーブ油と鷹の爪を入れて加熱し、香りがでたら鷹の爪を取り除き、これに一口大に切った牛肉レンコン、こんにゃく、タマネギを加えて加熱し焼き色をつける。これに、八丁味噌、三河みりんを加えて煮込む。酒の肴として提供される郷土料理。
- **牛タン** 愛知県には「仙台の牛タン料理」を提供する店が多い。
- **その他** 三河牛のステーキすし、カルビの八丁味噌カレー鍋（東三河の名物）、塩ヨーグルト漬け牛肉野菜炒めなど。

知っておきたい豚肉と郷土料理

愛知県の養豚には、排泄物が海へ流出し、海洋汚染を起こしたことがあるので、銘柄豚の飼育には公害問題を起こさないための衛生管理に重点を置いている。

銘柄豚

愛知県の銘柄豚には、次のようなブタがある。あかばねポーク、あつみポーク、タイヨーポーク、知多ハッピーポーク、知多豚、デリシャスポーク・絹、トヨタポーク、みかわポーク、やまびこ豚など。

❶猪進豚

愛知県渥美半島原産のオリジナル銘柄豚。トウモロコシを主体とし、植物油を混ぜた餌を投与。肉に臭みがなく、きめ細かい肉質。糖質を多く含む。

豚肉料理　一般に知られている料理が多い。煮込み料理は、愛知名産の三河味噌を使うことが多い。ブタの煮込み料理の例として肉団子の甘酢、銘柄豚のバルサミコ黒酢煮込み、スタミナもつ煮込みなどがある。家庭料理の食材として豚肉の利用頻度は高い。

- **味噌かつ**　名古屋名物の味噌かつは、とんかつをのせた丼飯に特製の赤みそでつくったたれをかけたものである。名古屋を中心とした愛知県のほか、三重県や岐阜県の一部でも食べている。味噌かつの発祥は、三重県の津市である。第二次世界大戦後の昭和20年ごろ、味噌カツの老舗「矢場とん」によると、土手煮（すじ肉やホルモンを赤味噌でやわらかく煮込んだ料理）の屋台で串かつを赤味噌に付けて食べたところ美味しかったのが始まりといわれている。それがとんかつとなり、味噌だれは八丁味噌・豆味噌・かつおだし汁・砂糖で調製したものを使用している。豚カツにソースの代わりにを掛ける。とんかつに味噌味のソースをかけて食べる。味噌カツ風とんかつなどともいわれる。

知っておきたい鶏肉と郷土料理

　愛知県の代表的な地鶏として「名古屋コーチン」がある。名古屋コーチンの起源は、江戸末期に尾張藩士によって飼育した鶏といわれている。1882（明治15）年頃、元尾張藩士が中国から入手した「バフコーチン」と尾張地方で飼育していた岐阜地鶏の交配種が名古屋コーチンのルーツである。愛知県は名古屋コーチンの品質に厳しい条件を設定している。愛知県とその近隣県を中心に日本全国で飼育されていて、その肉や卵は高級食材となっている。

鶏肉料理

- **名古屋コーチンの料理**　郷土料理として「かしわのひきずり」がある。「かしわ」は愛知県での鶏の意味で、「ひきずり」は「煮込み」の意味であることから、鶏を鍋で煮込んだ料理である。「ひきずり」は鍋をひきずって移動することが語源のようである。串焼き、鍋料理、刺身、手羽先のから揚げやピリ辛揚げ、鶏飯などがある。
- **煮込み料理**　名古屋コーチンの家庭料理として味噌煮込み、筑前煮、かしわ煮込みなどがある。名古屋コーチンのうま煮カレー、名古屋コーチ

ン料理のセットをお土産として提供している料理店もある。
- **鶏すき**　「ひきずり」ともいう。愛知県蟹江町の鶏すき(ひきずり)はよく知られている。鶏肉は名古屋コーチンを使うのが本格的ひきずり。シイタケ、ネギ、こんにゃく、焼き豆腐なども具として使う。油の代わりに鶏の脂身をひきずり鍋にひく。鶏肉や野菜、豆腐、こんにゃくを入れ、醤油、砂糖、みりんで調味して食べる。大晦日にはひきずり鍋を食べる習慣がある。
- **八日汁**　三河地方の郷土料理で、2月に行われる「山の請」に、鶏肉、大根、ニンジン、里芋、ごぼう、こんにゃくとともに煮て、ゆでた小豆を加え八丁味噌で味をつけた汁物。

知っておきたいその他の肉とジビエ料理

　愛知県も野生の鳥獣による田畑の被害や環境の破壊などから保全のために捕獲した鳥獣は、猟師が個人的に消費するほか、ジビエ料理として提供する店もあるが、愛知県としてはジビエ消費を広めているのが現状である。

24・三重県

松阪牛のすき焼き

▼津市の1世帯当たりの食肉購入量の変化 (g)

年度	生鮮肉	牛肉	豚肉	鶏肉	その他の肉
2001	38,051	10,172	13,654	11,918	970
2006	41,403	11,119	15,067	12,292	945
2011	45,809	8,165	17,334	14,913	1,372

　近畿地区は日本の食文化に及ぼしている歴史的背景が多い。三重県の伊勢神宮は神饌という神への供え物の源となる儀式があり、滋賀県は日本の鮨のルーツといわれている「ふなずし」、京都府は平安時代の宮中の年中行事に合わせた料理・寺院の精進料理・茶道の懐石料理など独特の食文化がある。三重県の松阪市周辺や伊賀地方では、畜産業として肉用牛、すなわち「松阪牛」を飼育している。熊野の地鶏がシャモ系統であるのは、愛知県の養鶏の影響を受けているとも想像できる。三重県内でも、四日市市は豚肉の利用が多い。

　2001年度、2006年度、2011年度の津市の1世帯当たり牛肉購入量は約8,000gから約11,000gで、東海地方の約2倍である。しかし、2011年度の牛肉の購入量は、東海地方や津市以外の近畿地方も少ない。これは、2001年に問題となった牛肉偽装事件が消費者の購買意欲を妨げているのか、2011年に起こった関西地方のホテルの食品表示違反などが関係しているのかと推測している。津市の牛肉の購入量は増えた反面、豚肉の購入量は少なくなっている。すき焼きでも焼肉でも美味しい高級な松阪牛肉は、三重県の人々の食生活を潤していると思われる。

知っておきたい牛肉と郷土料理

銘柄牛の種類

❶松阪牛

　三重県を代表する美味しい牛肉は、松阪牛の「松阪牛肉」である。松阪

牛の飼育は、兵庫県から導入した優良素牛（黒毛和種）に、生産農家の自家配合による良質の飼料を与え、長期間肥育した未経産の雌牛である。肥育中には赤身と脂肪が細かく入り混じり、霜降り状の軟らかい高級肉に仕上げる。出荷月齢は28〜36か月である。よい霜降り状になるようにビールを飲ませるとか、焼酎を霧状にして吹きかけるとか、マッサージをするといわれているが、丁寧に育てている。ステーキ、すき焼き、網焼き、カレー、しゃぶしゃぶなどすべての料理に向く。「切り落としの身肉」でも美味しく食べられる。松阪牛の飼料に使われている麦は脂肪を増やし、フスマは肉質を軟らかくし、大豆粕は艶出し、米ぬかはうま味などに関係するといわれている。

　松阪牛は兵庫県の但馬牛のほか、全国各地から黒毛和種の子牛を買い入れ、三重県松阪市およびその近郊で肥育されたウシのことで、品種は黒毛和種、肥育地が松阪市ということである。松阪市およびその近郊で肥育された黒毛和種でも規格基準から外れた肉質（枝肉）は、松阪牛といわれない。江戸時代に、農耕用の役牛として但馬国の雌（但馬牛）を飼育していたことから松阪牛と但馬牛は密接な関係が続いている。但馬やその他から買い入れて肥育した牛が松阪牛の呼称があるのは、肥育の方法に松阪牛に育てるためのノウハウがあるからである。ウシの健康状態を見極め、飼料を配合し、食欲増進にビールや焼酎も与える。3年間惜しみなく丁寧に育てる。きめ細やかできれいな霜降り肉は、軟らかく脂肪には甘みがある。

　伊勢・松阪地域を中心に肥育されたウシは、第二次世界大戦前までは、「伊勢牛」とよばれ、その肉は「伊勢肉」とよばれていた。その後、雲出川と宮川の間で肥育された伊勢牛が松阪牛といわれるようになった。松阪牛の名が広まるにつれて伊勢牛の名が消えていった。

　すき焼きが最も美味しさを味わうことができる料理である。しゃぶしゃぶ、焼肉でも松阪牛の美味しさに満足できる。すき焼きでも焼肉でも口腔内に入れると溶けてしまう食感である。

❷伊賀牛

　松阪牛とともに三重県が誇る最高級の肉質をもつ黒毛和牛である。伊賀地域の生産農家に出向いて1頭1頭吟味し、生きているウシを買い付けて流通する。

❸みえ黒毛和牛

　JA全農と指定生産牧場が協同で取り組んで肥育している。

❹鈴鹿山麓和牛

　鈴鹿山麓の豊かな自然環境の中で肥育している黒毛和牛。1990（平成2）年から生産を始めている。

❺みえ和牛

　三重県と滋賀県の県境の鈴鹿山麓で、「手ごろな価格」で購入できる肉質の黒毛和牛を肥育している。

❻加茂牛

　生協のオリジナルブランド。乳牛の雄を鳥羽市加茂地区で飼育している。生産者と生協の組合員が結ばれることを条件に飼育している産直用のウシである。

牛肉料理　松阪牛の肉料理としては、すき焼きが人気である。焼肉では、七輪の炭火で一枚一枚焼き過ぎないようにし、高級肉の味を損なわないようにする。伊賀牛は、「肉の横綱」といわれ、ステーキ、網焼きは肉の甘みが引き立つ。内臓を使ったホルモン料理（網焼き、煮込み料理）も人気料理である。結婚式の披露宴には松阪牛の料理が提供される場合が多い。

- **備長炭で焼くすき焼き**　すき焼き用鍋に牛脂を敷き、牛肉→砂糖→醤油→割り下の順に入れて加熱調理をする。牛肉のほかの食材はタマネギ・長ネギ・春菊・白滝・焼き豆腐などを使う。肉に付け合わせる具は、ザクといい、一般には、牛肉とザクは別々に加熱調理する。
- **松阪牛の漬物**　味噌漬け、佃煮などがある。

知っておきたい豚肉と郷土料理

銘柄豚の種類　松阪牛はよく知られているが、ブタについても大小さまざまな養豚業者がいる。あるいは、農協などに協力した養豚業者もいる。

❶三重クリーンポーク

　ブタ1頭当たりの飼育スペースに余裕を持って飼育している。

❷みえ豚

　飼料に、ビタミンE、広葉樹から調製した木酢を活性炭に混ぜているの

が飼料の特徴としている（みえ豚の養豚農家は、木酢を混ぜた活性炭の効果について豚肉特有の臭みが消え、木酢は健康状態をよくするといっている）。ビタミンEも健康なブタに育てるために加えている。

豚肉料理　一般に知られている料理（トンカツ、ハンバーグ、ソテー、串焼き、煮込み料理など）が多い。三重クリーンポークは焼肉に適し、焼いてもジューシーで軟らかいのが特徴である。四日市の「とんてき」では、豚のロースを焼き、ニンニク風味のソース味タレを付けるのが定番である。養豚農家が「農場レストランこぶたの家」を開き、各種の豚肉料理を提供している。とくに、トマトとチーズをのせたハンバーグが人気である。内臓は「ころ焼き」や「煮込み」などのホルモン料理に使う。

- **豚丼**　伊勢市の「豚捨」という精肉店は、牛肉のすき焼きが専門の料理店も経営している。牛肉のすき焼きがあまりにも美味しいところから、「豚肉なんて捨てちまえ……」といい豚肉を捨ててしまう客もいたらしい。この店を経営していた人の名が捨吉といったという。この名前と豚肉を捨てることから「豚捨」とうい屋号で、牛肉のすき焼きだけでなく、捨ててしまう豚肉を利用した豚肉料理も提供するようになった。豚肉のすき焼き、焼肉などのメニューの中に、豚丼も提供するようになってから「豚丼」がこの店（豚捨）の看板メニューとなっている。現在も人気である。

知っておきたい鶏肉と郷土料理

熊野地鶏、奥伊勢七保どり（チャンキー）、赤鶏（あかどり）、伊勢赤鶏、伊勢鶏などがある。全体として羽が褐色の赤系の鶏が多い。

❶熊野地鶏

世界遺産の熊野古道、日本一といわれる棚田、丸山千枚田などがある豊かな自然環境の、ストレスも受けない中で平飼いされている美しい赤系の地鶏である。地元の谷からとりあげるミネラル豊富な水を飲み水として与えている。鶏肉のもつうま味とコクが味わえる肉質である。

鶏料理　鶏肉をキジの肉に見立てた料理の「きじ鍋」が郷土の鶏の料理である。栄養のバランスもよく、あっさりした美味しい鍋である。その他、一般に知られている鶏料理（焼き鳥、から揚げなど）がある。刺身、たたきなどの生食を提供している料理店もある。

知っておきたいその他の肉と郷土料理・ジビエ料理

　三重県も野生の鳥獣類による山林の被害や環境保全のため、農家が栽培している野菜類被害を抑制するために、猟師による野生の鳥獣の捕獲による生息数の調整を試みているが、なかなか計画どおりには進んでいない。そこで、捕獲した野生の鳥獣の利用を目的とし、「みえジビエ」の品質・衛生管理のマニュアルを作成し、関係者にジビエが安全・安心のもとで使用できるような計画をたて、実施している。「みえジビエ料理フェア」なども開き、一般の人にもジビエの利用の普及も計画している。

　とくにシカよる食害が多くなり、生存数の調整のために捕獲したものの利用が考えられている。シカ肉を利用した「みえジビエ」として「シカ肉のステーキ」「シカ肉の角切りのピリ辛味」「シカ肉のハンバーグ」「シカ肉モモスライス」などがある。

- **猪鍋（シシ鍋）**　ジビエ料理として、古くからあるイノシシの味噌仕立ての鍋料理がある。八丁味噌で味付ける。
- **僧兵鍋**　湯の山温泉地帯の郷土料理。豚骨でとっただし汁にイモ類や野菜やシカ肉、イノシシ肉を入れ、味噌仕立てにした鍋。天台宗三岳寺の僧兵が利用した鍋である。
- **鹿肉のカレー**　三重県、三重大学と地元の食品会社の共同のもとで開発したのが「鹿肉のカレー」である。2014（平成26）年の新学期に、三重大学の生協で「三重大学［欧風］カレー」を提供している。
- **鹿肉の炭火焼き**　鹿肉は牛肉に似ているので、炭火焼、バーベキューの食材として利用されている。
- **鹿刺し**　三重県の冬のシカの刺身は人気らしい。三重県に鹿刺身を提供する店は18店もある。ルイベ（凍結した肉の刺身）として提供している。寄生虫の感染予防のためにも、いったん－20℃以下に冷凍するほうが安全である。長島温泉の旅館では、冬になると鹿刺身を提供する。

25・滋賀県

鴨鍋

▼大津市の1世帯当たりの食肉購入量の変化 (g)

年度	生鮮肉	牛肉	豚肉	鶏肉	その他の肉
2001	46,459	11,944	15,782	14,917	1,385
2006	45,459	11,017	15,311	14,019	1,520
2011	43,828	9,280	16,851	14,872	1,040

　滋賀県の中央に位置する琵琶湖は、約400年前に地殻変動によってできた大山田湖がその原点となっていて、約40万年に現在の位置に定まったとされている。琵琶湖周辺の食文化は、琵琶湖に棲息する淡水魚や農作物の恩恵により成立している。

　滋賀県の農業や畜産業は、琵琶湖周辺で営まれている。琵琶湖の外側を伊吹山脈、鈴鹿山脈などの山々が囲む。これらの山を源とし、琵琶湖に流入する水は家畜家禽の飼育に貢献している。山々には、野生の鳥獣類が生息し、増えすぎ、環境が破壊され、田畑の野菜にも被害を及ぼしていることから、野生の鳥獣類を捕獲し、利用について、県民に協力を求めている。

　江戸時代には、京・大坂（現・大阪）に通じる交通の要衝として、宿場町として、あるいは琵琶湖の水運が栄え、近隣の工芸（信楽焼、大津絵、近江上布、高島硯、彦根仏壇、浜仏壇など）が発達した。産業としては琵琶湖に棲息する魚介類を利用した水産業、琵琶湖周辺の農業が主体であり、畜産では近江牛が有名である。とくに、近江牛肉の味噌漬けは、元禄元年頃から彦根藩の名産品として広まった。江戸時代には、牛肉は薬用として食べていた。味噌漬けをつくりだしたり、薬用に干肉を作ったりしたとの記録もある。水戸の徳川斉昭は牛肉が大好きで、滋養のためといい所望したともいわれている。

　2001年度、2006年度、2011年度の滋賀県の県庁所在地大津市の1世帯当たり食肉購入量を比べてみると、生鮮肉、牛肉については年々減少している。一方、豚肉、鶏肉、その他の肉については年々増えている。

　日本の黒毛和牛のルーツといわれている近江牛の産地であるけれども、

近畿地方

生鮮肉の購入量に対する牛肉の購入量の割合は、近畿地方の平均値より少ない。2011年度の割合は21.2％で、近畿地方の2011年度よりもわずかに多いだけである。豚肉、鶏肉の購入量の割合は、近畿地方全体の生鮮肉に対する購入量とほぼ同じ購入量と推察できる。

知っておきたい牛肉と郷土料理

近江牛　滋賀県の銘柄牛は、「近江牛」のみである。近江牛の定義は、黒毛和種の和牛で、滋賀県内で最も長く肥育された場合に許される呼称である。さらに、(公社) 日本食肉格付協会の格付枝肉の等級がA－4、B－4以上であることに、認定シールが発行される。

近江牛は神戸ビーフ、松阪牛と並んで日本の三大銘柄牛の一つとなっている。近江産の牛は、江戸時代から」「養生薬」の名目で味噌漬けや干し肉として彦根藩から将軍家へ献上、賞味されていた。歴史的には由緒ある近江産の牛は「近江牛」のブランド名がついている。近江牛の肉は日本では最高に美味しい肉であり、外国にも近江牛の肉の美味しさは知られている。

現在、近江牛については (公社) 日本食肉格付協会の格付けに基づいた定義がない。「滋賀県内で、厳選された素牛を永年培われた優れた技術で丹精込めて肥育された黒毛和種で、雌牛と去勢された雄牛」を認証している。

独特の食感ととろけるような豊かな風味をもっている。すき焼き、ステーキ、しゃぶしゃぶに好評を博している。

近江牛の歴史は古く、平安初期に遡る。すなわち、中国からの帰化人が牧草を求めて、琵琶湖畔に住み着き、但馬の和牛を近江で育てたのが、近江牛のルーツであるといわれている。近江牛がブランド化したのは、明治時代になって西洋文化の影響で牛肉料理の「牛鍋」が普及するようになってからである。近江牛の普及には、近江商人の活躍もあった。

近江牛は主として滋賀県の東部の蒲生・神崎・愛知（現在の近江八幡、東近江市、竜王町）で生産していた。これら一帯は、コメの生産や他の農業も盛んであり、ウシを肥育するための飼料が確保しやすく、肥育のためにストレスのない環境として適している。現在は、コメをはじめ農業の盛んな近江八幡市、東近江市、竜王町などの滋賀県東部で飼育されている。

近江牛の料理　滋賀県内の古くから営業している料理店は、サシの入ったロースや、うま味成分の豊潤な赤身肉を、主としてすき焼き、しゃぶしゃぶ、ステーキとして提供している。最近は、庶民的な焼肉を提供するようになっている。さらに、贈答用として、すき焼き、しゃぶしゃぶ、ステーキのセット品、カレーのようなレトルト品も提供している。

- **近江牛の味噌漬け**　江戸時代（元禄元年）に彦根藩から徳川将軍家へ献上したと伝えられている「近江牛の味噌漬け」は、滋賀県内の複数の精肉取扱店が独自の京白味噌や熟成によりつくり、販売している。白味噌の中での牛肉の熟成は、適度な味噌の塩分により過剰な酵素分解が抑えられ、うま味成分のアミノ酸が適量に増える。さらに味噌の成分のアミノ酸が近江牛肉に加わり、熟成により軟らかい肉となる。その結果、増えたアミノ酸と塩分の相乗効果により、生肉の美味しさに比べて一層、美味しい肉が出来上がっている。牛肉に含まれる脂肪の一部は味噌のほうへ移動するので、肉の脂肪によるしつこさが緩和して味わえる。美味しい食べ方は、肉の表面の味噌を除いた、網焼きがよい。網が焼きの際、味噌のもつ香りは、食欲の増進に影響している。

> 知っておきたい豚肉と郷土料理

銘柄豚の種類

❶藏尾豚（藏尾ポーク、バームクーヘン豚）

近江の鈴鹿山系の麓のストレスのない自然豊かな日野で飼育している。健康的なブタとして成育するように、豚舎は常に衛生的に保っている。美しい甘みのあるサシ肉になるように、投与する飼料は独自で調製している。また、老舗菓子店のバームクーヘンも飼料の一部として与えている。別名「バームクーヘン豚」といわれている。仔豚は、通常6か月の飼育で出荷するが、藏尾ポークは約8か月の間、飼育してから出荷する。2か月間の飼育期間を延長している間に、独自に調製した飼料を投与し、肉質のうま味や脂肪の質も調整する。糖質、甘味物質、脂肪なども餌となっているので、肉の霜降りの状態がよく、脂肪に甘味がある。品種は明らかでない。

❸蒲生野フレッシュポーク
1997（平成9）年にブランドの認知を受けている。品種は（ランドレース×大ヨークシャー）×デュロックである。うま味があり軟らかい肉質。出荷日齢は180日。飼料環境はストレスの無いように、さらに衛生的良好な環境で飼育されている。

豚肉料理と加工品

豚肉の料理はトンカツ、しゃぶしゃぶ、生姜焼き、ソテー、串焼きなどのよく知られている料理の他に、次のような滋賀県にある料理または加工品がある。

- **藏尾ハム・ソーセージ**　一つひとつの工程はすべて丁寧な手作りである。「藏尾ボンレスハム」はあっさりしていて赤身肉の風味とうま味を最大限に引き出せるように丁寧につくっている。「藏尾ロースハム」は脂身の甘みを引き出すように作っている。
- **滋賀県産近江豚バラ肉**　創業大正10年からの近江牛専門店の「かねきち」という食肉業者が、滋賀県産のブタを一頭買いし、これを「滋賀豚」という名称で販売している。とくに、脂身の多い三枚肉の「近江豚バラ肉」をスライスして流通させている。やきそば、お好み焼き、鍋の具として利用される。豚のバラ肉を串にさして、辛めのたれを付けた串焼きは「激辛豚バラ串」として賞味されている。
- **豚丼**　調理した豚肉をご飯の上にのせた丼もの。北海道の郷土料理を参考にして滋賀県のそれぞれの食堂やレストランが工夫した丼ものである。タレには北海道のタレを参考にして独自のものを作っている店もあれば、市販の焼肉のタレをアレンジしたものもある。居酒屋、ラーメン店、そば店、一般の食堂などで提供している。
- **炭焼き豚丼**　彦根、近江八幡、信楽の郷土料理。丼ご飯の上に炭火焼きした豚肉をトッピングしたもの。

知っておきたい鶏肉と郷土料理

近江しゃも（しゃも系の交配種）、近江黒鶏（おうみこっけい）（ロードアイランドレッドを主体とした交配種）、近江鶏（おうみけい）（チャンキーを主とした交配種）がある。

❶近江しゃも
じっくりと長期間の飼育により歯ごたえのある肉質。

❷近江黒鶏
　酵母や有用菌を添加した飼料を投与して飼育。うま味と歯ごたえがある。
❸近江鶏
　平飼いと低カロリーの飼料の給与により保水性と歯ごたえのある肉質がつくられている。

地方色のある鶏料理

とんちゃん丼（大津、坂本、比叡山）、つくね（彦根、近江八幡、信楽）、親子丼（長浜、小谷、竹生島）などがある。

知っておきたいその他の肉と郷土料理・ジビエ料理

- **鴨鍋（鴨すき）**　琵琶湖の湖北に位置する長浜の名物料理で、鴨料理を提供する店は20店もあり、家庭でも用意する郷土料理である。冬の天然のカモは、身肉も締まり、冬の寒さから守るための脂身は甘い。琵琶湖周辺のマガモ猟で捕獲した鴨肉は、昔から貴重なたんぱく質源として重要であった。天然のマガモの保護から、現在は人工的に飼育しているマガモを使用している。昆布だしと薄口醬油の汁で鴨肉や野菜、豆腐を牛肉のすき焼きと同じように煮込んだ料理である。鴨鍋は煮過ぎないで食べる。表面の色が変わった程度で食べるのがよい。
- **鴨の骨のたたき**　カモを料理するときには、カモの首を絞める。この、肉もついている首をミンチにして、鴨鍋に入れると、鴨鍋のだし汁にコクがでて美味しくなる。
- **イノシシ料理**　イノシシ鍋、牡丹鍋など。日野産の天然イノシシ料理が人気であり、県内にはイノシシ鍋を提供してくれる店が30店以上ある。

滋賀県のジビエ料理

琵琶湖を囲むように山地があるので、当然、野生の鳥獣類（主なものとしてクマ、シカ、イノシシなど）が棲息している。野生の鳥獣類による山の環境破壊や田畑の農作物の被害は、滋賀県も他県と同様に深刻な問題である。しかし、古くからの野生の鳥獣類の利用が残っているものもある。たとえば、琵琶湖に飛来するカモもジビエ料理の対象となっていた。琵琶湖に飛来するカモを使った長浜市や多賀町の「鴨すき、鴨鍋」は、古くからこの地方の重要なたんぱく質供給源であった。山間の宿で楽しめる「熊鍋」は、脂ののった熊肉を利用したもので、体を温める食材だったらしい。

シカによる被害は、近年になって深刻化し、捕獲してシカ肉のカレーを開発し、給食に使っているところもあると聞いている。

現在のジビエ料理　長浜市や多賀町には鴨すきや鴨鍋が受け継がれている。大津市には冬眠前の熊肉を使った熊鍋が受け継がれている。日野町や高島市には農作物を荒らすシカを捕獲し、シカのカレーなどに活用している。滋賀県内のところどころに、味噌仕立てのイノシシ鍋を提供する店がある。

26・京都府

牛しぐれ煮

▼京都市の1世帯当たりの食肉購入量の変化 (g)

年度	生鮮肉	牛肉	豚肉	鶏肉	その他の肉
2001	39,559	11,316	12,989	12,371	1,427
2006	38,028	9,856	13,678	11,905	1,393
2011	47,009	9,344	17,898	16,285	1,156

　京都の町は、794～1868年の間、都が置かれた地である。そのために、現代の京都には、皇室や公家、大社寺が残した伝統文化が多く伝わっている。古い伝統のある土地の住民には、他の地域にない独特の気質がみられる。

　京都府の中心の「京都」は、昔は「京」といっていた。「京」とは、首都という意味があった。「都」には「人が多く集まる」の意味があったので、平安京（794年に長岡京から移って1868［明治元］年に東京へ移るまでの都）がより一層繁栄することを願って、「都」という文字をつけて「京都」とよばれるようになった。

　京都府は、京都盆地を除けば、領域の大半は山地で、農地は少なく限られた土地で栽培される米と、京野菜といわれている伝統野菜に特徴がある。若狭湾や丹後半島の沖合の日本海の魚介類が沿岸部では利用しているが、海から離れている京都には若狭湾の魚介類は塩蔵されて運ばれ、公家や社寺の食材となっていた。

　京都府のホームページによると、京都のウシについては、1310年に描かれたわが国最古の和牛書『国牛十図』という書物に「丹波牛」がとりあげられている。京都府の現在の代表的銘柄豚の開発は、1983（昭和58）年に京都畜産技術センターによってはじまり、（ランドレース×大ヨークシャー）×デュロック系統の三元交配豚を作り出した。京都府の丹波地方は、四季折々の豊かな自然、豊富な良質な水分、ストレスの少ない環境がウシやブタの飼育（肥育）に適しているといわれている。

　京都府の中心である京都市は、平安時代には、政治ばかりでなく日本文

化の中心として発達した。京都市の周囲の山々は緑に繁る樹木と川の流れがあり、四季折々の自然の風景を楽しませてくれる。京料理は京都の四季折々に情景に合わせた客へのもてなしとして発達した。また江戸時代中期から海から遠い京都では新鮮な魚介類が入手しにくく、そのために庶民の日常の暮らしの経験から、野菜や魚介類の乾物を利用した京都庶民の日常のおかずの「おばんざい」が発達した。また、寺院の多い京都では精進料理や仏教の教えに従い、食肉を利用した料理は少ないが、一方で「丹波牛」とか、丹波に棲息するイノシシの肉や鶏肉などが利用されていた。

　総理府刊行の「家計調査」を参考に、2001年度、2006年度、2011年度の京都市の1世帯当たり食肉購入量を考察すると、2011年度の近畿地方の生鮮肉購入量は47,000g／1世帯、2011年度の京都市の購入量は47,009／1世帯で、両者の間にはほとんど差がなかった。京都市の1世帯当たりの2001年度、2006年度の生鮮肉購入量は近畿地方全体の1世帯当たりの食肉購入量に比べると少ない。牛肉、豚肉、鶏肉の各年度の購入量は、近畿地方のそれと比べても少ない。2011年度の鶏肉の購入量は近畿地方の鶏肉のそれと比べると増加している。

　生鮮肉の購入量に対する食肉の購入量割合をみると、2011年度の牛肉の購入量は近畿地方のそれよりも多いが、2006年度、2011年度は減少している。とくに2011年度が減少している。豚肉については、2001年度の購入量の割合は、近畿地方の2001年度より10ポイントも少ないが2006年度、2011年度は増加している。鶏肉については、各年とも京都市の購入量の割合は、近畿地方全体の1世帯当たりのそれより0.4～1.2ポイントも少なくなっている。

　関西域であるので、関東地方や東北地方の牛肉の購入量、あるいは生鮮肉の購入量に対する牛肉の購入量の割合に比べ、多くなっている。

　京都府の北部の大半は丹後山地・丹波高地で、山間に福知山盆地・亀岡盆地があり、山の麓や盆地を利用して、ウシの飼育、養豚、養鶏が行われている。山地には野生の鳥類や獣類が棲息している。京料理の特徴は「だし」や京野菜を主体に考えるが、食肉の中では牛肉料理が多い。カツレツでは、関東では豚肉のトンカツを食べる。これに対して京都は「牛肉のカツレツ」（ビーフカツレツ）を食べる。近江牛を使った高級料理店もある。

知っておきたい牛肉と郷土料理

銘柄牛の種類　前にも述べたように、京都地区の食用としてのウシの歴史は、1310（延慶3）年に描かれた我が国最古の和牛書「国牛十図」に、「丹波牛」が紹介されている。

❶京都肉

京都府のホームページによると「京都肉」は次のように定義づけられている。すなわち、京都府和牛という場所で飼育されている黒毛和種であり、京都府内で最も長く飼養されていること。京都市の中央卸売第二市場において食肉加工されたもの。(公社) 日本食肉格付協会の枝肉格付けが A5、B4 であること。

❷亀岡牛

この和牛は京都府の自然に恵まれたのんびりした田舎町（亀岡）で飼育されているもの。亀岡地域の緑豊かな大地と綺麗な空気、美味しい水に恵まれた土地である。亀岡地域の気温の差が、飼育中にウシの身を引き締めるのが美味しい肉を生産する理由であるといわれている。1985（昭和60）年にブランド化されたストレスのない環境で飼養された黒毛和種。亀岡は夏と冬の温度差が35℃もあり、この環境が身肉の締まった肉質を作り上げるのに適しているといわれている。亀岡市内で、14か月以上肥育され、亀岡市食肉センターで屠殺されたものである。

❸京たんくろ牛

京都丹後地方で、㈱きたやま南山と（農）日本海牧場が開発した銘柄牛。品種は短角牛。うま味があり、赤身肉に霜降りが存在している。

牛肉料理　ステーキ、すき焼き、しゃぶしゃぶなど牛肉料理全般に広く利用されている。明治時代から営業している老舗の日本料理店の牛肉料理は、しゃぶしゃぶの提供が多いようである。京都市内には焼肉の店が多い。

京都のすき焼きには、牛肉の他の野菜に、ダイコンを入れる店と入れない店がある。

部位別料理　肩ロース（すき焼き、しゃぶしゃぶ）、牛ほほ肉（煮込み）、牛バラ肉（煮込み）、牛かた（焼肉）、牛リブロース（ビーフステーキ）、牛サーロイン（ビーフステーキ、しゃぶしゃぶ、ローストビーフ）、す

ね（煮込み）など。
- **牛佃煮** 京都の牛肉の佃煮は絶品（三嶋亭）。
- **料亭の牛肉料理** 時雨煮、肉叩き、肉さしみ、しゃぶしゃぶ、冷しゃぶ、網焼き、ステーキ、すきやきなど。

知っておきたい豚肉と郷土料理

銘柄豚の種類 京都ポーク、京丹波高原豚、京丹波ポーク、加都茶豚などがある。また、環境汚染のリスクがなく、費用や電気や火力などのエネルギーを節約して作る「エコフィーした」と明記している場合もある。京都ポーク・京丹波ポークは精肉として流通し、惣菜に使われている。ハム・ソーセージの原料となっている。

❶京都ポーク

1983（昭和58）年から京都府畜産研究所（現・京都府畜産技術センター）が地域銘柄豚肉の開発に取り組んだ。その結果、3種類の優良な系統豚（ランドレース種・大ヨークシャー種・デュロック種）を組み合わせた、繁殖力、食味、肉質などの調査を何度も繰り返して作り上げた三元豚である。飼養に当たっては、緑豊かな丹波の自然の中で、京都府の農家が特別な飼育管理マニュアルに基づいて、丁寧に飼養している。品質の高い肉質のブタに育てあげるために、大麦を配合した栄養のバランスのよい指定飼料を給与してじっくり育てている。京都ポークの肉質は、軟らかく、うま味・甘みを存分に味わうことができる。

エコフィード（食パンの耳、袋詰めパン、菓子パンなど）を給与した京都ポークもある。エコフィードとしては、生産者が自ら収集したパンや菓子のくずを配合飼料に30％以上混合して給与している。エコフィードの給与により肉の甘みは増え、軟らかい霜降り肉となっている。

❷京丹波ポーク

京都ポークのなかで、京都府船井郡京丹波町の岸本畜産が飼養し、出荷したブタを「京丹波ポーク」とよんでいる。とくに、パンや菓子を50％以上混合した独自のエコフィード（基礎飼料は大麦、圧ぺん大麦、小麦製品、芋などからなる）を給与して育成し、「エコフィードによる京丹波ポーク」と区別している。京都ポークと同様に精肉として流通し惣菜の材料となっている。ハム・ソーセージなどの加工の原料にもなっている。京丹

波町の名物料理の「焼きうどん」に使われる。
❸京丹波高原豚
　㈲日吉ファームが、自然豊かで、ストレスのない丹波高原の中で飼養した三元豚（大ヨークシャー×ランドレース×デュロック）である。丹波高原は夏と冬の気温の差が大きく、また、1日の中でも朝と夜の気温の差が大きい。気温の差の厳しい環境のもとで飼育するので、ブタ自体は強く育ち、締まりのある肉質が形成される。投与する基本飼料は、米や小麦、大麦を配合したものである。エコフィードとしてパンを基本飼料に対し50％を配合している。なお、基本飼料の中の米の配合割合は10～20％であることが特徴である。

　エコフィードを与えることにより、肉色は浅く鮮やかで、美しい霜降りの肉質で、甘みがあり、軟らかい。
❹京丹波高原豚のバラ肉（三枚肉）
　「肉のモリタ屋」は京丹波高原豚を一頭買いし、バラ肉のブロックを販売するなどの特徴ある精肉店である。バラ肉のブロックは、角煮、紅茶煮の最適の材料である。このバラ肉からは、非常に軟らかい角煮や紅茶煮ができる。
❺加都茶豚（カトチャトン）
　㈱グリーン・ファームが京都府相楽郡南山城村の上仲製茶の茶葉（宇治茶）を加えた飼料を与えて飼養しているブタ（WLDの三元豚）である。茶葉に含まれるポリフェノールの機能性（抗酸化作用、抗がん作用、抗菌・抗ウイルス作用など）を期待して、茶葉を加えた餌を投与している。また、静かな山並みと茶畑に囲まれた南山城村の環境は、ストレスが無く澄んだ空気の環境の地域で、茶葉が加えられた飼料を食べ、健康なブタに成育している。もちもちと軟らかく、しっかりした食感をもっている。しゃぶしゃぶ、豆乳しゃぶしゃぶ、鉄板焼き、寄せ鍋などの食べ物がある。
❻京のもち豚
　京都ポーク、加都茶豚はしっかりした歯ごたえを示すことから「京のもち豚」といわれ、精肉として惣菜に利用するほか、ハム・ソーセージの原料としても適している。

豚料理　だしのうま味を基本とする京料理店の豚肉料理はさっぱりした食感のしゃぶしゃぶを提供するところが多い。

- **肉じゃが**　水兵さんの栄養食、肉じゃがは舞鶴発祥ともいわれている。明治期に、海軍の舞鶴鎮守府が置かれ軍港として発展した。初代司令長官の東郷平八郎が、肉じゃがを入れた"肉じゃがパン"もある。今も当時の軍需品の保管庫の赤レンガ倉庫が残る。旧軍港4市（舞鶴、呉、佐世保、横須賀）交流会としての「グルメ交流会」がある。

知っておきたい鶏肉と郷土料理

奥丹波どり（♂コーニッシュ×♀白色ホワイトロック）、丹波あじわいどり（♂コーニッシュ×♀白色ホワイトロック）がある。

❶奥丹波どり

京都、兵庫の山間で特別な天然飼料を与え、平飼いされている。甘みがあり、脂肪分が少なく、鶏肉の特異な臭いが強く感じない。

❷丹波あじわいどり

福知山地域で特別に配合した飼料を与え、平飼いしている。脂肪分が少なく、シャキッとした食感の肉質。

鶏肉料理　水炊き（上京区の「西陣鳥岩楼」）、焼き鳥（北区の「わかどり」）、鶏料理全般（「金の鶏」京都駅本店 鶏料理）。

知っておきたいその他の肉とジビエ料理

京丹後地域では、イノシシやシカが捕獲され、宿泊施設ではイノシシやシカの料理を提供している。

京都市内にはイノシシ料理を提供する店は約20軒ある。主として牡丹鍋が多い。懐石料理に使う店もある。

- **猪肉（牡丹鍋）**　猪肉は豚肉と同じように扱っている。三枚肉のように脂肪組織層と赤身肉層がはっきりしている。脂肪層の多い肉である。イノシシ鍋だけでなく、角煮、炒め煮、酢豚風に調理して食べる。また、バーベキューの食材となっている。
- **鹿肉**　牛肉の赤身肉と同じように扱うことができる。脂肪層は少なく、赤身肉が多い。バーベキューの食材として利用されることが多い。たんぱく質は豊富であるが、エネルギーが小さいのでヘルシーな食材として注目されている。鞍馬口や美山町にはぼたん鍋を提供する店が多い。京丹波地区では、シカ肉は高タンパク質で脂肪の少ない健康によい肉とし

てアピールしている。たんぱく質含有量は牛肉や豚肉の1.5倍、エネルギー（カロリー）は牛肉や豚肉の3分の1、脂肪は25分の1である。とくに、京丹波の野生のシカ（ホンシュウシカ）は、北海道のエゾシカに比べても脂肪は少ない。京丹波のシカ肉の赤身の色は鉄を含むミオグロビンの含有量が多く存在していることによる。したがって、鉄分の含有量は多い。

27・大阪府

▼大阪市の1世帯当たりの食肉購入量の変化 (g)

年度	生鮮肉	牛肉	豚肉	鶏肉	その他の肉
2001	42,081	12,229	14,463	11,760	1,829
2006	38,517	9,872	14,886	11,392	1,291
2011	44,858	9,749	17,664	14,483	1,563

　「食の都」「食い倒れの大阪」といわれているほど、大阪の人々は安価で美味しいものを見つけるのが得意のようである。畜産農家は兵庫県や京都府に比べると少なく銘柄牛や銘柄豚、銘柄鶏の種類は多くないものの、大阪府で栽培・生産される農産物、畜産物、林産物、大阪湾で採取され大阪府内の漁港や魚市場に水揚げされる水産物が多く、比較的手ごろな値段で美味しい食べ物を入手できる。また、大阪の特産物として全国に知られているものが多い。

　大阪の食べ物には、たこ焼き、きつねうどん類、お好み焼き、焼肉、串揚げなどB級グルメに取り上げられる食べ物についてはよく知られている。また、東京では高価な値段の「フグ料理」が庶民的な価格で食べられるという、金額的には魅力ある料理もある。一方で、東京で高級料理店として構えている「吉兆」や「なだ万」の発祥の地は大阪であることから、大阪の料理には日本料理の最高峰の位置にあるといえるものもある。上記の表は2001年度、2006年度、2011年度の総理府の「家計調査」による大阪市の1世帯当たりの食肉の購入量である。2001年度、2011年度の大阪市の1世帯当たり生鮮肉購入量は、近畿地方全体の1世帯当たりのに比べると両者とも961g少ない。しかし、2006年度の大阪市の生鮮肉の購入量は、近畿地方の購入量に比べると4,811gも少ない。2006年度の購入量の減少の原因については明らかではないが、牛肉の購入量に関係がありそうである。2011年度の大阪市の1世帯当たり牛肉購入量は少なくなっているが、豚肉と鶏肉の購入量が多いので、生鮮肉全体の購入量が少なくならず、近畿地方の生鮮肉の購入量との差があまり大きくなかったと思われる。

大阪市の肉を使った郷土料理には、肉吸い、お好み焼き（ぽてじゅう）、どて焼きがある。また、焼肉、焼き豚、ホルモン料理など勤め人も利用しやすい食べ物の店が多い。

　大阪市の各年度の生鮮肉に対する牛肉の購入量の割合は、近畿地方全体に比べて多い。各年度の大阪市の豚肉の購入量の割合も近畿地方に比べて多い。一方、鶏肉の購入量の割合は近畿地方に比べて減少している。大阪市を中心とする近畿地方には牛肉志向によるものと思われる。大阪の食肉文化においては、鯨肉を利用した「はりはり鍋」がある。クジラは、生物学的分類では哺乳類に属するものとして取り扱われている。大阪の「はりはり鍋」はよく知られている料理である。その他の肉には鯨肉も含まれていると思われる。

知っておきたい牛肉と郷土料理

銘柄牛の種類　大阪府の近県には、兵庫県の神戸ビーフや但馬牛、滋賀県の近江牛など全国に知れ渡っている銘柄牛があるのに対し、地場産業の梅酒漬けの梅の有効利用として開発した「大阪ウメビーフ」があるのみである。

❶大阪ウメビーフ

　牛の肥育に必要な飼料の中に、地場産業の「チョーヤの梅酒梅」（大阪府南河内）の酒漬け製造の際に残る梅を混ぜる。肉牛の肥育や食味改善に関する研究の結果、誕生した肉牛である。肉牛の品種は黒毛和種、ホルスタインと黒毛和種の交配種である。生産者は大阪ウメビーフ協会で、2002（平成14）年に特許庁は商標登録の出願をしている。1頭に対して1日当たり1kgの漬け梅を、6か月以上給与する。給与する漬け梅は、果肉をつぶさないで硬い種子（核）を潰すように加工する。この漬け梅には、食物繊維、クエン酸、オリゴ糖、約14％のアルコールを含む。これらの成分により食欲増進や整腸作用により健康なウシに育てあげている。精肉の味は、あっさりしていると評価されている。梅の実に含まれる食物繊維が胃腸の働きを順調にする働きがあるので、健康なウシに育てることができるといわれている。

　ほとんどが精肉専門店での販売で、消費者には人気があると伝えられている。

牛肉料理　鉄板焼き、網焼き、炭火焼などがある。

- **すき焼き**　大阪市を中心とする関西地方の牛肉すき焼きは、江戸時代前期の「鳥のすき焼き」がルーツといわれている。農機具の鋤の上で焼くから「すき焼き」といわれているように、牛肉を焼いてから、「だしたまり」(現在のタレ)につけて食べる。関東はすき焼き鍋に牛肉やその他の具を入れてタレまたは「割りした」で煮込んだものと区別されている。
- **しゃぶしゃぶ**　最上の牛霜降り肉を薄くスライスして、熱した湯の中を"しゃぶしゃぶ"と潜らせて肉の表面が色付き味わいが広がった時に引き上げて胡麻だれを漬けていただく。1910(明治43)年開店の「(永楽町)スエヒロ本店」の店主が、おしぼりを洗う音をヒントに命名したといわれている。
- **清涼煮**　しゃぶしゃぶの要領でいただく料理で、しゃぶしゃぶの肉より厚めの肉を使い、少し煮る感じで料理する。たれは、胡麻だれと、大根おろしにポン酢と卵黄を加えた黄身おろし。
- **肉吸い**　「肉吸い」とは、肉うどんからうどんを抜いたもので、かつお節や昆布からとっただしに、牛肉と半熟卵を入れた大阪名物。豆腐を入れることもある。うどんのだしに肉(牛肉)が入っているので「肉の吸い物」または「肉吸い」とよばれている。難波千日前にあるうどん店「千とせ」が発祥といわれている。芸能人が二日酔いの際の軽い食事として「肉うどんのうどん抜き」を注文したことから、このうどん店のメニューとなったらしい。
- **どて焼き**　「どて焼き」とは、牛スジ肉を味噌やみりんで時間をかけて煮込んだものである。すなわち、鉄鍋の内側に味噌を塗り、その中央でまず具材を焼き、熱により溶けだした味噌で煮込む。鉄鍋の回りの味噌の盛り方が土手のようであることから「どて(土手)鍋」といわれている。単に「どて」ともいうことがある。
- **串かつ**　牛肉に衣をつけて揚げたもので、大阪名物の串揚げの仲間。
- **御堂すじ**　軟らかく煮込んだ牛スジ(串に刺す)を、ニンニク醤油で煮込み、最後にカレーパウダーをふりかけて食する。

- **オムライス** オムレツと炒めご飯が合体した大阪生まれの洋食。1926(昭和元)年創業の心斎橋の明治軒が発祥といわれている。このお店のオムライスはチキンライスではなくて牛肉が使われる。長時間煮込んだ牛肉をミンチにして、玉ねぎとライスとともに炒め、オムレツで包み、特製ソースを掛ける。

知っておきたい豚肉と郷土料理

銘柄豚の種類 「犬鳴ポーク」は大阪府唯一の銘柄豚で、品種はバークシャー種(黒豚)か交雑種(バークシャー種×デュロック種)。精肉は泉州でしか販売していない。大阪・泉州の銘柄豚ともいわれている。エコフィードを給与して飼養している。インターネットの「食べログ」には、しゃぶしゃぶや焼肉で食べさせる店が多い。

❶犬鳴(いぬなき)ポーク

大阪府の銘柄豚には、「犬鳴豚」のみが生産され、流通している。㈲関紀産業の養豚場で肥育している。「川上さん家の犬鳴豚」で商標許可を得ている。良質な餌を投与して肥育し、美味しい豚肉を生産している。

豚肉料理 串焼き、焼きトン、トンカツ、しゃぶしゃぶ、ホルモン焼き、煮込み料理などが多い。とくに大阪は焼肉店が多く、材料として豚肉や内臓(ホルモン)が使われている。焼肉店では、ランドレース種、大ヨークシャー種、中ヨークシャー種、バークシャー種、デュロック種などいろいろな品種のブタを利用している。しゃぶしゃぶは大阪が発祥の地といわれているが、もともとは島根県のすき焼きをヒントに考案した食べ方である。大阪が発祥といわれているものには、しゃぶしゃぶの他に、たこ焼き、親子丼、オムライスがある。

- **お好み焼き、ぽてじゅう** お好み焼きの具、「ぽてじゅう」をつくるときに上下の生地にスライスした豚肉を挟めてお好み焼きのように焼いたもの。生地の間に挟めるのは、豚肉だけではなく、イカやタコなども使われる。
- **ホルモン料理** ブタの内臓(腸管、肝臓、心臓)だけでなく、ウシの内臓の串焼きや煮込みがある。
- **串カツ** 揚げる油はラードとヘットを調合。特製ソースを付けても良いが、辛子酢、醤油、ニンニク入りマスタード、山椒塩、レモンなど揚げ

た素材によって使い分ける店もある。
- **ネギ焼き** 刻みネギをたくさん入れたお好み焼きで、豚バラをトッピングして焼き、レモン汁を少しかけ、醤油味で食べる。

知っておきたい鶏肉と郷土料理

現在のところ、大阪府では銘柄鶏は開発されていない。
- **屋台焼肉** 牛肉、豚肉、鶏肉、ラム肉を焼いて食す。牛肉、鶏肉、豚肉、ラム肉などの魅力を楽しませる屋台。味噌だれ、塩だれ、ポン酢だれなどで食す。「屋台焼肉」は、15～25坪の規模で効率よく儲ける仕組みとなっている。大きな焼肉店では真似のできないメニューを提供できる利点のある小規模店である。

知っておきたいその他の肉と郷土料理・ジビエ料理

- **はりはり鍋** 大阪の鍋料理の一つ。くじら料理、たきたきともいう。西玉水（日本橋）が有名。安くて美味しい物をこよなく愛する"食い倒れの街"大阪、今では高級料理となってしまった鯨料理も以前は庶民の食べものだった。鯨肉と水菜を組み合わせた鍋料理である。昆布だしに薄口しょうゆを加えた鍋に鯨肉と水菜を入れ、水菜のしゃきしゃき感（はりはりしている感）を楽しむ。肉と一緒に生姜汁でいただく。鯨専門店では提供する料理。
- **ころの味噌鍋** クジラの皮下脂肪から油を取ったあとで、コロコロしているので"ころ"という。関東炊きに欠かせない具。水で戻したころを1cmくらいに切り、豆腐とささがきごぼう、糸こんにゃく、キノコ類を入れて味噌で煮て、最後に水菜を入れる。溶き卵につけながらいただくとなおよい。
- **さらし鯨の辛子味噌和え** 大阪の夏の食べ物。クジラの尾びれの皮下脂肪を薄く切って茹で、脂肪を除き、氷水に取り冷やし、きゅうりの薄切りと一緒に辛子酢味噌で和える。（茹でる前は）雪のように白いので"尾羽雪（おばゆき）"といい、これがなまって"おばけ"ともいわれる。

大阪のジビエ料理 大阪ではイノシシやシカの捕獲がなく、兵庫県や京都府、あるいは和歌山県などの各地から取り寄せたジビエ料理の店が多い。ジビエといわずにマタギ料理として提供し

ている店もある。大阪のジビエ料理あるいはマタギ料理の店は、ジビエのフランス料理、イタリア料理を提供する店が多く、いわゆる日本の猟師料理といわれるものを提供する店は存在しない。

　大阪のNPO法人が、ジビエの利用を担当している公的機関の部署の依頼によりジビエ食用化を考えている。現在のところ、シカ肉を入れたレトルトカレー、コロッケなどにすることにより、少しずつシカ肉の利用が普及している。

28・兵庫県

加古川かつめし

▼神戸市の1世帯当たりの食肉購入量の変化 (g)

年度	生鮮肉	牛肉	豚肉	鶏肉	その他の肉
2001	41,162	11,594	13,811	12,709	1,203
2006	40,405	9,176	14,874	12,873	1,404
2011	43,240	9,636	15,478	13,846	1,616

　兵庫県は、中国山地の東端の山々を境に、淡路島を含む瀬戸内海に面している地域、日本海に面している地域、瀬戸内海と日本海の間の山地と、大きく3地域に分けられる。それぞれ、気候、風土、農産物や水産物の種類も異なる。

　兵庫県は但馬牛が三田牛などの古くからの銘柄牛となるばかりか、三重県の松阪牛の幼牛となっている。また、兵庫県の一部の丹波地方の山々には野生の鳥獣が棲息し、これは、丹波地方のマタギ料理や郷土料理となっている。高地地域は、良質の牧草が育ち、畜産が盛んである。神戸牛、但馬牛、三田牛などの肉牛の銘柄牛が多く、ブロイラー、鶏卵、牛乳の生産も多い。山地の丹波地方は、マツタケや丹波黒（黒大豆）の産地であるが、ジビエの材料の野生のイノシシの棲息も多い。兵庫県の瀬戸内海・日本海・山地には全国的に知られている肉牛以外の銘柄食品も多い。たとえば、瀬戸内海ではアナゴ、マダイが水揚げされ、イカナゴの佃煮（くぎ煮）は各家庭で作ることでも知られている。日本海ではズワイガニ、スルメイカが水揚げされるが、近年ハタハタやホタルイカも水揚げされる。

　兵庫県の県庁所在地である神戸市は、1868（慶應3）年の開港以来、多様な外国文化をとりいれ、独自の生活文化や食文化、商業施設などを築き現在にいたる。古くて新しい街として若者に人気がある。1995（平成7）年の阪神・淡路大震災で受けた大きな被害は、市民一人ひとりの復興への努力により、被害を受ける前に比べて、市民の協力の力作として新しい神戸が誕生した。

　世界的な知名度のある銘柄肉牛が県内にあるにもかかわらず、神戸市の

1世帯当たりの各種食肉の購入量に関しては、年度による著しい差がみられない。

　神戸市の1世帯当たりの生鮮肉の購入量に対する各食肉の購入量の割合を求めた結果、牛肉の購入量は、2001年度が28.2％、2006年度は22.7％、2011年度は27.3％であった。2011年度の近畿地方の牛肉の購入量の割合は20.7％であり、神戸市の2011年度の牛肉の購入量は、近隣の購入量より多くなっている。2006年度の生鮮肉、牛肉の購入量減少はBSEなどの牛の感染症や鳥インフルエンザなどの感染が影響していると推測している。鶏肉の購入量の割合は、どの年度も近畿地方と神戸市の購入量の割合がほぼ同じであった。豚肉についても、神戸市の1世帯当たりの購入量の割合は、近畿地方の購入量の割合と著しい差はみられなかった。近畿地方は牛肉文化といわれているが、豚肉や鶏肉の購入量が多い傾向にある。すなわち、日常生活での食肉の利用は、豚肉や鶏肉が多いと考えられる。

知っておきたい牛肉と郷土料理

銘柄牛の種類

❶但馬牛（たじまうし）

　神戸牛や近江牛などいろいろな銘柄牛の素牛となっている。黒毛和牛。繊細な肉質と独特のうま味がある。神戸牛や松阪牛の名で知られている肉牛は、但馬地方で生まれたウシ（但馬牛）を全国各地の肥育家に運び、受けた肥育家は各地で丹精こめて肥育し、その結果、高級和牛になる。産地ごとに気候や風土、育て方、餌などが異なるので、肥育されたウシは産地による食感や風味に違いがでてくるのである。つまり銘柄牛の誕生のスタートは但馬牛となる。牛肉は、それを食べる人を幸せにしてくれる。但馬牛の特徴は筋肉の中に脂肪のサシが入っている「霜降り」肉を形成していることである。食べると、舌の上で溶けて、肉本来の味と香りが溶けあって、うま味が発現するのである。

　但馬牛の産地の但馬地方は、兵庫県の北部に位置し、兵庫県内の高く連なる山々に囲まれたのどかな場所である。日本海の海岸線近くから急な絶壁から山となり、平地は少ない。平地は河川や盆地の周辺だけである。冬は雪が多く寒く、夏はフェーン現象のために気温が高くなる日も多い。現

在、兵庫県内で生産された黒毛和種の和牛をいい、「食肉流通推進協議会」が決めた格付基準により、歩留まり等級が「A」または「B」で、品質等級が「5」または「4」のものであることとされている。兵庫県但馬地方でのウシの飼育についての記録が残っているのは、平安時代初期に編纂された勅撰史書の『続日本紀』(797年撰進、697～791までの編年体の史書)において「牛は農耕、運搬、食用に適する」ということが記載されている。とくに、中世(12世紀末～16世紀末)には食用として利用された。江戸時代以前には、但馬地方では田畑を耕したり、運搬などの役牛として使っていた。ウシは長命で繁殖力が強いことから、ウシの生産が盛んに行われていた。明治時代に入り、神戸、横浜で人気だった牛肉が但馬牛だった。現在の但馬牛は、兵庫県美方郡香美町小代区で生まれ、育った名牛「田尻」号の血統を受け継いでいるもので、1898(明治31)年以降に外国種の牛と交配されてできた血統のウシは受け継がれていない。但馬牛の肉質・資質がよいことから各地方の銘柄牛の素牛としても利用されている。但馬牛で淡路ビーフブランド化推進協議会の基準を満たしている淡路島の淡路ビーフ、但馬牛で神戸肉流通推進協議会の基準を満たしていれば「神戸ビーフ」との呼称でもよく「但馬牛」と名乗ってもよいとのことである。「兵庫県産(但馬牛)」のうち、肉質が高く評価される牛肉は「神戸ビーフ」「但馬牛」のいずれの呼称でもよいことになっている。

❷神戸牛(神戸ビーフ)

兵庫県南部が産地。海外からの観光客に人気の肉牛。品種は黒毛和種。筋線維が細かく、こまやかなサシが入った最高級の「霜降り肉」を形成している。神戸ビーフは、兵庫県で生産された但馬牛から調製した枝肉が「神戸肉流通推進協議会」の基準を満たした場合に、「但馬牛(たじまぎゅう)」の呼称の代わりに「神戸ビーフ」という呼称が用いることができるということである。但馬牛のうち、歩留等級が「A」または「B」等級であることが但馬牛の基準であるが、神戸ビーフにはさらに次の基準が満たされていなければならない。

メスでは未経産牛、オスでは去勢牛であること。脂肪交雑のBMS値(脂肪交雑の基準で、赤肉にどれだけサシが入っているかを示す値)がNo.6(5以上はかなりサシが入っている)以上。枝肉重量がメスでは230～470kg、オスでは260～470kg。神戸肉流通協議会が認めたもの。

神戸ビーフのルーツは、役畜として買われていた小柄の但馬牛であった。この牛が改良を重ね、肉の断面に脂肪の霜降り（サシ）のある肉質ができるようになってから、本格的な肉用牛の飼養が始まった。「神戸ビーフ」「神戸肉」とよばれるようになったのは1980年代であり、安定した品質のよい肉質ができるようになったのは、1983（昭和58）年に「神戸肉流通協議会」が創設され、「神戸ビーフ」のブランド化にとりかかり、生産・消費・規格などの明確化に取り組んでからである。現在は、アメリカ合衆国ハリウッドでも神戸ビーフは普及しているとのことである。肉の美味しさを知る食べ方は、神戸のステーキ専門店のステーキであろう。

❸三田牛

　但馬牛として生まれ育った子牛を「三田肉流通推進協議会」が指定した三田市とその周辺の生産農家が、家畜事市場で入手し25か月以上飼養し、三田食肉センターで解体処理した月齢30か月以上の黒毛和牛を「三田牛」と定義されている。そして三田肉流通推進協議会の基準に合格した枝肉は「三田肉」といわれている。牛肉として流通している過程では、「三田肉」といい、飲食店などで提供している過程では「三田牛」の名が使われている。以前から「三田肉」「三田牛」の呼び名で通用していたが、特許庁に「三田肉・三田牛」の地域団体商標を申請していた。2007（平成19）年に特許庁から地域団体商標の申請が許可された。三田牛の一部は、神戸ビーフ（神戸牛）としてのブランドでの販売を目指して飼養しているものもある。三田地区は、四方が六甲山系をはじめとする山々に囲まれ、清澄な空気とミネラル豊富な伏流水に恵まれ、優秀な黒毛和牛を肥育する環境に適している。一日の気温の寒暖の差が大きいので、牛のからだを引き締め、良質の肉質が形成できる地域でもある。三田牛の美味しい料理は、地元の三田ネギと組み合わせた「すき焼き」が最高に美味しい。

❹淡路ビーフ

　但馬牛の枝肉のうち、淡路ビーフブランド化推進協議会が定めて品質評価基準に適合するものが認定される。もともとの但馬牛を淡路地区で最高の品質のウシに誕生させようとして、畜産農家と団体が取り組んで肥育した黒毛和種である。淡路ビーフブランド化推進協議会のもと、品質がよく、手ごろな価格の牛肉を生産した。現在では、「淡路島牛丼」という淡路島特産の淡路タマネギ、淡路米を使った牛丼を、島内の店で観光客を相手に

つくり、淡路島の名物となっている。

牛肉料理 但馬牛、神戸牛、三田牛の代表的食べ方はステーキ、すき焼き、しゃぶしゃぶ、焼肉などがあげられている。ステーキや焼肉は、サシの脂のあま味と赤肉のうま味、そして滑らかな食感を楽しめる。これらの加熱料理は余分な脂を除き、高級な天然塩でうま味を最高に引き出す牛肉の美味しい食べ方なのである。

- **淡路島牛丼** 兵庫県の淡路島のご当地グルメとして2006（平成18）年に企画・創作された丼ものである。淡路島の特産品の淡路タマネギと淡路島ビーフを炒め煮し、淡路島の米を炊いたご飯の上にのせた地産地消のご当地グルメ品である。島内の加盟店は、それぞれ味つけや盛り付けに特徴がある。淡路島を訪れた観光客のほとんどの人が食べるようである。
- **ぼっかけ** 神戸市長田区の名物料理で、牛すじ肉とこんにゃくを甘辛く炒めたもの。
- **ぼっかけうどん** うどんに"ぼっかけ"がのる長田の名物のうどん。"ぼっかけ"は、牛すじを甘辛く煮込んだ長田の郷土料理。うどんに"ぶっかけた"ことが転じて"ぼっかけ"とよばれた。
- **すき焼き** アキレス腱のすじ肉をいったん煮込み、お好み焼き風の具に使う。神戸、六甲、有馬地方の簡単な食べ物。
- **かす** 羽曳野の伝統料理。牛ホルモンを余分な脂が抜けるまで素揚げにしたもので、外側はカリカリで中はプルプルで香ばしい。甘辛に煮たかすをのせたうどんや具に使ったたこ焼きなどがある。羽曳野市は大阪と奈良を結ぶ交通の要所で食肉産業が盛んだった。
- **高砂にくてん** 牛すじとジャガイモを甘辛に煮て天かすなどと合わせて入れたお好み焼き。生地は薄めで広島のお好み焼きに近いが、モチモチしている。
- **加古川ホルモン餃子** 具にホルモンが入った加古川市のご当地グルメ。1cm角のタレに漬け込んだホルモンがごろごろと入っている。

知っておきたい豚肉と郷土料理

銘柄豚の種類

❶姫路ポーク・桃色吐息

姫路市の養豚農家が生産するこだわりの姫路育ちの三元豚である。ストレスの少ない清潔な施設で、普通より長い期間の飼育をする。そのために、脂肪の質はよく、適量の脂肪含有量となる。飼料はトウモロコシ、大麦、パスタ、洋菓子などエコフィードも加えながら独自のブレンド飼料を給与して、健康状態のよいブタを飼育している。脂肪はさっぱりとし、口溶けがよく、上品なうま味のある肉がつくられている。豚肉の臭みもなく、赤身肉と脂肪層のバランスもよく、女性にも人気の豚肉といわれている。

❷神戸ポーク

高尾牧場という牧場で飼育しているブタである。餌の原料となるトウモロコシ、パン、動物性の飼料、飲み水にも独自のこだわりをもって利用している。肉質の脂身の味がくどくならないように不飽和脂肪酸を含む飼料も給与している。筋肉の脂肪含量が少ないので、比較的さっぱりした上品な味の肉に仕上げている。品種はケンボロー×デュロック。㈲高尾牧場が飼育、生産。1981（昭和56）年に商標登録。

❸猪豚（ゴールデンポアポーク）

ゴールデンポアポークは、黒豚、デュロック、ゴールデン神出の交配により誕生した。飼料は、非遺伝子組み換えトウモロコシ・大豆を配合し、これに酒粕・緑草を混ぜて与え、約9か月間飼育している。いわゆる、イノシシとブタを交配して生まれた産直豚といわれ、両者の長所を受けついだイノブタである。餌の脂肪には、コレステロールを少なくするように、リノール酸が多くなるように工夫して与えているとのことである。

豚肉料理

銘柄豚も普通のブタも、豚肉の料理はトンカツ、しゃぶしゃぶ、照り焼き、焼肉、串焼きなどほとんど同じ料理である。特別に「桃色吐息」の食べられる店などと特定している店もある。カレーやトン汁、肉じゃがなどの煮込み料理にも使うが、特別に銘柄豚の肉でなければならないという家庭や店はない。

- **かつめし** 加古川のご当地グルメまたは郷土料理。皿のご飯の上にトン

カツ（またはビーフカツ）をのせ、特製たれかドミグラスソースをかけ、茹でたキャベツを添えたもの。
- **アグー皮付きベーコン**　沖縄のアグーを材料としたベーコン。皮がかたく、そのままでは食べにくい。しっかり焼いて皮の食感を楽しむ。

知っておきたい鶏肉と郷土料理

❶但馬鶏（しんせん但馬鶏）

但馬の大自然の中で、飼育密度を小さくして健康的に飼育した鶏。繊維質の多い植物性原料に限定した低カロリーの専用の飼料を給与し、飼育期間を長くしている。肉質は歯ごたえがあり、鶏肉特有の臭みがなく、コクがある。とくに、良質の雄どりのみに限定している。流通する鶏肉は、ドリップによる品質低下を抑えるために、特殊な冷却を施している。

❷但馬すこやかどり

抗生物質や栄養剤などを添加しないで、ハーブを加えた飼料を給与して、飼育している。鶏舎は徹底した衛生管理をし、HACCPやISO9001のプログラムに従った衛生管理をしている鶏舎で飼育している。

但馬鶏も「但馬すこやかどり」も㈱但馬が生産している。

❸丹波鶏

昔ながらの「かしわ」にこだわった鶏肉の生産を行っている。飼育法も解体の方法も昔ながらの丁寧な方法をとっている。飼料は、独自の天然の飼料を開発し給与している。流通している鶏肉は新鮮で、ジューシーさを保有している。

❹但馬の味どり

豊岡市日高町で飼育している白色コーニッシュ（♂）と白色ロック（♀）の交配種。HACCPなど衛生管理のプログラムを取り入れた鶏舎で飼育している。

❺松風地鶏

兵庫県三田地区で誕生し、飼育している鶏。

鶏肉の料理　焼き鳥（塩焼き、照り焼き）、炒め物、親子丼、肉じゃが、煮込み料理などの料理のほか、鶏そぼろ、ミートソース、オムレツ、オムライス、カツ、ハンバーグ、肉団子など細切れやミンチ肉としても使われる。

から揚げ、水炊きなどの鍋もの、串焼きに使われるほか、内臓はホルモン料理に使われる。

知っておきたいその他の肉とジビエ料理

兵庫県の丹波地方は、野生のシカやイノシシなどが棲息しているところで、この地域のマタギ料理は古くから知られている。野生のシカやイノシシが環境破壊や田畑を荒らすことから、野生の鳥獣類の保護の範囲内で捕獲が行われるようになると、マタギ料理やフランスやイタリアのジビエ料理の食材としての利用も増えた。

西播磨県民局では、西播磨地域で捕獲され適正に処理されたシカ肉はヘルシーな食材として市民にPRしている。たとえば、竜田揚げ、生姜焼きなどが提案されている。シカ肉は濃い赤色であるからヘム鉄を含む。そのために、ブタやウシの肝臓（レバー）と同じように、鉄分やそのほかのミネラル類が多い。赤肉はヘム鉄を含むと同時にたんぱく質含有量も多い。脂肪含有量は、牛肉の86分の1と少ないので、エネルギーは小さく、低カロリー（牛肉の3分の1）である。

- **鹿肉の料理**　西播磨県民局では、適正に処理された、脂肪が少なくたんぱく質の多いシカ肉を広く普及すべく、「にしはりまシカくわせ隊」を結成し、調理師学校の協力を得てシカ料理を開発し、県民に提供している。竜田揚げ、生姜焼き、ダイコンとの煮物、つくね鍋、ミートソース、酢豚、炒め物、ビビンバ、シカ団子などいろいろな料理に使われる。一般的で面倒でない料理は炭火焼きである。

❶ゴールデンポアポーク

前掲のいのぶた。品種はゴールデン神田×イノシシ×バークシャー×デュロック。嶋本食品サンクリエファームが経営。商標登録なし。

- **イノシシ・イノブタ料理**　マタギ料理ではぼたん鍋が有名であるが、淡路島ではイノブタの独特の料理法を開発している。イノブタの煮込み料理、炭火焼、角煮、カリカリ揚げ、イノブタ丼、柔らか煮、新鮮な野菜との煮込み料理などがある。イノシシ料理では煮込み料理、焼肉料理、しゃぶしゃぶ、味噌煮込みなどが開発されている。カツレツも評判がよいといわれている。

- **牡丹鍋**　丹波・篠山で捕獲したイノシシのぼたん鍋は、昔からのマタギ

料理として知られている。山間部に伝わる郷土料理。スライスしたイノシシの肉と、季節の野菜、味付けは味噌と山椒を少々入れる。味付け栗入り味噌を使うのが特徴である。明治時代に、旧日本軍の部隊が、イノシシの肉を使った味噌汁を作っていたことが始まりのようだ。ボタン鍋という呼び方の発祥地といわれている。丹波篠山と、静岡県天城山、岐阜県の郡上は、ボタン鍋の三大産地。
- **猪肉とろろ丼**　地元丹波篠山名産の山芋を使用。キメの細かさと粘り強さが特徴の山芋。

29・奈良県

大和肉鶏のすき焼き

▼奈良市の1世帯当たりの食肉購入量の変化 (g)

年度	生鮮肉	牛肉	豚肉	鶏肉	その他の肉
2001	43,427	13,226	14,509	12,120	1,290
2006	38,549	8,780	14,140	12,193	1,011
2011	47,809	10,354	18,540	15,297	1,112

　奈良時代（710〜784）以前の古墳時代から飛鳥時代にかけて飛鳥周辺の大和朝廷に宮を置いた。この時代は、現在の奈良周辺は大和の国といわれた。「奈良」という言葉の由来は、「均（なら）す」（＝平にする）からきているという説がある。1887（明治20）年に大阪府から分離した。なだらかな盆地で、水運に好都合な河川が盆地内から大阪湾に続いており、古代の人にとって比較的容易な生産と生活の地域であったと考えられている。奈良の平城京は、唐の長安にならった日本で初めての本格的な都市だった。

　平城京を頂点とする強力な中央集権国家を形成し豪華な寺院を建立した。経済活動は活発でなく、社寺は当時の日本の国力からみると分不相応な生活をしていた。社寺は栄え、日本文化が生み出され、仏教が発展した時代であった。豊臣秀吉の弟・秀長の時代になり、大和郡山に城を築き、寺院の豪華な生活が消えた。奈良の食文化が目立たないのは、寺院や地主の生活が地味になっていたからと思われる。「奈良の寝倒れ」という言葉は、奈良時代から続く比較的のんびりした環境であったから、「他人を押しのけても」出世しようという気持ちはなく、「人の出方を待つ」ということから発生したフレーズといわれている。

　2001年度、2006年度、2011年度の奈良市の1世帯当たり生鮮肉購入量は、2006年度は近畿地方に比べて少ないが、2001年度と2011年度は近畿地方全体に比べて多くなっている。2011年度の奈良市の1世帯当たりの生鮮肉、牛肉、豚肉の購入量については、近畿地方の全体に比べて生鮮肉は809g、牛肉は618g、豚肉は738g、鶏肉は102 g多くなっている。各年度とも牛

肉の購入量に比べて豚肉の購入量が多い。

　2006年度の奈良市の1世帯当たりの生鮮肉購入量に対する牛肉購入量の割合は、近畿地方の2006年度に比べて1.3ポイントの減少であるが、その他の年度（2001年度、2011年度）はやや増加している。生鮮肉に対する豚肉の購入量の割合については、奈良市の1世帯当たりの2001年度が同じ年度の近畿地方に比べて少なくなっているが、その他の年度においては豚肉の購入量の割合は増加している。各年度のその他の肉の購入量の割合が、2.3〜3.0％であり、近畿地方の3.6〜4.0％に比べて1.0ポイント小さくなっている。

知っておきたい牛肉と郷土料理

❶大和牛

　奈良県で14か月以上育てられた和牛。奈良県食肉流通センターに出荷されたウシで、（公社）日本食肉格付協会の肉質規格が「A3等級」以上のランクのものを大和牛ということになっている。品種は黒毛和種。鎌倉時代末期の良牛を描いた「国牛十図(こくぎゅうじゅうず)」に、「大和は大和牛の名とともに良牛の産出地十国の一つ」と挙げられており、その頃から存在していたのである。一時は注目されていなかったが、平成15年に、「地元の人に地元で育てられた歴史ある良質の牛肉を提供したい」という関係者の強い思いで復活した。肉質は軟らかく、美味しいとの評価を受けている。

　大和の国では、鎌倉時代末期にはすでに大和牛の名のもとに、良牛の産出国のひとつにあげられていたと伝えられている。歴史的にウシの飼育に恵まれた環境であり、黒毛和種が大和牛として飼育されていたのである。現在の大和牛は、生後30か月以上の未経産の雌のウシのなかから14か月以上は奈良県内で肥育したものである。肉質はやわらかい食感で、味にコクと深みがある。指定された生産農家が、ストレスのない恵まれた気候風土の中で飼育している黒毛和種で、希少価値のある牛肉である。この肉は贈答用に使われることが多い。奈良では、ウシは「天神さんの守護物」であり貴重な動物として取り扱っている。

- **大和牛の料理**　牛肉の料理は、牛肉の部位により調理を工夫し、より一層美味しく食べられることが望まれている。たとえば、ヒレ肉はステーキに、カタロースは焼肉、すき焼き、しゃぶしゃぶに、バラ肉はシチュ

ーやカレーに、もも肉はシチューに、ランプ（お尻の肉）はステーキ、タン（舌）は焼肉、胃はもつ焼き、焼肉、もつ煮込みなどに適している。とくに、大和牛の「たたき」は絶品といわれているが、食中毒の関係から牛肉の生食が懸念される場合は、ステーキ、しゃぶしゃぶ、焼肉、ハンバーグなどの加熱料理にするのがよい。

- **大和牛の特別料理**　大和牛は、生食の「たたき」が絶品であるといわれている。牛肉の一般的料理（すき焼き、しゃぶしゃぶ、ステーキ、焼肉）でも食べる。

知っておきたい豚肉と郷土料理

❶ヤマトポーク

関西地方では有名な銘柄豚。（公社）日本食肉格付協会の豚枝肉取引規格に基づき格付けされ、認定基準を満たした豚肉だけが「ヤマトポーク」として流通している。五條市内より少し離れた緑豊かな自然環境の中で、きれいな水を飲み、安全・安心な飼育管理のもと、飼育農家の丁寧な肥育により約120kgに育てられ、奈良食肉流通センターに出荷される。上質な脂肪が適度に入った肉質で、コクと甘みがあり、ジューシーである。奈良県畜産技術センターが5年がかりで開発し、2003（平成15）年に奈良県産銘柄豚として承認された。品種は、（ランドレース×大ヨークシャー）×デュロックである。

奈良県産豚「ヤマトポーク」は、奈良県が定めた数少ない県指定生産農場で、飼料・飼育期間・飼育方法など厳しい基準の元で、さらには奈良県内の豊かな自然環境の中で肥育されている。上質な脂肪が適度に存在する肉質で、ジューシーな味わいがある。肉質はきめ細かく、コクとうま味がある。

給水や飲料水などの飼育に使う水は高性能磁気活水装置により生成された活性水を使っている。

- **ヤマトポークの料理**　ソテー、生姜焼き、焼きとんなど一般的な食べ方がある。生産者はハンバーグを薦めている。
- **柳生鍋**　豚肉を中心に野菜、季節の山菜、こんにゃくなどを特製の味噌味のスープで煮込んだ鍋料理。柳生の里にある芳徳寺の寺方料理をアレンジしたもの。

知っておきたい鶏肉と郷土料理

❶大和肉鶏(やまとにくどり)

奈良県は、昔から美味しい鶏肉を産出する地域として知られていた。奈良県で飼育している地鶏で、シャモ、名古屋種、ニューハンプシャー種を交配して開発した品種で、1982(昭和57)年に誕生した。豊かな自然のなか、水と光を大切にし、135日かけてゆっくり育てる。肉質の外観は、皮も含めて綺麗で、脂肪の蓄積は少ないが、皮膚の弾力性は強い。ささ身のある胸肉はツヤがあり、適度な弾力性がある。肉質の締まりもよく、弾力もあり、脂肪も適度に含まれていて、コクとうま味がある。調理によってうま味が引き出される。

- **大和肉鶏のすき焼き** この地鶏の食べ方は、かしわ(鶏のこと)のすき焼きが最高の料理と、地元の料理人は必ず薦める。奈良では祝いごとやハレの日には「かしわのすき焼き」を食べる。牛肉のすき焼きの代わりに鶏肉を使うのである。とくに、10月中旬の秋祭りには、菅原道真公(「天神さま」といわれている)の冥福を祈るために、天満宮に氏子総代が参列し、神主による祭儀が行われる。この日には「かしわのすき焼き」を食べて祝う。

❷飛鳥鍋

牛乳で鶏肉を炊いた鍋料理からヤギの乳で鶏肉を炊く鍋が出来上がったといわれている。推古天皇(在位592〜628年)の時代に、唐から渡来した人たちが大和の国に広めたという説と、飛鳥時代(6世紀末から7世紀前半)に唐から渡来した僧侶が、寒さをしのぐためにヤギの乳で鍋料理をつくって食べたという説がある。

❸柏のすき焼き

もともとは牛肉を使ったらしいが、天神さんの守護物がウシであることから鶏(=柏)を使ったすき焼きである。昔の奈良では、ハレの日に牛肉の代わりに鶏をつぶしてかしわ(鶏肉)のすき焼きを作り、親戚などに振る舞ったので、最近まで鶏肉のすき焼きが食卓に供されるのがご馳走であった。

❹飛鳥茶碗蒸し

奈良に伝わる郷土料理。鶏がらのだしと鶏肉を使う。飛鳥鍋と同じよう

に牛乳が入る。飛鳥時代からの味付けだ。

知っておきたいその他の肉と郷土料理・ジビエ料理

奈良県のジビエの種類

合鴨、イノシシ、シカなど。奈良県の上北山地区で捕獲した天然のシカは吉野鹿、イノシシは吉野猪といい、食肉加工の認可を得て、安全・安心・新鮮な食材として各地に提供している。

❶合鴨

奈良県御所市地区の自然豊かな葛城山の麓で飼育している。清潔な飼育舎で、飼育羽数を制限し、ストレスを与えないで飼育している。鴨肉独特の臭みはなく、豊潤でうま味がある。夏は焼肉、冬は鴨鍋が人気の料理。合鴨はロースト、燻製品としても賞味されている。野生の尾長鴨の雌も食用にする。野生の尾長鴨は、玄米を食べていて美味しく、ジビエ料理の食材として最適である。

❷イノシシ

イノシシは雌のイノシシと授乳期を過ぎた4～5か月のドンコといわれるものが市販されている。授乳期のイノシシはウリボウとよばれている。ドンコの枝肉は10kgほどの仔猪の肉で焼いても軟らかい。

● **猪鍋**　しし鍋は古くからの料理で、寒い日に体の芯を温めるご馳走であった。イノシシ独特の臭みを和らげるために、ゴボウ・ネギ・ミズナ・キクナなどの香味野菜を多く使用し、味噌仕立ての鍋で、薬味にショウガ・粉山椒などを使うことにより、肉の臭みを緩和する効果が期待されている（マスキング効果が期待されるという）。さらに味噌の使用によりさらに臭みが消去され、冬の体の温まる料理となった。牡丹鍋ともいわれる。桜井市地区には、冬に猪鍋を提供する店がある。ゴボウ、ネギ、ニラ、水菜などの香草類をたっぷり入れ、味噌仕立てで煮込む。イノシシの臭みを感じないようにして食べる。

❸シカとその利用

奈良県では、稲や野菜類の苗、トウモロコシ、大豆などの農作物が野生のシカによる被害を受けている。また、民家があるところまで現れた野生のシカが自動車などと衝突死する場合もある。奈良県の猟友会は、広場に餌を仕掛け、野生の動物をおびきよせ、動物が現れたところで大型の網で

捕獲するということも実施している。とくに、シカについては、シカが集まったところで瞬間的にスイッチが入り、網でシカを捕獲するという仕掛けもある。捕獲したシカは、缶詰用に加工し、「鹿肉」のブランドで販売している。春から夏にかけて捕獲したシカは、好物としている杉の樹液と薬草を食べているせいで、健康で赤身の美味しい肉である。骨付きのロースや骨付きのもも肉を市販している。
- **鹿肉の大和煮**　北海道のエゾシカを参考に、和歌山県内で捕獲したシカの大和煮はお土産や通販で流通している。

30 ・ 和歌山県

くじらの竜田揚げ

▼和歌山市の1世帯当たりの食肉購入量の変化 (g)

年度	生鮮肉	牛肉	豚肉	鶏肉	その他の肉
2001	47,520	14,112	15,728	14,262	1,971
2006	45,091	12,140	15,151	13,621	1,807
2011	47,402	9,332	16,660	15,577	2,334

紀伊半島に位置する和歌山県の大半は、山地である。海岸線はリアス式海岸で漁業が盛んであるが、大阪府との間には和泉山脈が横たわり、奈良県との境には護摩壇山、鉾尖岳など標高1,000m以上の山々がある。紀伊半島南部にある熊野と、伊勢・大阪・高野・吉野を結ぶ熊野古道には、山間で生活するための伝統食が残っている。またその山々に棲息する野生の動物は、木の皮を食べるなどして樹木に被害を及ぼし、田畑の野菜類や果物類を食い荒らすなどするために、他の地域に比べ野生のイノシシやシカなどの捕獲と利用に、真剣に取り組んでいると評価されている。ウシやブタ、鶏などの銘柄の種類は、関西地区でも少ない。

（公財）日本食肉消費総合センター刊行の『銘柄牛肉ハンドブック』には、和歌山県の銘柄牛は「熊野牛」だけが記載されている。同センターの刊行の『銘柄豚肉ハンドブック』には、和歌山県の銘柄豚は掲載されていないが、ネットでは紀州名物の梅の名のついた「紀州うめぶた」が紹介されている。和歌山県は、野生の鳥獣類の増加が著しく、野生の鳥獣類による農作物の被害が年々増加し深刻化している。そこで、イノシシやニホンジカを捕獲し、これらの生息数の適正化を計画・推進している。この時に捕獲したイノシシやニホンジカの有効利用が和歌山県として行政として計画し、ジビエ料理などを消費者にPRしている。

和歌山県は漁港が多く、魚介類の入手が容易であるにもかかわらず、和歌山市の2001年度、2006年度、2011年度の生鮮肉や牛肉、豚肉、鶏肉の購入量は近畿地方全体の1世帯当たりよりも多い傾向がある。

和歌山市の生鮮肉に対する各食肉の購入量の割合は、近畿地方の全体と

近似値にある。その他の肉には、大地町に水揚げするクジラやイルカも含まれていると推定する。

とくに、山地の多い和歌山県は、上に述べたように野生の鳥獣による被害が多いので、棲息数の調整のために捕獲し、捕獲した野生の鳥獣の利用の一環として、和歌山県は「和歌山ジビエ事業」としてイノシシやニホンジカの解体処理施設をつくり食肉流通システムの整備に力を入れている。野生の鳥獣は、捕獲後すぐに解体するが、その後の保存が難しい。衛生的な施設で素早く処理をした後、衛生的に低温で保存し、腐敗しないように熟成を続ける必要がある。また、野生の鳥獣には寄生虫が存在しているので決して生食はしてはならない。必ず、牡丹鍋のように十分に加熱してから食べることである。

知っておきたい牛肉と郷土料理

❶熊野牛

熊野牛のルーツは、平安時代中期頃からの中世熊野詣の最盛期に、京都から熊野に連れてこられた荷牛といわれている。その後、農耕用のウシとして利用された。肉用牛に改良するために、但馬牛の血統を取り入れている。品種については、(公財) 日本食肉消費総合センター刊行の『銘柄牛肉ハンドブック』には記載されていない。

2004 (平成16) 年12月1日から熊野牛の認定制度ができる。選び抜かれた血統の素牛を、和歌山の豊かな自然と恵まれた気候風土の中で、丁寧に肥育したものである。きめ細かくうま味が濃厚な肉質である。

認定基準は黒毛和種であること、和歌山県内に在住する生産者によって14か月以上飼育されたもの、出荷月齢は26か月以上のもの、雌については未経産牛であること、(公社) 日本食肉格付協会による枝肉格付けがA-3またはB-3以上のものなどと決められている。熊野牛の生産頭数は少なく、食肉として流通するのは年間170頭程度である。

熊野牛の最も美味しい料理として、炭火焼きがよいといわれている。炭火であぶるように焼いて、好みのタレか天然塩をつけて食べる。良質な脂の風味と赤身肉のうま味が賞味できる。

- **あがら丼** "あがら"は、田辺の方言で"私たち"の意味。熊野牛の山椒焼き丼。熊野牛の厚切りステーキがご飯の上に惜しげもなくのる。特

製だれとご飯が良く合う。うまい田辺推進協議会。

知っておきたい豚肉と郷土料理

❶紀州うめぶた

2012年度の食肉産業展で「国産銘柄ポーク好感度・食味コンテスト」において優秀賞を受賞した地域銘柄豚。全国的には比較的新しく知られるようになった銘柄豚といえる。緑豊かな紀伊山地や自然景観をもつストレスの無い環境でのびのびと飼育される。ブタはのびのびと育つことにより肉質がよくなる。その上に梅酢を与えることにより、梅酢に含まれるクエン酸やアミノ酸類などがブタの健康を維持するのに役立っていると考えられている。内臓脂肪の減少や肝脂肪の減少がみられ、さらに病気に対する抵抗力も高まり、生存率も向上していることから「紀州うめぶた」が注目されたといえる。オレイン酸の含有量が、他の品種に比べてやや多いので、オレイン酸の機能性が期待できるといっている。紀州うめぶたの品種は大ヨークシャー×ランドレース×デュロックの三元豚（LWD）である。枝肉の肉質は締まりがあり、きめ細かく、光沢がある。脂質の脂肪酸は、ロース肉の脂肪100ｇにはオレイン酸が33ｇも含まれ軟らかく、しゃぶしゃぶにすると、脂肪分も少し減り美味しくなる。また「紀州うめぶた」をカレーの具にする場合、梅酒と梅肉を加えることにより、より一層コクのあるカレーに仕上がることが認められている。

知っておきたい鶏肉と郷土料理

❶紀州うめどり

和歌山県内の梅の産地では、梅干しを作ったときにでてくる液体を「梅酢」として、「紀州うめぶた」の餌に混ぜるほか、鶏の餌にも混ぜて給与している。昔から、夏場に弱った鶏に、梅酢を与える風習があった。梅酢を混ぜた餌を給与した鶏の肉は美味しいことも経験上分かっていた。

紀州うめどりと料理

クエン酸やアミノ酸類の豊富な梅酢を混ぜて育てた鶏が「紀州うめどり」である。梅酢を給与した鶏は健康で、産んだ卵（うめたまご）も美味しいことを和歌山県の養鶏研究所で確認している。肉質は心地よい弾力性があり、ジューシーで、ドリップが少ない。美味しい料理は、塩焼きである。

知っておきたいその他の肉と郷土料理・ジビエ料理

❶イノシシとシカ

　和歌山県では、野生鳥獣による農作物の被害が年々増加し、深刻化していることから、イノシシやニホンシカの捕獲に取り組んでいる。捕獲したイノシシやシカを食用として利用しているのはごく一部である。そこで、和歌山県では担当部署をはじめとし、捕獲したイノシシやシカを地域の貴重な食資源とし、レストランや宿泊施設で利用し、さらには観光振興に活かそうと取り組んでいる。またシカ肉については、鉄分が多くたんぱく質含有量も多いことから健康食材としての普及も計画している。

　和歌山県内でイノシシやシカの料理を提供している食料品店、レストラン、ホテルなどは和歌山県のホームページで案内している。詳しくは和歌山県農林水産部農業生産局畜産課に問い合わせるとよい。また地域活性化の一環として「ステップアップわかやまジビエ事業」などでは、レシピの提案を受け付け、それを参考にして、食材としてのジビエの普及を行っている。

　ジビエの普及には捕獲したイノシシやシカの衛生的で適正な処理が重要なので、和歌山県では日高川町に有害鳥獣食肉処理加工施設「ジビ工房紀州」を立ち上げている。

　よく知られているイノシシ料理にはシシ鍋（牡丹鍋）や焼肉があり、シカ肉では焼肉、ステーキがある。料理の専門家や消費者の提案は、フランス風料理、イタリア料理が多い。ジビエ料理がフランス料理やイタリア料理に多いのは、ジビエ特有の臭いやクセを緩和するのに適しているからであろう。

❷イノブタ

　イブの恵みという地域銘柄で提供されている。雌豚と雄猪を交配した一代雑種のイノブタである。肉の色は豚肉より赤みが濃く、脂はあっさりして臭みがない。しゃぶしゃぶや鍋料理、焼肉に適している。

❸クジラ料理

　太地は捕鯨の基地でもあり、イルカ漁の基地でもある。主に、調査捕鯨の目的のために捕獲したクジラ類の料理が食べられる地域でもあり、クジラ料理の店が8店もある。調査捕鯨も禁止となり、太地の今後のクジラ料

理をどのように進めていくかが課題である。クジラ料理は、クジラのすべての部位が捨てるところなく食べられる。尾の身刺身、さらし鯨、くじらベーコン、フライ、竜田揚げ、皮の下の脂肪組織はさらしクジラ、ベーコンなどに加工する。鯨のすき焼き、花鯨、鯨肉の胡麻和え。くじらピザもある。バーベキューでも美味しく食べられる。

- **鯨の胡麻和え**　太地地方で作る胡麻和え。赤身肉を煮付けてから胡麻和えにする。
- **鯨の龍田揚げ**　太地の郷土料理ともなっている。各家庭でつくる。ショウガ汁やニンニクを入れた醤油ベースのタレに漬けこみ、軽く片栗粉の衣をつけて揚げる。クジラの臭みがなく評判の一品である。
- **さらしクジラの酢味噌和え**　鯨の皮下の脂肪組織を茹でて脂を抜いた「さらしクジラ」を食べやすい大きさに切って酢味噌で和えて食べる一般的な料理。

31・島根県

鴨鍋

▼松江市の1世帯当たりの食肉購入量の変化（g）

年度	生鮮肉	牛肉	豚肉	鶏肉	その他の肉
2001	38,523	8,427	14,482	12,184	1,446
2006	41,964	8,677	16,411	12,021	1,614
2011	40,090	5,627	16,799	13,441	1,453

　島根県は中国地方の北部に位置し、島根半島の先の日本海に浮かぶ隠岐諸島は自然に恵まれ、ウシの肥育に適し、中国山脈の麓も自然に恵まれウシの肥育に適し、ウシの産地として、その名は全国に知られている。島根県の山岳地帯に棲息する野生の鳥獣類による樹木や田畑の農作物の被害が著しいので、野生の鳥獣類を捕獲する団体の活動が顕著である。島根県が出雲国、石見国といわれていた時代からウシの産地だった。江戸時代に入ると、仁多、大原、飯石、神門などでもウシの生産が行われていた。

知っておきたい牛肉と郷土料理

銘柄牛の種類　島根県は自然環境がウシの肥育に適しているので開発した銘柄牛の種類は比較的多い。肉牛の生産が盛んになったのは、1955（昭和30）年からである。1987（昭和62）年に行われた肉牛の品評会では、優秀な成績と評価された黒毛和種も飼育していた。銘柄牛には、しまね和牛、しまね和牛肉、ぴゅあゴールド奥出雲しまね和牛、潮風牛、いずも和牛、石見和牛肉、島生まれ島育ち隠岐牛などがある。

❶しまね和牛のうま味と調理法のポイント

　島根和牛の性質はおとなしいので、飼育しやすい黒毛和種である。また、早熟、早肥で、体格・体型に優れている。これまでに、何回か全国和牛能力共進会で表彰されているほど、肉牛として優れている黒毛和種である。鮮やかな色合いの肉質は、きめ細かな「霜降り」で、深みのあるコクと豊かな風味が特徴である。しまね和牛の肉を食べたときの感じは、最初のうま味に持続性があり、そのうま味が余韻となって口腔内に残るのが、味に

関する大きな特徴である。

しまね和牛の肉を焼くときには、その風味を損なわないようにするために、「最初から遠火の強火でじっくり焼く」のが基本で、この焼き方を守ることが薦められている。風味と肉の軟らかさを保つための方法として、肉汁がとけだすのを防ぐように、食塩（天然塩）は最後に振る。

❷石見和牛とステーキ

島根県ばかりでなく日本の各地域には数多くの地域銘柄牛が開発されている。その中でも「石見和牛」は、世界中で人気のある和牛とJA島根では自慢している。島根県は、優秀な血統の雌牛を多く輩出している日本有数の繁殖地である。中でも石見地方や邑南町は、緑に囲まれた台地があり、寒暖の差が大きく和牛の飼育に適しているところで、清潔な牛舎で手塩にかけて肥育しているのが石見和牛である。雌の若い未経産の石見和牛の肉質は軟らかく、年間200頭を限定して生産している。

遠火の強火で焼くか、よく熱したフライパンで焼くサーロインステーキ（mediumまたはmedium rare）に適している。石見和牛は、肉の脂肪の含有量は比較的少ないので、近年のヘルシー志向に適した肉である。石見和牛は、生産量が限定されているので「幻の肉」といわれているほど入手は難しい。

❸隠岐牛と料理

島根半島の北東約40kmの日本海に浮かぶ隠岐。人口わずか2万5千人足らずの島は、自然に恵まれ牛の飼育に適している。すなわち、牛にとってはストレスがなく、のびのびとした生活ができ、飼育農家にとっては一貫して安全に管理できることができる。このような隠岐で飼育されたのが「隠岐牛」である。隠岐牛の定義は、「島生まれ、島育ちであること」、「隠岐島（海士町、西ノ島町、知夫村、隠岐の島町）で生まれ育った未経産の雌牛」「日本食肉協会の枝肉の格付けが4等級以上のもの」「隠岐牛出荷証明書が発行されていること」などがある。島内では、年間1,200頭が生まれ、それを隠岐牛として飼育する。1年間に市場へ出荷する隠岐牛は1割程度であるから、隠岐牛の肉も「幻の肉」といわれている。

隠岐の島で最も人口の多い海士町の店や島民が食べる料理は「焼肉」が多い。炭火焼の店も鉄板で焼く店もある。串焼きのように串に刺した肉を焼く店、内臓をホルモン焼きとして提供する店もある。

❹潮凪牛と料理

「潮凪牛」は、隠岐の島で生まれ、生後7～9か月の間、自然の中で自由に放牧して体が丈夫になったところで、本土の奥出雲の牧場で600～650日（20～22か月）の間、肥育・育成された安心・安全な島根県産の和牛である。奥出雲の牧場では、手作りの木の香りに包まれた牛舎も利用して育成する。生まれたときの仔牛は隠岐の島から奥出雲の自然豊かな環境でストレスを受けずに飼育された牛が隠岐の島発の「潮凪牛」とよんでいる。隠岐の島生まれ奥出雲育ちの潮凪牛の銘柄の規格は、黒毛和種であり、枝肉の肉質の格付けはA－3以上、A－4、A－5であることとなっている。㈱モリミツフーズが生産している黒毛和種に対しては「モリミツ」の名をつけることもある。

潮凪牛の料理としては、ステーキ、鉄板焼き、焼肉などの加熱料理が薦められている。隠岐の島の自慢の牛肉料理として提供している店もある。

❺奥出雲和牛と料理

奥出雲は、古くからウシとのかかわりが深く、ウシの飼育には細かな愛情をもって飼育している。奥出雲も自然豊かな環境なので、飼育している牛にはストレスを与えることなく、のびのびと生活している。奥出雲地方の牛の飼育の技術は「卜蔵づる」といわれている。1855年頃、奥出雲町町竹崎の卜蔵甚平衛正昇氏が作り出したことから「つる牛」ともいう。卜蔵が生み出した飼育法によって飼育されたウシは、「つる牛」といわれている。

「奥出雲和牛」の条件は、島根県東部の雲南地域（仁多郡、雲南市、飯石郡）で生まれた黒毛和種の子牛を、JA雲南町営牧場で指定した飼料などを与えて飼育した黒毛和種に限定されている。

お薦め料理はサーロインのステーキやしゃぶしゃぶである。しっかりした肉質で、肉本来の甘みがあり、脂身もしつこくなく、美味しく食べることができる。

- **島根産銘柄和牛の美味しい料理の種類**　すき焼き、焼肉、ステーキ、刺身、たたき（とくに牛タンのたたき）、しゃぶしゃぶなどは、島根県内の料理店（隠岐の島の料理店も含む）が、美味しい料理として提案している。

知っておきたい豚肉と郷土料理

銘柄豚の種類

銘柄豚の種類は、銘柄牛の種類に比べると少ないようである。石見ポーク、PSC 島根ポーク、ケンボロー芙蓉ポークがある。

❶石見ポークと料理

島根県邑南町の特産品である。品種は日本には少ないケンボロー種である。石見ポークの肉質の特徴は、毎日食べてもコレステロールの蓄積が少なく高たんぱく質の肉質であるが、摂取エネルギーが多くならないように脂身の少ない低カロリーで低コレステロールの肉質となるように、給与する飼料の材料や成分が工夫されている。

飼料の主な食材はトウモロコシ、大豆粕で、さらに乳酸菌、ビタミン、ミネラルも混ぜてある。飼育に当たっては、給与する水は地下120mからくみ上げる天然水を使用している。

お薦め料理は、ソテー（medium rare）、生姜やき、しゃぶしゃぶ、トンカツ、串焼き、炒め物（細切れ）、網焼き、トンカツのバーガーなどである。内臓は網焼き（ホルモン焼き）にできる。スペアリブの網焼きやフライなども美味しい。

❷ SPC 島根ポークとケンボロー芙蓉ポーク

いずれもケンボロー種であり、㈲島根ポークが飼育している。両者とも徹底した衛生管理のもとで飼育されている。両者の違いは給与する飼料の内容である。味の点では島根ポークに比べて、芙蓉ポークは脂質と赤身肉の味にコクがある。SPC 島根ポークは「島根ポーク」、ケンボロー芙蓉ポークは「芙蓉ポーク」の商標登録を取得している。

芙蓉ポークの肉質は島根ポークに比べて、サシが少なく、赤身肉はコクがあり、風味、ジューシーさ、コク、軟らかさのバランスがよく、ソテー、焼肉、とんかつなどに向いている。島根ポークは炒め物、煮込み物に向いている。

知っておきたい鶏肉と郷土料理

『全国地鶏銘柄鶏ガイドブック』によると天領軍鶏、銀山赤どりが掲載されている。

❶天領軍鶏と料理

　純粋なシャモで平飼いされている。飼料として自家発酵飼料を使用している。

　220日間かけて飼育しているのでコクがある。さっぱりした野菜との組み合わせが、この鶏肉を食べるコツである。軍鶏鍋、たたきは、この鶏肉のうま味がよくわかる。その他、串焼き、照り焼き、水炊きでも賞味されている。

❷銀山赤どり

　品種はニューハンプシャー種で、大江高山の麓の自然豊かな環境で、ブロイラーの約2倍の日数（120日）をかけて飼育している。肉質は甘みがあり、クセもなく美味しい肉である。すき焼き、串焼き、たたき、照り焼き、水炊きのような鍋料理で賞味されている。

知っておきたいその他の肉と郷土料理・ジビエ料理

- **鴨の貝焼き**　島根県の郷土料理。大きなアワビの貝殻を鍋のかわりに使う。アワビの貝殻にだし汁を入れて加熱し、そこに鴨の皮と骨をミンチにし、団子状にして入れて煮る。その上に野菜類、鴨の身肉ものせて加熱し、カモの身肉の表面に熱が通り色が変わったら食べる。
- **鯨飯**（くじらめし）　浜田市の郷土料理。節分に食べる炊き込みご飯。クジラの皮のついた脂肪組織を細かく切って米に入れて炊く。味付けは一般的の炊き込みご飯と同じ。

島根県のジビエ料理

　島根県のジビエは処理の方法がよいので、コクがあり風味もあると評価されている。種類としては、イノシシ、シカ、クマなど。主に、フランス料理やイタリア料理として提供されている。いずれも、赤ワインに合う料理のようである。必ず、ワインと一緒に食べるようなメッセージがある。すなわち、ワインに合わせて食べるのがジビエ料理の楽しみ方であることを示唆している。

　島根県の天然のジビエ（とくにイノシシ）は、滋味深く肉のうま味をたっぷり堪能できると、地元のフランス料理やイタリア料理のシェフは、島根のジビエの美味しさを評価している。

　ジビエ料理としては、ステーキ、野菜類との煮込み料理、鍋料理などが多い。

32・鳥取県

牛ホルモン入り焼きそば

▼鳥取市の1世帯当たりの食肉購入量の変化 (g)

年度	生鮮肉	牛肉	豚肉	鶏肉	その他の肉
2001	40,391	9,958	14,069	12,799	1,204
2006	41,064	8,677	16,411	12,065	1,535
2011	42,982	7,302	16,205	14,298	1,647

鳥取県の日本海側は、リアス式海岸の福富海岸から西へ続く鳥取砂丘、北条砂丘の砂浜地帯となっているので、農作物としては、とくにラッキョウの産地として有名である。畜産業においては、鳥取県として肉牛の飼育と普及に力をいれている。(公財) 日本食肉消費総合センターが刊行している銘柄牛、銘柄豚についてのハンドブック（平成14年版）には、数種類の銘柄牛は記載されているが、銘柄豚については1種類のみである。

現在の鳥取市のホームページには、鳥取県や鳥取市の活性化を求めて、地域の独自性の向上と競争力強化を目途に「地域ブランド」に注目を集め、鳥取県を含め鳥取市が中心となって、地域産業の付加価値を高め、地場産業の新たな活性化を計画し、進行中であることが理解できる。

銘柄牛や銘柄豚の開発は、行政主体の「鳥取県和牛ビジョン」が進められている。鳥取県の畜産課では、「食のみやこ鳥取県」を支えるために畜産物のブランド化、安定供給の推進に取り組んでいる。江戸時代の鳥取藩の頃は、日本の有数な役牛の生産地であった。現在は役牛に代わって肉牛の飼育により和牛王国鳥取の復活を目標としている。鳥取の銘柄和牛を開発し、それらの和牛の能力向上、頭数の増加などに取り組んでいる。鳥取藩は牛の購入金まで貸し付けてウシの飼育を奨励したことがあった。現在は、ウシの飼育に適した自然豊かな美歓(みたに)牧場を開発し、優秀な鳥取のウシを生産している。鶏では計画生産のできるブロイラーが盛んである。

野瀬泰申氏の『天ぷらにソースをかけますか？』（新潮文庫、2009）によれば、鳥取県内では、「肉といえば牛肉を意味する」地域を図で示している。「家計調査」では、鳥取市の1世帯当たりの牛肉の購入量は、2001

年度が9,958g（豚肉14,069g）、2006年度が8,677g（豚肉16,411g）、2011年度の牛肉は7,302 g （豚肉16,205g）である。各年度の牛肉の購入量を1とした場合の豚肉の購入量は、2001年度が1.4倍、2006年度が1.8倍、2011年度が2.2倍と年々豚肉の購入量が増えている傾向が推察できる。鳥取県ばかりでなく、関西・四国地域では「肉といえば牛肉」を意味するのが普通である。この場合の牛肉は、串焼き、焼肉、カレーの具など家庭で使う肉料理の場合であり、豚肉は「ブタ」と名のつく豚肉料理に限られる。豚肉でも牛肉のどちらを使ってもよい料理には牛肉を使うので、「肉」といえば「牛肉」を意味するとの回答である。中国地方の牛肉の購入量が、鳥取市よりも多いのは、関西圏の牛肉志向を意味づけているともいえる。

　上記の「家計調査」を資料として、中国地方と鳥取市の各年度の生鮮肉の購入量に対する各食肉の購入量の割合を求めると、下記のようになった。

　中国地方の1世帯当たりと鳥取市の1世帯当たりの牛肉の購入量はおおよそ20％台であるが、鳥取市の2011年度の牛肉の購入量の割合が少ない。各年度の豚肉の購入量の割合は、中国地方の全体の1世帯当たりの場合も鳥取市の1世帯当たりの場合も約30〜40％であるが、2011年度の豚肉の購入量の割合が37.7％で、牛肉よりも大である。この年度の牛肉の購入量は少ないが、豚肉の購入量の割合が増加している。鳥取市の「和牛ビジョン」は、1997（平成9）年に立ち上げられているが、消費者の牛肉の購入量は減少している。

　鳥取県は日本海に面していて、日本海沿岸に水揚げされる魚介類が非常に美味しいので、魚介類を利用する傾向が多いという古くからの食材を利用する傾向が残っているからと推測している。

知っておきたい牛肉と郷土料理

　昭和30年代から、肉牛の消費が拡大し、農業に機械化が導入されるようになり、肉用牛の需要が高まる。各県とも優秀な肉用牛の開発に取り組むようになった。鳥取県の畜産試験場は、1966（昭和41）年の肉牛の品評会で優秀な成績と評価された肉牛を開発してから、全国の和牛の改良の基礎となり、その血統は全国各県の銘柄牛にも受け継がれているものもある。これまで、鳥取系の肉牛に給与している飼料の影響により、肉質の脂質の構成脂肪酸としてオレイン酸が多いことが特徴で、この脂肪酸の占め

る割合は遺伝的にも確認されている。

　鳥取県のホームページを見ると、鳥取県としては鳥取和牛に力を入れているようである。鳥取和牛のルーツは因伯牛といわれているから、すでに県内には素牛となる牛が生存していたことが推測できる。

銘柄牛の種類

鳥取の和牛は、江戸時代から血統の固定した因伯牛として評価の高い黒毛和種であった。鳥取和牛（オレイン55）、鳥取和牛（黒毛和種）、鳥取F1牛（ホルスタイン種と黒毛和種の交雑種）、鳥取牛（ホルスタイン種）、因幡和牛（黒毛和種）、東伯和牛（黒毛和種）、東伯牛（和牛以外の品種）、美歎牛（ホルスタイン種）は、農協が関係している銘柄牛。万葉牛（黒毛和種）、大山黒牛（黒毛和種）などはプライベートの銘柄牛。これらの銘柄牛の中で、黒毛和種は因伯牛といわれる。

❶鳥取和牛オレイン55

　これらの銘柄牛の中で主力になっているのは「鳥取和牛オレイン55」で、大山の麓の自然豊かな環境の牧場で肥育されている。この銘柄牛は、鳥取系とよばれる典型的な血統のウシで、血液中や肉の脂肪の脂肪酸はオリーブ油の主成分のオレイン酸を多く含む。脂質の脂肪酸組成として、常温では液体のオレイン酸が多いので、口腔内の温度でも溶けるような食感の軟らかな肉質である。鳥取和牛の中でも脂質の構成脂肪酸として55％以上を含むものは「鳥取和牛オレイン55」の銘柄牛として市場にでている。「鳥取和牛」の中で、オレイン酸を55％も含む肉質をもつ「鳥取和牛オレイン55」は約15％で、年間販売頭数は350頭程度といわれている。

鳥取和牛の料理

オレイン酸のうま味と食感を生かした料理は、しゃぶしゃぶである。肉料理を提供する鳥取県内の主な料理店も鳥取和牛の料理としてしゃぶしゃぶやすき焼きを薦めている。バラ肉など脂肪の多い部分については網焼きを提供している。

　鳥取県の牛肉の郷土料理としてはステーキ、すき焼きなど全国的に共通している料理が多い。ラーメンには牛肉（焼き豚の牛肉バージョン）、牛肉しぐれ煮などが入る。カレーの肉は牛肉である。

- **牛肉しぐれ煮**　鳥取の郷土料理。ショウガ、ネギなど香辛野菜と湯通しした牛肉の落とし身と醤油やその他の調味料理とともに煮る。ピリッと辛味のある郷土料理である。

- **ホルモン焼きそば** ホルそばともいわれている。牛の内臓の炒めものを味噌ダレで味付けたもの。

知っておきたい豚肉と郷土料理

銘柄豚の種類

❶東伯SPF豚
品種は（ランドレース×大ヨークシャー）×デュロック。東伯町農業協同組合が飼育・販売。オリジナルの飼料を投与。加工はドイツの食肉マイスターの技術を導入している。

❷東伯三元豚
自然豊かな環境の大山の山麓地帯（琴浦町＝旧東伯町）に養豚農家が点在し、それぞれ衛生管理の徹底した農場で、健康な親から生まれた子豚に抗生物質などの薬品をしない飼料を給与して肥育している。飼育しているブタの品種は三元豚（LWD）である。飼育日数の基準は約180日で、出荷時の生体重は110〜120kg。生産農家中には独自の系統開発も行い、優秀な血統をもったブタを導入しているところもある。健康で良質の肉質をもったブタである。

❸大山ルビー（RB）
黒豚（バークシャー種 B）と大山赤ぶた（デュロック種 D）を交配したDB種が「大山ルビー」である。DB種は黒豚に比べて生産性がよい。肉質はキメ細かく脂身のうま味が強い。2010（平成22）年から市場に出回るようになった比較的新しい品種である。脂質の脂肪酸としてオレイン酸の多い大山赤ぶたと、肉質の美味しさでは評価の高い黒豚の交配であるため、両者の良い性質を受け継いでいて、肉質は赤色で、脂身のうま味さの評価が高い。

豚肉料理
トンカツ、しゃぶしゃぶ、ソテーなどの一般的な料理で食べる。小間切れ豚肉は「ダイコンと豚肉の炒め物」に用いられる。

知っておきたい鶏肉と郷土料理

❶大山どり

大山の麓で、こんこんと湧き出る大山の伏流水を与えて孵化から生産・処理までの一貫した生産体系で、大山どりの生産に取り組んでいる。品種はチャンキーである。出荷日齢は50〜55日。

❷鳥取地どりピヨ

鳥取県中小畜産試験場が、シャモをベースに、ロードアイランドレッド、白色プリマスロックも交配させ、開発した地鶏。歯ごたえのある肉質で脂質含有量は少ないがコクがある。ブロイラーの肉のように軟らかくなく、鶏肉本来の野性味あふれる味をもっている。

鶏肉料理 水炊き、焼き鳥(串焼き)、から揚げ、もも肉のたたき、もも肉の炙り焼き、野菜との炒めもの、すき焼きなどに利用されている。

- **じゃぶ** 鳥取県の西部の弓ケ浜に伝わる料理で、正月、祭りなど人寄せのときに作る変わりご飯。肉としては入手できるのは鶏肉だけの時代に作られた変わりご飯である。

知っておきたいその他の肉と郷土料理・ジビエ料理

鳥取県東部は、野生のイノシシ、シカによる農作物の被害を防ぐ対策に苦労している。その被害は年々大きく、捕獲・処分される頭数も増加している。

イノシシやシカの被害は多く、野生鳥獣の保護条例を策定し、生息数調製のための捕獲を行い、衛生的に処理・解体し、食べ方を募集している。

捕獲される野生のイノシシやシカの大部分は廃棄されるのが現状であり、食材としての有効利用が考えられている。ジビエ料理への利用としてフランス料理やイタリア料理、その他加工食品への利用が食品関係者の課題となっている。鳥取県は、ジビエ推進協議会を発足して野生のイノシシやシカの利用に取り組んでいる。

ジビエ料理を提供する店は、和歌山県に比べると非常に少ない。

- **イノシシ・シカの料理** イノシシやシカは、かつてはマタギ料理 あるいは猟師料理として鍋料理や焼き物などで食べられることが多かった。

山里の宿泊施設の郷土料理であるイノシシ鍋やシカ肉の網焼きの他に、近年は、繁華街のイタリア料理やフランス料理の材料として使うところもある。さらに、鹿肉はカレーの具として利用され、あるいはレトルトカレーの具にも利用されている。鹿野地方のイノシシ肉は「因州しし肉」、シカ肉は「因州しか肉」といわれる。
- **鯨のさばあこ**　鳥取県の郷土料理の一つで、クジラの皮のついた脂肪組織を入れて作った雑炊。

33・岡山県

デミカツ丼

▼岡山市の1世帯当たりの食肉購入量の変化 (g)

年度	生鮮肉	牛肉	豚肉	鶏肉	その他の肉
2001	41,391	10,750	14,762	12,264	1,635
2006	37,981	7,363	14,940	11,739	1,854
2011	45,175	8,309	16,826	15,265	1,656

　岡山県は、瀬戸内海に面し、南部には吉井川・旭川・高梁川がありその流域は岡山平野が広がり農作物を栽培しやすい地域である。とくに品質のよい果物の生産地として有名である。平野では乳牛のジャージー牛を飼育している。一部は肉用のウシとしても飼育している。ブロイラーの飼育、鶏卵の生産も盛んである。岡山県は肉用牛の飼育とそのブランド化、養豚についても支援している。また食肉の美味しさを求めて、畜産研究所を中心として銘柄のウシやブタを開発している。

　2001年度、2006年度、2011年度の「家計調査」の岡山市の1世帯当たりの食肉の購入量は、中国地方全体に比べて、総じて少ない傾向がみられる。多いのは、2001年度と2011年度の生鮮肉、2006年度の豚肉、2006年度の鶏肉で、購入量の増減には年度や食肉の種類による違いなどについて一定の規則性はみられなかった。

　生鮮肉の購入量に対する牛肉の購入量の割合は現在に近づくほど少なくなり、鶏肉の購入量の割合は、逆に多くなっている。豚肉の購入量の割合は2006年度は多いが、2001年度と2011年度は2006年度よりも少ない。岡山県の生鮮肉の購入量に対する各食肉の購入量の割合は、中国地方の全体の1世帯当たりに比べて少ない。もともと、岡山県の食肉の購入量が中国地方の購入量に比べて少ないからであろう。岡山県の北部の山地は野生の鳥獣のイノシシによる食害が多いので、岡山県もイノシシなど野生の鳥獣の生息数の調整のための捕獲が行われている。岡山県ではフランス料理店の協力によりジビエ料理を県内の食品関係者ばかりでなく家庭にも提案している。

知っておきたい牛肉と郷土料理

銘柄豚の種類

岡山県北部と鳥取県の県境の中国山脈の麓の自然豊かな環境がウシにストレスを与えることなく、ウシの飼育に適している。

❶千屋牛

「千屋牛(ちやぎゅう)」は、日本で最初に飼育されたウシで、1800年頃に製鉄で財をなした太田辰五郎によって改良された黒毛和種。その祖先は「竹の谷蔓牛」といわれるウシであったと伝えられている。岡山県の北部・阿新地区で育てられている。豊かな自然と清流からなる土壌に恵まれた新見・阿新地区は、ウシの飼育に適した静かな環境である。肉質はきめ細かなサシの入った霜降りの部位と赤身の肉のバランスがよい。口腔中に入れると溶けるような軟らかさと極上の風味をもっている。岡山県内の銘柄牛の中では、最も人気のある牛肉である。

❷おかやま和牛

岡山県内の指定生産JA管内の農家の人々が一頭一頭手塩にかけて健康な肉牛に飼育した黒毛和種で、その中から枝肉の肉質が(公社)日本食肉格付協会の基準に合うA-4以上のものが「おかやま和牛肉」として認められている。肉質と脂肪の交雑（霜降り）がよく、みずみずしく、軟らかく、コシのある美味しさをもっている。

❸蒜山ジャージー

蒜山(ひるぜん)地区で飼育しているジャージー種で、牛乳も肉も蒜山地区のイタリア料理の食材として利用されている。岡山県・蒜山高原にある「ひるぜんジャージーランド」（蒜山酪農農業協同組合）で、飼育している。蒜山の肉類料理は、B級グルメでも知られている。

❹奈義ビーフ

那岐山脈などの1,000m級の山々に囲まれた勝田郡奈義町の豊かな自然環境の中で、健康的に飼育した黒毛和種と交雑種である。脂肪が適度に入った霜降り肉と赤身の肉質のバランスがよい。飼育に当たっては飼料に抗生物質などを加えず安心と良品質の肉である。

食べ方は、千屋牛や奈義ビーフ、おかやま和牛肉と同じである。

❺美星ミート

　岡山県井原市美星町は畜産環境に恵まれ、生産から繁殖和牛雌だけをじっくりと健康で安心・安全のできる和牛として肥育している。

牛肉料理

- **津山ホルモンうどん**　50年以上の歴史がある津山市のご当地グルメ。出雲街道沿いの津山は、牛や馬の流通拠点だった。ペリーによる開国以後、神戸に居留した外国人が牛肉を購入したので、津山では新鮮な牛のホルモンが手に入りやすかった。使うホルモンも、小腸だけでなく、牛の第1胃のミノや第2胃のハチノス、ハツ、レバーなど様々。タレはニンニク風味の味噌ダレや、ピリ辛醤油など、各店が工夫を凝らしている。「津山ホルモンうどん研究会」が応援する。兵庫県の佐用町とは、昔から食文化の交流があり、佐用でも同じ様にホルモン焼うどんが食べられている。

知っておきたい豚肉と郷土料理

　畜産環境のよい美星町で「美星ミート」が美星豚を肥育し、地産地消を中心に生産から販売、消費まで一貫して関わっている。美星ミートは美星牧場を経営し、美星牛や美星豚を飼育している。美星牧場は、美星高原の気候風土、地域環境がウシやブタの飼育に適している。

❶奈義町産おかやま黒豚

　1978（昭和53）年に鹿児島から黒豚（バークシャー種）の種豚を導入し、黒豚の飼育を研究した。1996（平成8）年からの3年間は、イギリスから優良な黒豚を導入し、黒豚の産地づくりを研究し、銘柄豚を開発した。これが「おかやま黒豚」である。飼育に当たっては、飼料の材料として植物性たんぱく質を含むネッカリッチや大麦を使用しているのが特徴である。甘みのある肉質が好評である。ネッカリッチとは常緑広葉樹の樹皮を木酢で処理したものである。

豚肉料理

　郷土料理ではないが、「豚蒲焼」が人気の料理である。豚肉料理専門の居酒屋もある。トンカツ、ソテー、しゃぶしゃぶ、串焼きなどは他県の豚肉料理と同じく、一般的な料理である。

- **でみかつ丼**　とんかつの卵とじの卵の代わりに、甘辛いデミグラスソー

スをかけたもの。地域によって味に違いがある。岡山でみかつ丼、倉敷でみかつ丼がある。

知っておきたい鶏肉と郷土料理

❶おかやま地どり

岡山県農林水産総合センターの畜産研究所が開発した地鶏である。白色プリマスロック（♂）とゴールデンネック（♀）（ロードアイランドレッド♂と横斑プリマスロック♀の交配種）の交配種。出荷日数が90〜100日。肉質は、赤みを帯びて厚みがあり、適度の脂肪を含んでいる。歯ごたえとコクのある肉質である。

❷岡山県産森林どり

丸紅畜産㈱が飼育。森林のエキス（木酢酸炭素未吸着飼料）を添加し、ビタミンEを強化した飼料を給与。低カロリー・低脂肪でビタミンEリッチを特長とした肉質。チャンキー種。出荷日齢は平均52日。

- **蒜山やきそば**　蒜山高原の郷土料理で、B級グルメの一つとして注目されている。鶏肉、野菜類と炒めた焼きそばに、リンゴのピューレの入った甘辛い味噌ベースのタレをかけて食べる。
- **笠岡ラーメン**　親鳥の鶏がらをふんだんに使ったスープ、トッピングにはチャーシューの代わりに煮鶏がのる。しょうゆ味のラーメンで、戦前から親しまれている。現在は魚貝系のだしも使われ、第二世代、第三世代のラーメンが育っているが、トッピングの煮鶏は変わらない。

知っておきたいその他の肉と郷土料理・ジビエ料理

イノシシやシカなどの野生の獣類による農作物への被害が後を絶たず、その被害は年々深刻化している。一方、農作物の被害を防ぐために捕獲したイノシシなどは、自家消費か廃棄処分をしていた。岡山県の備前県民局も、平成23年度から捕獲したイノシシやシカの有効利用に取り組むようになった。その利用としてフランス料理やイタリア料理の店と協力して「備前ジビエ」を創出し、家庭でも気軽に利用できる計画が進められている。イノシシやシカの肉がレストランや家庭で利用できるようにするには、捕獲後に処理した肉は安全で安心して使える状態でなければならない。そこで、管内に食肉処理施設をつくり、冬限定でイタリア料理やフランス料理

の店に安心・安全なイノシシやシカの肉を提供することにし、料理への利用の協力を依頼し、さらに家庭でも使えるレシピを提案してもらうようなシステムを構築している。

　提案されたジビエ料理の例には次のようなものがある。イノシシのメンチカツ、仔イノシシのムニエル、猪肉のキーマカレー、猪肉とキノコの煮込み、猪肉の角煮、シカロースのカツレツ、鹿肉のニンニク醤油ソテー、鹿肉のストロガノフなど。

- **イノシシらーめん**　別名「新見らーめん」ともいう。新見市の地域活性のために考案されたもので、ラーメンのだし汁を、ブタや鶏のガラでなく、イノシシ肉を使っている。
- **湯原ししラーメン**　ラーメンのスープは猪肉を煮込んでとり、チャーシューもイノシシ肉を使ったラーメン。岡山県には、ご当地ラーメンが多い。
- **鹿肉と猪肉の家庭用料理**　安全・安心のジビエ（イノシシ肉やシカ肉）が家庭でも購入できるように、販売店や道の駅などを明らかにしている（岡山県の備前県民局ホームページの「おうちジビエ」）。また、家庭でつくれるジビエ料理として次のような料理を提案している。シシ肉の梅酒煮、猪肉の味噌漬け、猪肉のスタミナ焼き（すりおろしたニンニクを入れたタレに猪肉を漬けこんでおいて焼く）、牡丹鍋（昔からある猟師料理のシシ鍋の味噌仕立て）、シカとじ丼（シカ肉とタマネギを入れた玉子丼）、鹿肉の竜田揚げなど。

34・広島県

海軍さんの肉じゃが

▼広島市の1世帯当たりの食肉購入量の変化 (g)

年度	生鮮肉	牛肉	豚肉	鶏肉	その他の肉
2001	41,535	11,202	14,196	12,562	1,796
2006	43,726	9,334	16,482	14,138	1,808
2011	47,625	10,676	16,593	15,038	1,656

　広島県には中国山脈や吉備高原などを源とする太田川、芦田川が流れ、その流域に広島平野や福山平野があるが、全体としては山地が多い。放牧には適した高くない地形である。

　広島県北部の中国山地で飼養されている広島牛は、素牛として古くから血統を受け継ぎ、優秀な雄種牛を作り出している。中国山地は穏やかな気候や風土に恵まれ、中国山脈に続くこの地域は和牛の肥育に適していたのである。同じように日本海側の島根県や鳥取県の中国山脈に続く地域での肉牛の飼育が行われているのは、気候や風土が肉牛の飼育に適しているからであろう。

　広島県畜産課のホームページには、肉牛の飼育事業を始めたい人のために、飼育方法だけなく飼料、消費者への取り組みも支援していることが理解できる。広島県としては、瀬戸内海に存在する多数の島嶼やその周辺の水域を利用した農作物の生産、魚介類の養殖が盛んなので、それらの産業と畜産業の発展に支援していることが明らかである。養豚に関しては、広島県内の養豚業者は年々減少している。広島県の養豚関係者は、協同組合を作り、養豚業の発展に努力している。

　2001年度、2006年度、2011年度の「家計調査」によると、広島市の1世帯当たりの生鮮肉の購入量は、中国地方全体の1世帯当たりに比べると、各年度とも多い。牛肉の購入量については広島市の1世帯当たりの購入量は中国地方のそれに比べて少ないが、豚肉の購入量については広島市の購入量のほうが多い。これは、広島の郷土料理のお好み焼き「広島焼き」は家庭でも作るからかとも想像できる。東京や大阪のお好み焼きと違って広

島焼きに使う豚肉の量が多いからと思われる。

　各年度の生鮮肉の購入量に対する各食肉の購入量の割合をみると、牛肉については、中国地方と同じような傾向がある。広島市の1世帯当たりの各年度の豚肉の購入量の割合が中国地方のそれより多いのは、広島市の家庭では広島焼きを作ることにより多くなっていると推測している。広島市の1世帯当たりの各年度の鶏肉の購入量の割合は、中国地方全体の1世帯当たりの鶏肉の購入量より少ない。生鮮肉に対する購入量の割合から考察すると、広島市の1世帯当たりの牛肉の購入量は、豚肉に比べて少ない傾向がある。

> 知っておきたい牛肉と郷土料理

銘柄牛の種類

　広島県の北部の中国山地の気候、風土は肉牛の飼養に適しているので、広島牛という立派な銘柄牛の発祥の地となっている。

❶**広島牛**

　品種は黒毛和種。広島県の主要な系統であった「神石牛」と「比婆牛」の交配により開発された最高の逸品。この2種類のウシの交配により、両者のよいところを取り入れた現在の広島牛が造成された。広島牛の肉質の特徴は筋線維が細かく、無駄な脂肪は少なく、肉色は鮮やかな紅色である。筋繊維が細く無駄な脂肪が少ない「サシ」が細かく入っている。肉質の良さは高く評価されている。繊細な味わいと深いコクがある。

❷**神石牛**

　古くから神石高原で飼育されている銘柄牛。肉質は甘く軟らかい。ロースは霜降り肉となっていて、筋線維は細かい。サシが均等に入っている肉質は、広島牛の肉質に影響を及ぼしている。甘く、軟らかく、ジューシーさを味わえる。ステーキは表面だけを強火で30秒ほど焼き、その後弱火で90秒ほど加熱することにより、美味しいステーキとなる。

牛肉料理

- **広島牛の料理**　サーロインステーキ、焼肉、牛タンの網焼き、肉の炙り焼き、しゃぶしゃぶ、すき焼きで美味しく食べられる。とくに、広島牛

肉100％のハンバーグの評判がよい。
- **海軍さんの肉じゃが**　おふくろの味としてあげられる「肉じゃが」のルーツは東郷平八郎がひきいる海軍の食事にあったと伝えられている。東郷平八郎がイギリス留学中に食べたビーフシチューを日本の軍艦の調理人に作らせたのが「肉じゃが」の誕生であるという説、軍艦の海軍兵に脚気の発症が多かったので、「肉じゃが」を食べてビタミン B_1 の補給のための食事だったという説がある。

> 知っておきたい豚肉と郷土料理

銘柄豚の種類

❶豚皇
品種は（ランドレース×大ヨークシャー）×デュロック。脂肪の厚さが5mm以下に飼育。枝肉重量は70〜74gの上物。

❷幻霜スペシャルポーク
デュロック種・大ヨークシャー種・ランドレース種の3種を交配させて開発した三元豚。身肉の脂質の構成脂肪酸としてリノール酸やオレイン酸が多いので口腔内で溶けやすく感じる。適した料理はトンカツやしゃぶしゃぶである。

❸幻霜スペシャルポーク（銀華桜）
脂肪に甘味がある。高級料理に使われている。

❹SAINOポーク
広島県立西条農業高等学校が開発し、ブランドとして登録している。

古くから中国山脈の麓の自然環境のよいところで、黒毛和種が飼育されていて、それが現在の広島の銘柄牛の広島牛に改善されたと伝えられている。中国山脈の山々からの伏流水も家畜の健康によい影響を及ぼしているに違いない。養豚については非常に健康なブタを開発し、わずか4軒の養豚農家で広島の優れた銘柄豚を飼育し、流通にのせている。

❺芸北高原豚
北広島町地区で飼育している。養豚農家が独自に開発した配合飼料を与えて飼育している。肉質は弾力と歯切れがよい。

豚肉料理

- **肉じゃが** 京都の舞鶴市とともに肉じゃがの発祥の地といわれている。呉市の肉じゃがは、じゃがいもはやわらかく、タマネギは歯ごたえを残すようにつくるのが特徴。

知っておきたい鶏肉と郷土料理

❶赤かしわ

軍鶏と白色プリマスロック種とを交配したしゃもロックと卵肉兼用のロードアイランドレッドを交配して造成したもの。脂肪が少なく、適度な歯ごたえがあり、生産量が少なく希少なので大好評の銘柄鶏である。

- **赤かしわの料理** 「赤かしわ」は「赤鶏」ともいわれる。炭火焼きが美味しい。また食酢を使ったさっぱり煮つけも人気の料理である。

知っておきたいその他の肉と郷土料理

広島県も他県と同じように、有害な野生鳥獣類からの害を抑制すること、捕獲した鳥獣類の利用について対策をとっている。とくに野生のイノシシ・シカによる食害が多く、その生息数の調整のために捕獲し、捕獲したものは衛生的な施設で処理し、広島県内のフランスレストランが主体となってジビエの普及に努めているのが現状である。広島市内にはジビエ料理を提供する店が約30軒もある。中国山脈での駆除と捕獲が順調であれば旨いジビエ料理も食べられるわけである。

- **猪肉のしゃぶしゃぶ** イノシシの肉はビタミンやカルシウム、たんぱく質を多く含むことから、栄養補給源としてもよい。イノシシ肉のしゃぶしゃぶを食べ、その後は、たっぷりの野菜を食べて口の中をさっぱりさせるといわれているが、野菜の食物繊維はイノシシ肉にも含まれ、腸に滞留しているものを除去するのによい。
- **つもごりそば（ウサギ、山鳥）** 三次地方の大晦日に食べる年越しそばにはウサギの肉か山鳥の肉を入れていた。現在は鶏肉を入れる。
- **狸汁** 三次地方では、具にはごぼうを使い、臭い消しに山椒が使われていた。タヌキの毛は毛筆に使われ、毛皮は防寒用に、皮は鞴に使われ、昔は高値で取引されていた。

35・山口県

おばいけ
(さらしクジラ)

▼山口市の1世帯当たりの食肉購入量の変化 (g)

年度	生鮮肉	牛肉	豚肉	鶏肉	その他の肉
2001	38,684	11,447	10,970	12,373	2,269
2006	44,258	10,102	13,913	15,810	2,101
2011	45,192	9,271	15,084	16,079	2,188

　山口県は、本州の西端に位置し、中国山地を境に日本海沿岸・瀬戸内海沿岸・山間部に分けられる。平地は少なく、標高の低い山地や丘陵が多い。下関を中心とする漁港には、日本海、響灘・瀬戸内海などの海域で漁獲された魚介類が、仙崎、浜田、下関などに水揚げされる。一方、山地の麓や丘陵地帯では放牧地が開設されている。

　山口県は日本在来牛の発祥の地である。和牛の原型の見島牛は、山口県の萩市の北西44kmの日本海にある見島で飼われてきた。黒褐色の小さな在来のウシで、室町時代に朝鮮半島から渡来した姿をそのまま残している。多くの日本のウシは、明治時代に渡来した西洋種と交配されて現在の和牛が出来上がっている。室町時代に朝鮮半島から渡来した姿をそのまま残しているのが見島牛である。見島牛は明治時代以前の日本のウシの特徴を残しているので、1928（昭和3）年に見島牛の産地が国の天然記念物に指定されている。原産地が山口県のウシには、無角和種がある。これは山口県阿武町で飼育している。このウシは欧米のアバディーン・アンガスとの和牛改良和種との交配により肉牛が開発されるなど、日本の肉牛の開発には重要な銘柄牛となっている。

　山口県は中国山脈を境に、日本海側、瀬戸内海沿岸、山間部に分けられている。大部分が標高の高くない丘陵や山地であり、この地形を利用し肉牛の飼育を行っている。

　経済活動を含め各分野でグローバル化の必要性が取り上げられている中、畜産関係も海外との経済活動は避けては通れなくなっている。山口県としても、国内の優秀な銘柄肉牛を開発し、飼育するだけでなく、畜産農家の

海外との経済活動に支援を考えている。山口県は離島の活性化の目的で、離島での養豚の企画をし、希望者を求めている。離島は海からの潮風など豊かな自然での養豚業の適正化をねらっている。

山口県は、漁業や水産加工業も盛んなところであるが、山口市の1世帯当たりの生鮮肉や牛肉の購入量は、おおむね中国地方のそれより多い。山口市の豚肉の購入量は、中国地方の豚肉の購入量より少ない。これらの傾向から山口市の牛肉志向がみえる。

各年度の生鮮肉に対する各食肉の購入量の割合を考察すると、牛肉については2001年度から小さくなっている。これに対して豚肉の購入量の割合は2001年度＜2006年度＜2011年度となっている。総じて鶏肉の購入量の割合が30～35％になっている。中国地方の鶏肉の購入量の割合（31.0～33.7％）とほぼ同じ傾向にある。

和牛の発祥の地の山口県の1世帯当たりの食肉の購入量が鶏肉である。

 知っておきたい牛肉と郷土料理

銘柄牛の種類

❶見島牛
　　みしまうし

日本の牛の中で在来種の姿を最もよく残し、日本の黒毛和種の祖先の形を残している。現在も、山口県萩市の北西の日本海上にある見島で飼育されている。見島牛は、萩市の北方45kmの日本海に浮かぶ「見島」に棲息していた黒毛和種である。何世紀にわたって、純粋な和牛の血統を守り続け、第二次世界大戦後、役牛として600頭前後がいた。農業の機械化に伴い、役牛は減少したが、1928（昭和3）年に国の天然記念物として指定されていた見島牛は、見島牛保存会の努力により2000（平成12）年には、雌83頭、雄15頭が残されることになった。和牛の霜降り肉の「起源」であり、和牛本来の「自然な霜降り肉」をもっているのが見島牛である。最近の、食嗜好に関して「霜降り肉」への満足感があげられているが、食べた後の口腔内がやたらと脂っぽく感じる霜降り肉でなく、赤身肉のうま味やコク味を邪魔しないように存在しているが、天然記念物としての見島牛の魅力である。

現在、和牛として流通している黒毛和種は、明治時代に、在来の和牛に

多くの外国種を交配して造成されたものである。現在の食肉の表示に「国産」や「外国産」といった複雑な注釈がついているのは、外国の品種の導入があったからである。

生まれた見島牛の雄が、繁殖用を除き去勢されて食肉用に回される。その肉質の筋線維がきめ細かく、脂肪の交雑は多く、優秀な霜降り肉を生産する。市場に出回るのは年間に12～13頭で幻の超高級肉である。

現在、見島牛はバイオテクノロジーの活用により保存に活路を見出している。

❷無角和牛（むかくわぎゅう）

山口県のみが飼育している品種で、他の県ではみられない、日本で唯一の角の無い肉牛である。粗食で、性格も穏やかである。赤身肉が多く、霜降り肉が少ない。近年の市場では霜降り肉を好むので、霜降り肉が評価の対象となっている黒毛和種に比べると半値に近いようである。私たちヒトの健康面から、脂肪含有量の少ない赤身肉に対する志向が高くなってきているので、無角和牛が注目される日が近いうちに到来するであろう。現在は年間50頭ほどしか飼育されていないが、無角和牛は美味しくコクのある赤肉の量が多い。脂肪含有量も少ないので、脂肪の摂り過ぎを気にしている人には人気の肉で、最近は東京・神奈川などの関東地方の有名レストランやホテルのレストランでの取り扱いが多くなっている。

❸秋吉台高原牛（あきよしだいこうげんぎゅう）

秋吉台のカルスト高原の豊かな自然の中で肥育されている黒毛和種。肉質は和牛独特の風味をもち、軟らかで、子供も高齢者も抵抗なく美味しく食べられる。霜降り肉より赤身肉の多い銘柄牛である。

❹防長和牛（ぼうちょうわぎゅう）

生産農家は2軒だけが指定されて育成しているという限定された黒毛和種。本品種の枝肉の取引に当たっては、売買人が生産農家、家畜市場、食肉センターへ直接出向いて、商品の確認、さらに品質向上のための意見交換をしてから購入するという難しい取引の過程がある。生産者と売買人との間の意見交換により肥育期間を長くし、より一層甘みとコクのある肉質が造成できるような工夫も取り組んでいる。

❺皇牛（すめらぎぎゅう）

全体的に余分な脂肪は少なくし、その代わりにロースの部位が多いのが

特徴。飼料の大麦は大量に、かつ長期間給与して肥育するので、あっさりした甘みのある肉である。天然記念物の見島牛の血統を受け継ぎ、外国の牛の影響は全く受けていないので、日本の肉牛のルーツを守っている黒毛和種である。現在は、100頭前後しか残っていない。天然記念物に指定されている。

日本の肉牛のルーツを受け継いでいる黒毛和種の遺伝的な特徴は、美しい「霜降り肉」が形成されることにある。その遺伝子を受け継いでいるのが皇牛や見島牛である。

❻高森牛(たかもりうし)

山口県岩国市周東地域で飼育している黒毛和種である。周東地区は、明治時代初期から畜産業が盛んであり、そのころから全国の良牛を扱っていたことから、現在の銘柄牛の開発へ繋がったと考えられる。飼育に使う飼料については、配合飼料を使わず何種類かの食材を混ぜて、給与している。枝肉は赤身肉が多く、脂肪の混入量は少ない。赤身肉は非常に美味しく、その美味しさを保つために生産者は努力している。仔牛の時代から飼育・健康・出荷まで、高森地区の生産者同士が管理している。周東町営の食肉センターが高森牛だけを加工・処理をしている。

❼見蘭牛(けんらんぎゅう)

1973（昭和48）年に、和牛のルーツである雄の見島牛と雌のオランダ原産ホルスタイン種を交配してできた交雑種。見島牛の霜降りを受け継いでいるウシ。すき焼き、焼肉、しゃぶしゃぶなどにも適している肉質である。

見蘭牛のお薦め料理は、地産地消メニューの「見蘭牛肉100％使用のハンバーグとご飯」のセットであると地元では推奨している。ハンバーグの中からあふれるジューシーな肉汁に自家製のみかんポン酢ソースがベストマッチである。

牛肉料理

山口県のウシは和牛のルーツである見島牛の影響を受けているので赤身肉が美味しい。したがって、赤身肉のうま味を生かした調理法が望ましい。料理としてはすき焼き、ステーキ、串焼き、煮込み料理、たたきなどが多い。岩国には牛汁がある。肉のうま味が溶出した汁は、和食との組み合わせによい。

知っておきたい豚肉と郷土料理

銘柄豚の種類

❶鹿野高原豚

周南市にある「鹿野ファーム」の農場で飼育している。四元交配により生まれた「ハイポー豚」で、肉質は軟らかくキメ細かい。豚肉本来のうま味も十分に味わえる。飼育している場所は、山口県で最長の錦川の源流の清流が流れる地域である。山間にあるため夏は涼しくストレスのない環境の中にファームがあり、徹底した衛生管理のもとで飼育している。このファームではソーセージも加工している。

❷山口高原豚

山口県の自然豊かな環境で飼育している。この高原豚はコクがあり、歯切れがよい。

豚肉料理

山口県のみに存在する豚肉料理はない。トンカツ、焼肉など、豚肉を使わなければならない料理には豚肉を使っているが、山口県独特の郷土料理はない。浅い鍋でつくるもつ鍋の「とんちゃん鍋がある。」

- **高原豚の料理** ロースの部位のカツが美味しく、ロースは「高原ハム」の名で売り続けている。ゆで豚(かたまの肉をネギや生姜の入った湯の中で茹でる)をワサビ醤油や和風マヨネーズで食べる。

知っておきたい鶏肉と郷土料理

山口県の銘柄鶏の種類は、ウシの銘柄の種類と比較すると少ない。

❶長州赤どり

恵まれた自然環境の中で、徹底した衛生管理のもとで飼育されている。自然環境での平飼いで十分な運動をさせているので、赤み色の肉質は締まりがあり、野性味溢れている。適度な脂肪含有量により一層のコクとうま味が味わえる。品種はハーバードレッドブロである。

❷長州どり

長州赤どりと同様に、豊かな自然環境の中で飼育している。長州赤どりも長州どりも深川養鶏農業協同組合が飼育している。品種はコブ、チャン

キーである。
- **いとこ煮** 祝い膳として提供される鶏の郷土料理。甘いあずきを吸物の材料（こんにゃく、ごぼう、シイタケ、かまぼこ、鶏肉）と合わせて食べる。
- **炭火焼き** 食べやすい大きさに切った肉や内臓などを炭火で焼く。その他串焼き、照り焼きなどがある。
- **鶏飯** 昔は、卵を産まなくなった鶏の肉、皮などを入れてご飯を炊いた。現在は地鶏の「長州どり」「穂垂れ米」にニンジンや椎茸を入れて炊く。

知っておきたいその他の肉と郷土料理・ジビエ料理

- **鯨肉入りまぜご飯** 節分の夕食には、クジラの肉、ニンジン、ごぼうなどを入れた炊き込みご飯を食べる。
- **おばいけ** さらしクジラともいう。かつては、下関は捕鯨の基地であった。その名残で、今も鯨料理の店は多い。クジラの黒い皮つきの脂肪組織（ブラバー）を薄く切って米ぬかをまぶし、熱湯に通す。脂肪組織はスポンジ状の白皮の「おばいけ」ができる。歯ごたえがあり酢味噌で食べる。
- **くじら飯** 大晦日に食べる郷土料理。昔から大晦日にクジラを食べると、クジラのように大きな年、すなわち、豊作で健やかに成長できる幸せな一年を迎えることができるといわれている。このような願いを込めて大晦日に食べた。また、県内には節分に、クジラとこんにゃくの煮物を食べる習慣もある。鯨肉、ごぼう、こんにゃく、しいたけを醤油と酒、砂糖で煮て、ご飯の上に汁ごと掛けていただく。

山口県のジビエ料理

山口県も野生のイノシシやシカによる被害を防ぐ対策を考えている。野生の獣類を食用に利用するためには、衛生的な処理を行わなければ、寄生虫や中毒菌による健康被害が発症する。山口県では、下関に「みのりの丘ジビエセンター」を建設した。ここで、年間600頭前後の処理をし、食肉や加工の利用に提供している。

- **ミンチにしてカツやソーセージに** 「みのりの丘ジビエセンター」で処理した肉（イノシシ肉やシカ肉）のロースやももとを混合し、ミンチして、ウインナーソーセージやメンチカツの材料としている。下関の直売

店やレストランで販売している。
- **シシ鍋** 山口県の猟師料理のしし鍋(牡丹鍋)は、白味噌仕立ての鍋料理として知られるが、豊田町地域では醤油味のしし鍋に仕立てる。
- **鹿肉のステーキ** 豊田町の道の駅では「シカ肉ステーキ」を提供している。

36・徳島県

徳島丼

▼徳島市の1世帯当たりの食肉購入量の変化 (g)

年度	生鮮肉	牛肉	豚肉	鶏肉	その他の肉
2001	37,325	11,469	12,056	10,800	1,060
2006	40,727	9,993	13,857	12,790	1,267
2011	38,230	7,453	13,636	13,690	1,748

　徳島県は、紀伊水道や太平洋に面している地域があるが、北部には讃岐山脈、中央部に剣山地が横たわり、山がちな地域が多い。畜産の盛んな県で、ブロイラーの生産が盛んであり、銘柄牛も多い。

　徳島県は、四国の南東を占めている。吉野川の流域に沿って酪農が盛んである。吉野川市鴨島町に「牛島」という地域があるのは、古くからウシを飼育していたのではないかと考えられている。

　徳島県の阿波畜産3種類（阿波牛、阿波ポーク、阿波尾鶏）は古くからのこの地域の銘柄畜産としてよく知られている。阿波尾鶏の飼育と同じようにブロイラーの生産も盛んである。また県として阿波牛、阿波ポーク、阿波尾鶏の繁殖・飼育・販売について重点をおいている。

　2001年度、2006年度、2011年度の「家計調査」からは、四国地方の1世帯当たりの生鮮肉の購入量は、他の地方とは大差がないことが分かる。四国地方の牛肉の購入量は、関東、東北および北陸地方に比べると多く、豚肉については、四国地方の購入量は、関東、東北および北陸地方に比べると少ない。四国が牛肉文化圏といわれているのは、この「家計調査」からも分かる。四国地方の鶏肉の購入量も東北、関東地方に比べれば多いといえる。

　徳島県の気候は、剣山地を境に南北で異なる。したがって、昔から産業の種類が南北で異なる。塩田が盛んな時代もあった。その一部はマダイの養殖に転じている、

　2001年度、2006年度、2011年度の「家計調査」から徳島市の1世帯当たりの食肉の購入量を考察すると、各年度とも牛肉の購入量に比べ、豚肉

や鶏肉の購入量が多い。

　生鮮肉の購入量に対する牛肉の購入量の割合を算出した結果、2001年度は約3割もあったのに、2011年度は約2割の購入量と少なくなっている。「家計調査」の資料によると、1世帯当たりの生鮮肉の購入量に対する鶏肉の購入量の割合は、約3割であるところが多いようである。

知っておきたい牛肉と郷土料理

銘柄牛の種類

❶阿波牛(あわぎゅう)

　1973（昭和48）年に、全国肉用牛共励会において肉牛としての高い評価を得た黒毛和種である。阿波牛とよばれるものは、徳島県内で飼育された血統明確な黒毛和種で、（公社）日本食肉格付協会による枝肉の格付けがA-4、B-4以上である。肉質は赤身肉の赤色と脂肪の白色のコントラストが鮮やかな霜降りであり、口腔内ではうま味が広がる。

❷四国三郎牛

　徳島県吉野川市川島町の無農薬の牧草で飼育されているウシ。肉質中の脂肪含有量はほどよく、さっぱりとした食味の肉である。徳島県内には阿波牛、四国三郎牛などの銘柄牛を販売している精肉店が多く、銘柄牛を取り扱っていることが精肉店の必須条件のように思える。

❸ふじおか牛

　徳島県那賀郡那賀川町島尻の藤岡牧場で飼育されているウシで、その肉は㈲ミートショップふじおかで販売している。生まれてから出荷まで、自家製の特別な配合飼料で飼育する。

❹一貫牛(いっかんぎゅう)

　徳島市仲ノ町の藤原ファームが運営している藤原牧場で飼育している黒毛和種。きめ細かな肉質と軟らかい食感が評価されている。赤身肉にはツヤのあるクリーム色の脂身（サシ）が入っている。脂身はしつこくなく、甘みがある。

牛肉料理

　焼肉、ステーキを自慢する店が多いのは、徳島県の和牛は、脂肪の味がさっぱりと感じるからであろう。

知っておきたい豚肉と郷土料理

徳島県には阿波畜産3ブランドといわれる家畜がある。阿波牛、阿波尾鶏に並んで阿波ポークがある。

❶阿波ポーク

1995（平成7）年から「阿波ポークブランド確立対策協議会」が設立され、2000（平成12）年には、15,000頭を生産している。阿波ポークとは、徳島県で造成され、徳島県で飼育されたブタであり、さらに阿波ポークブランド設立対策協議会から指定された農場で生産され、指定された店でのみ販売できる。品種は徳島県の系統豚のアワヨークと他の品種を組み合わせて開発している。

標準的な交配は、アワヨーク（♀）とランドレース種（♂、L）とを交配して得た雑種（♀）とデュロック種（DHD、♂）とを交配させる。このときに造成された三元豚が阿波ポークである。標準的な阿波ポークに大麦を配合した指定専用飼料で飼育したのが、スペシャルタイプといわれている。

品種は（ランドレース×大ヨークシャー）×デュロックである。阿波ポークブランド確立対策協議会が生産母体。出荷日齢は200日齢。飼料に鳴門産ワカメを混合。赤肉、脂肪の品質バランスのとれた豚肉である。飼料として大麦を投与するので脂肪の質がよい。

豚肉料理

- **徳島丼** 2008（平成20）年頃、フジテレビの社員食堂で人気だった。丼ご飯の上に徳島ラーメンの具材をのせたもの。徳島ラーメンの具は、醤油で煮込んだ豚のバラ肉、メンマ、もやし、生卵である。これを丼ご飯の上にのせる。歌手の桑田佳祐氏がテレビの番組の中で紹介。
- **徳島ラーメン** スープの味は、醤油味だが、濃い店、マイルドな店、さっぱりした味の店など、それぞれの店で独特のスープの味付けを決めている。ラーメンの特徴はトッピングの材料がチャーシューではなく豚のバラ肉である。これにご飯を添えたのが、徳島ラーメンのセットメニューの甘辛煮と生卵である。

知っておきたい鶏肉と郷土料理

❶阿波尾鶏

徳島県立農林水産総合技術センターの畜産研究所が開発した肉用の地鶏。軍鶏の雄と他の優良肉鶏を交配させて改良した品種。1990（平成2）年から販売が始まった。2001（平成13）年には特定JAS地鶏として認定された。飼育日数が長いためか、しっかりした歯ごたえのある肉質である。のびのびとした飼育環境のため、脂肪含有量は少ない。

❷阿波尾鶏重

徳島駅の駅弁でヨシダが作る。茶飯の上に錦糸玉子が敷かれ、その上に阿波尾鶏の塩焼きと、特製だれがほどよく染み込んだ照り焼きがのる。他には鳴門金時の大学芋など地元の食材を使ったおかずが入る、徳島らしいお弁当。

- **阿波尾鶏の料理**　から揚げ、水炊き、鍋ものなど日本料理のほか、フランス料理にも使われている。

知っておきたいその他の肉と郷土料理

四国全体として、野生の鳥獣類による被害を防ぐ対策がとられており、徳島県もその一環として捕獲した野生の鳥獣類の食用化に注目している。

ジビエ料理の認定制度を導入し、イノシシやシカの食用化を推進している。

37・香川県

肉うどん

▼高松市の1世帯当たりの食肉購入量の変化 (g)

年度	生鮮肉	牛肉	豚肉	鶏肉	その他の肉
2001	38,638	10,488	13,241	11,400	1,765
2006	36,499	8,222	12,914	11,944	1,732
2011	42,653	7,921	15,241	13,937	1,247

　香川県の県域は、瀬戸内海に面し、海上には小豆島、塩飽諸島などの島々も擁している。山側には讃岐山脈、海側には讃岐平野があり、ウシ・ブタ・鶏の育成に適している。家畜の銘柄では、讃岐牛・讃岐夢豚・讃岐コーチンが有名で、「讃岐三畜」とよばれている。讃岐うどんを有名にした小麦の生産、温暖な気候を利用した野菜の栽培は、畜産の飼料にも役立っている。

　香川県は、四国地方の北東部に位置し、一部は瀬戸内海に張り出し、瀬戸内海の小豆島、塩飽諸島などの島々も香川県域になる。最近、この島々の周辺での魚介類が、地域活性に使われている。江戸時代中期以降、坂出などの塩田で、西讃岐の綿作、向山周慶の尽力によるサトウキビの栽培・製糖が発展し、塩・綿・砂糖は「讃岐三白」と称された。サトウキビからは高級砂糖の「和三盆」がつくられ、京の和菓子の甘味料として欠かせなくなっている。香川は小麦の産地であるから名物は讃岐うどん、小豆島の手延べそうめんのような小麦製品がある。畜産では、讃岐牛・讃岐夢豚・讃岐コーチンをまとめて「讃岐三畜」が銘柄畜産物となっている。

　めん類、砂糖類、食塩、綿などの農作物の産業について香川県が支援し、東京・新橋に他の四国内の県と合同のアンテナショップを展開している。瀬戸内海に面しているので、瀬戸内海の魚介類を、加工品として地域活性に頑張っている。

　食肉志向からいうと、高松市は牛肉志向であるが、牛肉の購入量は徳島市の購入量と似ている。

　2001年度、2006年度、2011年度の「家計調査」によると、徳島市の牛

肉の購入量に比べればやや少ないが、各年度の購入量を比較するとわずかに少なくなっている。

豚肉について徳島市の購入量（1とし）と高松市の購入量の割合を計算すると、2001年度は1.1、2006年度は0.9、2011年度は1.1となっている。購入量はほぼ同じである。

生鮮肉の購入量に対する各食肉の購入量の割合を算出すると、牛肉では2001年度＞2006年度＞2011年度の順になる。この傾向はほとんどの県についてみられる。2006年度は牛肉の購入を避ける社会問題があったのかと調べてみたが明らかでない。高松市の1世帯当たりの各年度の豚肉と鶏肉の購入量については徳島市と似た傾向がみられる。高松市の生鮮肉に対する牛肉の購入量の割合は、豚肉や鶏肉に比べれば少ない。

知っておきたい牛肉と郷土料理

銘柄牛の種類

❶讃岐牛

讃岐牛の肥育は、明治時代に小豆島での黒毛和種から始まったと伝えられている。小豆島で肥育したウシは、大正時代初期に京阪神地方では「讃岐牛」の名で評判がよかった。瀬戸内海で醸し出された豊かな気候風土はストレスも無く、讃岐地域や小豆島の讃岐牛の健康な育成によい環境を与えている。生育したウシの肉質は風味がよく、軟らかく、口腔内でもよい食感を与えてくれるようになった。ジューシーでとろけるようであると評価されている。香川県内で肥育された血統明確な黒毛和種で、枝肉の格付けがA、Bの4等級以上（金ラベル）であるという条件もある。ただし、A、Bの3等級は銀ラベルに格付けされる。讃岐牛の中でも、飼料の一部にオリーブからオリーブ油を調整した後の搾りかすをを乾燥し、苦味のない飼料として与えている特別な讃岐牛もある。

❷オリーブ牛

黒毛和種。小豆島はオリーブの生産地として知られている。そのオリーブの果実（種子も含む）から調製したオリーブ油の脂肪酸はオレイン酸を主成分とし、人間の健康づくりにも役立つ油である。オリーブ油を含む果実の乾燥物を飼料に給与して育成したウシが「オリーブ牛」である。小豆

島の讃岐の牛（黒毛和種）の品質を守りながら、より一層品質のよい肉質をもっている。ブランド推進主体は、讃岐牛同様に「讃岐三畜銘柄化推進協議会」で、香川県産の黒毛和種でなければならない。

牛肉料理　讃岐うどんとコラボレーションし、地産地消を目的とした「オリーブ牛肉うどん」がある。地域活性のために考案した「肉うどん」である。

- **オリーブ牛肉うどん**　讃岐牛・オリーブ牛振興会がオリーブ牛の消費拡大をはかるために、地域食材との連携による郷土料理の創出として、うどん専門店も参加して「オリーブ牛肉うどん」を開発した。オリーブ牛をすき焼き風に煮込み、うどんにのせる。
- **レトルトカレー**　オリーブ牛や讃岐牛を具としたレトルトのカレーが市販されている。その他に讃岐夢豚、讃岐コーチンを具にしたレトルトカレーも市販している。
- **肉うどん**　香川県の名物は、コシのある讃岐うどんであるが、正月には「肉うどん」を食べる習慣がある。定番の「讃岐うどん」の「ぶっかけ」に甘く味付けした牛肉をのせ、さらにたっぷりの薬味（刻みネギ）をのせたものである。薬味のほかに蒲鉾や油揚げなどをのせる場合もある。讃岐うどんの店の「肉うどん」の看板も大きく目立つが、正月には行列ができる。

知っておきたい豚肉と郷土料理

銘柄豚の種類

❶讃岐夢豚

品種はバークシャー種の血液が50％以上遺伝しているもの。讃岐夢豚普及推進協議会が管理。大麦を加え、上等な肉質の豚肉。脂肪は白く甘味がある。この銘柄豚の開発が取り組まれたのは1994（平成6）年のことである。イギリスから肉質の最も良いといわれるバークシャー種（黒豚）を導入し、香川県の畜産試験場で開発した。1998（平成10）年に、このブタを「讃岐黒豚」として普及しようと協議会を設立したが、農水省から、黒豚とよばれるのは純粋な黒豚（バークシャー種）のみであるとの指導があり、「讃岐夢豚」の名に改めて普及活動をスタートした。

讃岐夢豚は、バークシャー種50％以上のブタであり、純粋に黒豚だけなら「讃岐黒豚」とよぶことになっている。肉質の脂肪は真っ白で甘みがあり、軟らかく、うま味も十分に存在すると評価されている。飼料には麦類も給与する。一般のブタの飼育期間が6か月であるのに対し、讃岐夢豚は約7か月間飼育する。

❷**産直コープ「讃岐もち豚」**

生協（コープかがわ）が「もち豚」を独自に開発し「コープ讃岐もち豚」として販売している。販売のスタイルは焼肉用、とんかつ用など用途別に大きさや厚さを調製して販売している。

豚肉料理

- **肉うどん**　讃岐うどんには牛肉ものせるが、甘みのある豚肉をのせる店もある。
- **ハンバーグ**　讃岐夢豚のハンバーグは、一般の豚肉のハンバーグよりも美味しいと評価され、贈答品にも作っている。
- **小豆島の焼き豚**　小豆島の精肉店が開発した焼き豚で、小豆島の醬油で煮るために、醬油の香りが加わることで、より一層美味しい焼き豚を作り上げている。
- **小豆島の煮豚**　小豆島の醬油を使った調味液で煮た豚肉は、脂身がとろりとして人気である。

知っておきたい鶏肉と郷土料理

❶**讃岐コーチン**

讃岐三畜のひとつ。1993（平成5）年に、中国産の「コーチン」を素材にし、畜産試験場で誕生したのが「讃岐コーチン」。讃岐コーチンは温和な性格で、飼育しやすい大型の鶏である。コーチンの血統を受け継いでいるから毛色は赤褐色である。肉質は適度な歯ごたえがあり、コクもある。脂質含有量は比較的少ない。ビタミンB_1、リノール酸に富む肉質である。

❷**讃岐赤どり**

（ロードアイランドレッドの雄）×（ロードアイランドレッドの雌とロードサセックスの雌）の交配種。㈲カワフジが独自に配合した飼料で、75日間飼育した鶏。四季を通し気候温暖な明るい瀬戸内海の環境を受けたと

ころで平飼いしている。

❸地鶏瀬戸赤どり

　温暖な瀬戸内海のストレスがない環境でのびのびと飼育した讃岐の地鶏である。飼育日数は約85日とブロイラーに比べれば長い期間の飼育なので、締まりのあるうま味に深みがある。地鶏瀬戸赤どりは、体毛、羽毛が赤褐色のロードアイランドレッド種を源として、厳しい衛生管理のもとにじっくりと飼育、改良して誕生。

- **「骨付き鶏」の炭火焼**　鶏のももの部分を塩やスパイスで調味して、炭火で焼き、大きいまま皿にのせて提供。地元の人が薦める鶏料理の一つ。硬いのでよく噛む。よく噛むからうま味が口腔内に広がり、居酒屋での酒の肴として人気である。親鶏の半身を使ったもの、雛鶏を丸ごとまたは半身を使ったものもある。

知っておきたいその他の肉と郷土料理・ジビエ料理

　野生の鳥獣類による山林の樹木、農作物の被害の防止については、香川県も対策を講じている。香川県の猟友会は野生の鳥獣類の生態や利用に至るまでの情報把握のためにフォーラムを計画したこともあった。いずれにしろ、野生の有害鳥獣類を捕獲し、食材としての利用を、県だけでなく、日本料理、フランス料理、イタリア料理の専門家も考え、いろいろなメニューが提供されている。猟師が減少したことによる捕獲の難しさ、野生の鳥獣類の衛生面の問題、臭みの問題などが、ジビエ料理普及の壁となっている。

- **兎肉入りおみいさん**　「味噌入り雑炊」のことで、徳島県では庶民の食べものである。徳島県以外では、香川県の讃岐山脈の地域と兵庫県の加古川で食べられる。香川県の「おみいさん」の特徴は、具にウサギの肉を使っていることである。
- **しっぽく（卓袱）そば（ウサギ）**　かけそばにさまざまな具をのせたもの。香川ではしっぽくうどんもある。店によっては、しっぽくそばもしっぽくうどんも提供しているが、具はそれぞれの店によって異なりさまざまである。その中に味付けしたウサギ肉をのせている店もある。具には玉子焼き、蒲鉾、味付けシイタケ、クワイなどを使う。
- **しっぽく（うどん）**　具だくさんのうどん。讃岐地方では冬至や大晦日

に食べられた。イリコのだし汁に、里芋や大根、ニンジン、椎茸などの野菜や、油揚げ、豆腐を加えて、温めたうどんにたっぷり掛け、ネギや春菊を添える。ウサギや柏（鶏肉）が入るとご馳走になる。
- **ぼっかけ**　汁掛けご飯。温暖な讃岐でも冬場は体が温まる"ぼっかけ"がよく食べられた。その昔、新鮮な魚が入手できない山間の地では、ウサギの肉が使われた。イリコのだし汁に、大根やニンジン、椎茸、豆腐、筒切りにしたサバやボラ、チヌを入れ、山間ではウサギの肉を入れて、醤油と塩で味を整え、ネギを入れて熱々のご飯の上にたっぷり掛けていただく郷土料理。

38・愛媛県

焼き豚玉子飯

▼松山市の1世帯当たりの食肉購入量の変化 (g)

年度	生鮮肉	牛肉	豚肉	鶏肉	その他の肉
2001	39,056	11,038	12,210	11,703	1,795
2006	40,672	9,157	13,754	12,265	2,034
2011	46,765	8,921	16,685	15,688	1,966

愛媛県は瀬戸内海や宇和海に面し、温暖な気候の地域でかんきつ類や野菜類の栽培の盛んなところである。愛媛県宇和島市には闘牛場がある。鎌倉時代に宇和島の農民が農耕用の強いウシをつくるために、野原で角突き合わせしたのが宇和島の闘牛の始まりという説がある。もう一説は、17世紀後半に宇和海を漂流していたオランダ船を福浦の漁師が救助したところ、2頭のウシが贈られ、この2頭がたまたま格闘したことに起源があるとの言い伝えである。

現在、宇和島では定期的に闘牛大会が行われている。役牛や闘牛用のウシだけでなく、農耕に役立つ丈夫なウシを育てること、肉牛の飼育へも発展していったと思われる。宇和島の夏には、「闘牛大会」だけではなく「牛鬼祭り」もあり、ウシとは深い縁のある地域である。

また宇和島だけでなく、愛媛県は自然豊かな地域なのでウシの肥育や養豚に適している。愛媛県は「愛」の字がついた県なので、地産地消、食文化の継承、地域活性など「えひめ愛フード推進機構」を設立して活動している。近年話題になっているジビエも愛媛県の活性のヒントとして結び付けられたいところである。

各年度の松山市の1世帯当たりの生鮮肉の購入量は、四国地方の全体の1世帯当たりの購入量より多い。生鮮肉の中でも豚肉の購入量は各年度とも多い。2011年度の豚肉の購入量は四国地方全体の1世帯当たりや徳島市の購入量より多い。

上記「家計調査」を資料として1世帯当たりの生鮮肉の購入量に対する各食肉の購入量の割合を算出したところ、豚肉と鶏肉については約30%の

購入量である。価格の安い鶏肉や豚肉を合わせた約60％の食肉が、生鮮肉として購入されていると推測できる。

知っておきたい牛肉と郷土料理

銘柄牛の種類

❶伊予麦酒牛

品種は交雑種とホルスタイン種。伊予麦酒牛生産農場連絡協議会が生産者。交雑種は28～30か月齢、ホルスタイン種は24～72か月で出荷。穀物と牧草をブレンドした飼料を投与。脂肪層はおいしく軟らかい肉質。

「えひめ愛フード推進機構」の計画として愛媛銘柄牛の開発があった。この企画に賛同し、8畜産会社が安心・安全にこだわり、発酵ビール粕や穀物を材料として配合した飼料を給与して飼育している黒毛和種である。発酵ビールの粕に含まれている微生物が健康なウシを作り上げるのに役立っているにちがいない。

❷伊予牛絹

JA愛媛が瀬戸内海の温暖な気候の恩恵を受けた愛媛県で飼育している黒毛和種。肉質は軟らかく、まろやかな食感がある。牛肉のもつ本来のうま味をもっていて、「絹の味」にふさわしい特別な美味しさをもつ。

❸いしづち牛

昔ながらの伝統的な飼料（自家製配合飼料と稲わらからなる飼料）で飼育している黒毛和種。安全で、脂肪の美味しい肉質をもっている。

❹ヘルシー牛

愛媛県の農林水産研究所センター（西予市）では人工授精や受精卵移植技術を使って、「赤身多くヘルシー」の肉牛の開発を進めている。

牛肉料理

- **牛肉100％のハンバーグ**　地元では、愛媛の銘柄牛100％にタマネギを混ぜたハンバーグを薦めるようである。
- **鉄板焼き**　牛肉の料理はステーキ、しゃぶしゃぶ、すき焼きなどがあるが、庶民的な鉄板焼きが地元の人の薦める料理。
- **串焼き**　愛媛県の串焼きの肉は牛肉が多い。モツも牛肉のものを使う。

知っておきたい豚肉と郷土料理

銘柄豚の種類

❶愛媛甘とろ豚

愛媛県「えひめ愛フード推進機構」の関連事業で、愛媛県畜産研究センターが高級肉質を誇りとする中ヨークシャーを父とし、愛媛県が独自に開発した銘柄豚。中ヨークシャー。愛媛県産裸麦を配合した専用飼料を給与して飼育している。肉質の特徴は、サシの入る量は口腔内での溶け具合がよくしつこさを感じない。赤身の肉色は濃く、ジューシーで甘い。脂質を構成する脂肪酸組成としては、餌にオレイン酸を加えているのでオレイン酸が多い。愛媛県のストレスの無い地域でのびのびと、厳重な衛生管理のもとで飼育している。

❷ふれ愛・媛ポーク

「えひめ愛フード推進機構」の関連事業として開発した愛媛県独自の銘柄豚。種豚は愛媛県が指定する種豚場から供給されるハイコープ豚を利用した三元豚（LWD）。肉質の特徴は、種豚の特徴を最大限に生かしたうま味と締まりがあり、きめ細かく、あっさりした味をもつ。国際的品質基準の「ISO9001」の施設の中で衛生的に飼育している。

ハイポー豚と交配した銘柄豚には、「クイーンズハイポー豚」（八幡市）がある。ネッカ豚という銘柄豚もある。

豚肉料理

- **焼き豚玉子飯** 今治市の名物料理で、B級グルメの一品。もともとは、今治市内の中華料理店の賄ご飯だった。安価で満腹になることから学生や若者に人気となった料理。ご飯に薄く切った焼き豚か煮豚をのせ、さらに半熟の目玉焼きをのせ、焼き豚のタレで味付けた丼もの。今治市内では、家庭料理として普及していて、各家庭により豚肉の味付けや玉子料理に若干の違いがある。

知っておきたい鶏肉と郷土料理

❶媛(ひめ)っこ地鶏

2002(平成14)年に愛媛県養鶏試験所が開発した肉用鶏で、4種類の鶏(ロードアイランドレッド、名古屋種、シャモ、白色プリマスロック)の交配種。適度な歯ごたえと、ほどよい脂肪含有量のバランスがよい。媛っこ地鶏振興協議会が普及に取り組んでいて、県内各地に生産者は20軒ほどである。愛媛県の料理店が「おもてなし料理」の鶏料理の食材として使っている。

- **いも炊き** 大洲市や南予地方の秋祭りには、芋の収穫を祝い、河原に大勢集まり、サトイモ、ゴボウなどの野菜類の中に鶏肉を入れた鍋料理を作り、食べて地域のコミュニケーションを図る。愛媛県の郷土料理の一つ。

知っておきたいその他の肉と郷土料理・ジビエ料理

愛南町の鳥獣類対策

愛南町は野生の鳥獣類により農家の野菜類が被害を受けている。町として野生の鳥獣類による被害から守る対策に取り組んでいる。その一つが捕獲したイノシシやシカの食用化。有効利用のためのジビエ料理のレシピを集めている。

松野町の取り組み

松野町は、イノシシやシカの有効利用と観光PRに結びつけた町の活性化として、ジビエ料理を提案した。松野町には滑床渓谷という観光のPRとなる絶景があるので、「四国ジビエ連携」を発足し、松野町が先進的に取り組んでいる。料理としてはフランス料理やイタリア料理の中のジビエ料理が提案されている(NHK松山放送局でも「町おこし」として紹介している)。

- **ほろほろ鳥料理** ほろほろ鳥(飼育しているものか天然のものかは明らかでない)の料理を提供する店がある。

39・高知県

ジンギスカン鍋

▼高知市の1世帯当たりの食肉購入量の変化（g）

年度	生鮮肉	牛肉	豚肉	鶏肉	その他の肉
2001	34,987	8,593	11,520	12,069	1,101
2006	35,440	7,918	12,320	12,216	1,572
2011	40,208	7,515	15,622	13,352	1,152

　高知県は東西に長く、北部には四国山脈が連なり、太平洋に面している海岸線は長いが、全体として山地が多い。畜産関係では、銘柄牛として土佐和牛を開発し、土佐ジローや土佐はちきんなどの銘柄鶏などがよく知られている。

　高知県の天然記念物となっている小地鶏（土佐地鶏）は、小型の地鶏である。小地鶏は日本の地鶏では一番小型で、羽や大きさから古代ニワトリの面影を強く残している地鶏と考えられ、天然記念物として保存されている。土佐地鶏である小地鶏は天然記念物なので保護されている。現在の土佐地鶏は「土佐ジロー」といい、高知県畜産試験所が高知県特産の土佐地鶏の雄とアメリカ原産のロードアイランドの雄を交配してつくられた一代雑種のニワトリである。

　高知県の銘柄牛は「あか牛」の名で紹介されることがある。「あか牛」とは、褐毛和牛のことである。大友宗麟（1530〜87）の時代に役牛として輸入され豊後に多くいた朝鮮半島系のウシを、明治時代に熊本・高知に送り、明治時代にシンメンタール種の雄を交配させたものから、改良を重ねてできたものである。高知県で飼育されている高知系のウシは全国和牛登録協会に属する。

　高知県は、カツオ漁業を含めた水産業の盛んなところであるので、魚介類が食卓にのぼることが多いためか、どの年度も1世帯当たりの生鮮肉の購入量は、関東地方や関西地方に比べればやや少ないようである。高知市の1世帯当たりの牛肉と豚肉の購入量は、四国地方の全体の1世帯当たりの牛肉や豚肉の購入量に比べれば少ないようである。高知市の鶏肉の購入

量については四国地方の購入量とほぼ同じ程度である。

　高知県の1世帯当たりの生鮮肉の購入量に対する牛肉の購入量の割合は18.6～24.6％である。これに対して、豚肉と鶏肉の購入量の割合は32～38％と多い。鶏肉や豚肉のほうが価格的に安いから買いやすいということも考えられる。

知っておきたい牛肉と郷土料理

❶土佐和牛

　品種は県内で肥育された和牛（褐色和牛、黒毛和牛）。小さなサシが入り、軟らかく、味はまろやか。褐毛和牛は高知県だけでなく、熊本、東北や北海道にも棲息している。高知の褐毛和牛の毛色は、熊本系の褐毛和牛の毛色と違い、目の周囲、鼻、蹄が黒い。これを「毛分け」という。体質は、強靭で暑さに強く、おとなしい性格のウシである。適度な脂肪を含み、安全で美味しい。肉質の特徴は、筋線維が細かくまろやかで、脂肪含有量も適度で、コクもある。地域によっては、土佐赤牛、嶺北牛、カルスト牛、津山牛ともよぶ。

❷大川黒牛（黒毛和種）

　大川村で飼育している黒毛和種は大川黒牛とよばれる。但馬系の黒毛和種を改良した銘柄牛。大自然の中、傾斜地で運動するので健康な若牛をたっぷりと時間をかけて肥育している。毎年、11月には大川黒牛のPRの目的のために、謝肉祭が開かれる。肉質は黒毛和種の特徴である霜降りのよい肉である。

牛肉料理

- **牛丼**　吉野家の牛丼は、高知県でも人気らしい。吉野家の牛丼でも刻んだ長ネギをたっぷりのせ、それに生卵をのせてある。

知っておきたい豚肉と郷土料理

❶窪川ポーク米豚

　「窪川養豚協会」が配合飼料の統一などの生産体制をとり、品質の向上に取り組んでいる。四万十川が流れる四万十町は標高230mの位置にあるので、昼夜の気温の差が大きく、美味しい米の産するところである。ここ

で生産される仁井田米を給与して飼育したブタである。赤身肉の脂肪の交雑（霜降り）は豊富で肉質の軟らかさに関与している。
- **窪川地区の豚肉料理** 窪川米豚丼と炙り焼き丼がある。窪川米豚丼は、ご飯に米豚の生姜焼きや豚の焼肉をたっぷりのせた丼。「窪川あぶり焼き丼」はホテル松川温泉の名物料理で、炙った豚肉を丼ご飯の上にのせたもの。

知っておきたい鶏肉と郷土料理

❶土佐ジロー
高知畜産試験場が開発した卵肉兼用の品種である。土佐地鶏の雄とロードアイランドレッドの雌の交配種である。大型の鶏ではないが、肉質は締まりとコクがある。

❷土佐はちきん地鶏
土佐九斤（とさくきん）と大軍鶏の交配によりできたクキンシャモと、白色プリマスロックの交配により、高知県が開発した地鶏。

鶏肉料理

- **丸焼き類** 高知の名物鶏料理は、処理した鶏肉を小さく切らないで、丸の形や半身など骨付きのままオーブンで焼いた料理が多い。高知の人々の客に対するおもてなし料理の一つである。

知っておきたいその他の肉とジビエ料理

高知県が野生の鳥獣の被害を防ぐ対策を計画しているのは、他の都道府県と同じである。地鳥獣の被害からの防御と同時に里山の保全のためにも企画している。高知県は、ジビエ料理の開発に対し、他の都道府県よりも積極的に取り組んでいるのがみられる。

- **イノシシのチャーシュー** イノシシ肉を販売している食品会社は、イノシシ肉を冷凍状態で販売するほか、レトルトのイノシシ肉のチャーシューを開発し、道の駅で販売している。
- **シシ鍋** 高知県の仁淀川町（によどがわちょう）の山間部や四万十川の上流の民宿や食事処ではシシ鍋を提供するので、シシ鍋ツアーなどが計画されている。さらに四万十川の近くで催される1月の「とわ鍋祭り」では「きじ鍋、しし鍋、

包丁汁」を提供する。
- **土佐鹿料理** （一社）香美市観光協会が主体となり、シカ肉の燻製、味噌漬け、ソーセージ、ハンバーグなどを、土佐鹿のブランドの名で販売している。ソーセージには特製のケチャップ、ピクルスなども一緒に販売している。
- **キジ料理** 土佐・本川で捕獲したキジは鍋料理、水炊き、ちゃんこ鍋、もつ鍋、キムチ鍋などで食べる。さらに、㈱木箱建設は本川でキジを飼育している。これを木の箱にセットし献上品として提供している。野生の鳥ではないので、計画生産ができる利点がある。
- **鹿肉プロジェクト** 2009（平成21）年に香美市では「山を守りたい、美味しい鹿肉をたべたい」をスローガンに、シカなど野生の鳥獣による里山や農作物の被害から守るために運動を始めている。（公財）高知県産業振興センターがジビエの事業を支援している。

40・福岡県

水炊き

▼福岡市の1世帯当たりの食肉購入量の変化 (g)

年度	生鮮肉	牛肉	豚肉	鶏肉	その他の肉
2001	47,575	11,516	14,721	16,792	2,303
2006	46,748	9,687	15,700	16,387	2,504
2011	46,031	7,218	17,481	17,034	1,706

　福岡県は、古くから東アジアの交流の拠点であり、九州の政治・経済・文化として栄えていたので、食文化も外国の文化や風習の影響を受けたものも多い。博多ラーメンのスープの豚骨など肉系のスープは、日本の代表的「だし」のかつお節や昆布を使ったものとは違う。ラーメンのスープだけからみても、福岡には肉を使った独特の文化が存在していると推察できる。

　九州は、日本の南西部に位置するため中国、東南アジア、西欧の文化の入り口となり、日本の本州とは違った食文化がある。福岡県は、食品のブランド作りが上手な地域といわれている。博多ラーメン、明太子、鶏料理の水炊きは代表的福岡の名産品となっている。明太子の会社の経営方法は通販システムのオリジナルであるといわれていることからも、福岡県民は商品の販促の上手なところであると推測している。

　2001年度、2006年度、2011年度の福岡市の1世帯当たりの生鮮肉の購入量も、牛肉、豚肉、鶏肉の購入量も他の地域に比べれば多い。ただし2011年度の各食肉の購入量は、この年に発生したブタの口蹄病、トリインフルエンザの影響が関係していると思われる。

　全国的にみても、2011年度の食肉の購入量は減少している。2001年度の3分の1の地域もある。このことは家畜家禽類の感染症の発症が関係していたと推測できる。

　九州地区のその他の肉の購入量は、他の地区の2倍ほどある。ジビエ類の他に利用している食肉の種類は分からない。熊本県や福岡県では馬肉を食べるので、これがその他に含まれている。

2011年度の生鮮肉の購入量に対する牛肉の購入量の割合が2001年度の21.4％から15.6％まで低下したのは、2010年度の家畜の感染症の発症と関係がある。生鮮肉の購入量に対し豚肉や鶏肉の購入量の割合は、3割程度であった。2011年度は、豚肉、鶏肉の購入の割合は37～38％で、他の地区の購入量より多くなっている。

知っておきたい牛肉と郷土料理

銘柄牛の種類　　小倉牛、福岡牛、博多和牛、糸島牛、筑穂牛（嘉穂牛）、筑前あさくらの牛などがある。最も人気があるのは小倉牛である。

❶小倉牛

　北九州が生んだ最高の傑作牛なので、福岡県の銘柄牛のなかでは、最も人気がある。生後8～10か月から約20か月の間、丁寧に飼育した黒毛和種である。なかでも品質の日本食肉格付検査基準がA-4、B-4以上の枝肉だけが小倉牛の肉として流通される。飼育にあたっては、生産者は指定された飼料を与え、健康状態、病気の予防に細心の注意をしている。小倉牛は、JA北九州が商標法に基づいて商標権を所有している。また、販売は、北九州市内の認定された店でのみ販売している。

❷福岡和牛（福岡牛）

　福岡県内で8か月以上肥育され、JAS法では福岡県産に限る交雑種または乳用種。美味しい牛肉を気軽に食べたいというニーズにこたえるために開発した、リーズナブルな価格で購入できる美味しいウシ。肉質の特徴は、美しい霜降りできめ細かい。肉本来のうま味があり、軟らかい。

❸博多和牛

　福岡県内の博多和牛生産者として登録された農家のみが大切に飼育した黒毛和種。福岡県の豊かな自然の環境の中で、健康管理を心掛けて飼育しているウシである。特徴として福岡県内産の稲わらを主食とした良質な飼料を与えていることである。トウモロコシ、麦、ふすま、大豆などの食物繊維の多い飼料も与え、軟らかいジューシーな肉質を作り上げている。トウモロコシや大豆を与えることによりたんぱく質も摂取できるので、良質な肉質をつくりあげるには必須の飼料となっている。

❹筑穂牛(ちくほぎゅう)

筑穂町内の限られた農家だけが飼育している黒毛和種。肉質の特徴は甘く、軟らかい。

❺糸島牛

糸島では肉用の黒毛和種の子牛も生産し、繁殖農家は生まれてから約20か月間、体調の管理をしながら丁寧に飼育している。ゆったりとした糸島の環境でストレスを与えずに飼育している。

❻筑前あさくらの牛

JA筑前あさくら管内で生産、販売されているウシで、乳用種、交雑種がある。地産地消を目的として生後から24か月以内もゆっくりと飼育している。地産地消を目的で飼育されたウシの肉であるから、生産者の顔が見える肉といえる。

牛肉料理

- もつ鍋　第二次世界大戦後、福岡・博多においてアルミ鍋で考案された醤油味のホルモン鍋が、もつ鍋のルーツと伝えられている。ホルモンとしてウシの内臓が使われた。東京に博多風のもつ鍋店がオープンしたのが、1992年である。東京はブタの内臓を使った。最近の福岡のもつ鍋はニラ、キャベツなどの野菜も入れ、醤油味と味噌味がある。食べ終わったら最後にちゃんぽん麺を入れることもある。
- 田川ホルモン鍋　ブタのホルモンかウシのホルモンかは明確ではないが、1950年代に炭鉱で栄えた田川の炭鉱夫が鍋の代わりに、セメント袋を鍋の代わりにしてもつ鍋を作ったことに由来する。四角い独特な形状の鍋で作る。ホルモンを炒めて、もやしやキャベツ、玉ねぎ、にらなどのたっぷりの野菜と豆腐などを入れて蒸し焼きにする。野菜から出る水分で調理する。閉山した今も庶民の味として愛されている。
- 焼肉・ステーキ・しゃぶしゃぶ・牛タン　牛肉のよく知られている料理の店は多い。とくに焼肉、牛タンの炭火焼の店は人気のようである。
- 肉うどん　北九州市、戦後の食糧難に、屠畜場で捨てられていたウシの頭をもらい、そのほほ肉を活用して作ったのが始まりといわれている。ほほ肉や牛すじを甘辛くとろとろに煮て使う。大盛りは"肉肉うどん"とよぶ。ゆず胡椒を入れても美味しい。

- **牛肉とゴボウの柳川風** 鍋に調味料を入れ、この中に水さらししたささがきゴボウと牛肉(ロース)を入れて、甘辛く煮込み、最後に溶き卵でとじる。江戸時代のドジョウ料理の柳川鍋に由来するといわれている。名前の由来は大相撲の柳川信行、または福岡の駅名の柳川にあるといわれている。

知っておきたい豚肉と郷土料理

銘柄豚の種類

❶博多すい〜とん
大ヨークシャー種×ランドレース種×デュロック種の交雑種の三元豚。茶粉末を混ぜて生産者が指定した配合飼料で飼育している。肉質は臭みがなく、きめ細かで、風味がよい。

❷国産もち豚
もち豚は全国各地で独自の特徴のあるものを生産している。福岡のもち豚は、安心のできる系統のハイコープSPF豚である。乳酸菌も投与するなど健康管理を十分に行っているブタであり、肉質の特徴は、豚肉本来のうま味があり、ジューシーである。

❸一貴山豚と糸島豚
自然豊かな糸島市の「いきさん牧場」で飼育しているブタ。JA糸島が出荷しているブタが「糸島豚」、一貴山の麓で飼育しているのが「一貴山豚」である。いきさん牧場のオーナーは精肉でも販売しているが、ハム・ソーセージに加工し、あるいはスパイスのきいたアイスバイン、味噌漬けに加工して販売している。

豚肉料理

- **もつ鍋** 第二世界大戦後に発祥した「もつ鍋」は、すき焼きをアレンジしたといわれている。ウシの内臓も使うが、ブタの内臓も使う。たっぷりのキャベツとニラを入れ、最後にちゃんぽん麺をスープに入れる。醬油味と味噌味がある。
- **博多ラーメン** 博多ラーメンの特徴は、スープの材料に豚骨を使い、長時間煮出し、白色混濁状態のスープにすることである。また、焼き豚肉

のチャーシューは各店により独自の作り方をして提供している。煮出し汁は、豚骨だけでなく、煮干し、かつ節や昆布などで調製するのも各店独自の方法による。
- **焼きうどん**　豚肉、キャベツ、ネギなどと一緒に茹でたうどんを炒めたもので、福岡が発祥であるらしい。
- **洋風かつ丼**　大牟田市の特製ソースをかけたかつ丼。
- **一口餃子**　昭和20年代（1950年ごろ）に歓楽街の中州で誕生したといわれている。サイズが小さいので、お酒のつまみやラーメンのサイドメニューとして注文される。パリパリもちもちの皮の中に肉や野菜の旨みが詰まっている。
- **久留米ラーメン**　久留米市を中心に食べられている豚骨スープとストレート麺が特徴。トッピングには豚肉のチャーシューも入れる。

知っておきたい鶏肉と郷土料理

❶はかた地どり
軍鶏とイノシン酸含量の多い肉質の「サザナミ」の交配種に、白色プリマスロックを交配した地鶏ある。肉質の特徴は噛むほどにうま味が口腔内に広がり、きめ細かい組織をもっている。

❷華味鳥
白色コーニッシュと白色ロックの交配種。開放鶏舎、平飼いで育てている。海藻やハーブなどのエキスを含む華味鳥専用の餌を与えて飼育している。

❸華味鳥レッド90
レッドブロという品種。餌に鶏専用のヨモギ粉末を加える。70日間開放鶏舎に、平飼いで育てる。トリゼングループ生産部が生産している。

❹はかた一番どり
横斑プリマスロックと白色ロックの交配種に白色ロックを交配した銘柄鶏である。肉質の特徴は、ブロイラーに比べうま味成分が多く含み、軟らかく、鶏肉特有の臭いも少ない。はかた一番どり推進協議会が生産に関係している。

- **水炊き（博多煮）**　1643（寛永20）年の『料理物語』の汁の部で、南蛮

料理の名で鶏の水炊きが記載されている。この記載によると、鶏のほかにダイコンを入れて煮込み、鶏肉もダイコンも小さく切って食べたようである。博多を中心に九州地方で食べる、鶏の鍋料理の一種。現在の博多の水炊きは鶏肉とキャベツなどの野菜を使うものが主流となっている。関西地方の水炊きでは、白菜、ネギ、水菜などが使われている。博多も関西も水炊きが終わったあとの汁にうどんを入れたり、ご飯を入れて残りの汁の味を食べるのも水炊きの味の一つである。博多の名物料理が水炊きであることは、水炊きを提供する店の多いことからもわかる。

知っておきたいその他の肉と郷土料理・ジビエ料理

福岡県も野生の鳥獣類による農産物や水産物の被害が深刻化し、行政機関や猟友会が中心となり捕獲、駆除をし、被害防止を計画しているが、適正方法が見当たらない。そこで、捕獲したイノシシやシカの食料への応用を研究するために「ふくおかジビエ研究会」が設立された。ジビエ料理は人気レストランの料理として提案されているが、なかなか広まらないのが現実である。

- **馬肉** 福岡県内には馬肉料理を提供する料理店が20店以上もある。九州地方での馬肉の食べる地域としては熊本がよく知られているが、福岡の人々のなかには福岡の馬肉料理を自慢する人が多い。福岡県内で国産馬肉を取り扱っている精肉店の三原精肉店は、創業してから45年の間営業している専門店であり、刺身用の馬肉を取り扱っている。ブロック状の馬肉を花びら状に並べた馬刺しも販売している。200gが1,000円以上の価格である。
- **刺し身・すし種** 生の新鮮な馬肉は刺身だけでなく、すし店でも刺身・握りずしのすし種としても賞味できる。
- **味飯（鯨）** 玄海島(げんかいじま)では「くじら飯」という。皮のついているクジラの脂肪組織の部分を小さく切り、これをささがきゴボウと一緒に醤油と酒で煮込み、白いご飯にまぜたもの。

41・佐賀県

佐賀シシリアンライス

▼佐賀市の1世帯当たりの食肉購入量の変化 (g)

年度	生鮮肉	牛肉	豚肉	鶏肉	その他の肉
2001	40,388	10,430	12,857	13,256	1,722
2006	44,511	10,104	14,268	14,336	2,340
2011	50,880	8,560	19,148	18,423	1,947

　佐賀県は、九州の北西に位置し、玄界灘と有明海に挟まれた小さな面積の県である。昔からコメ作りが盛んであった。自然環境に恵まれたところで、ウシもブタもストレスなく飼育されている。農業では果実、漁業では海面養殖の比重は大きい。佐賀のかんきつ類、佐賀海苔の品質のよさは評価されている。

　佐賀県は明治10年代から乳用牛の飼育を始めている。現在は、佐賀県の雄大な自然を活かし、畜産農家は美味しい食用肉をもつ家畜の飼育を計画し、佐賀県の銘柄牛や銘柄豚を生産している。食用牛の品評会では、銘柄牛の「佐賀牛」は、高い評価を得ている。

　2001年度、2006年度、2011年度の「家計調査」(総理府)から、佐賀市の食肉の購入量を考察してみる。2001年度、2006年度の生鮮肉の購入量は九州地方の全体の1世帯当たりに比べれば少ないが、2011年度の佐賀市の購入量は九州地方の全体の1世帯当たりに比べれば約5kgも多い。2011年度の牛肉や豚肉の購入量も九州地方の全体の1世帯当たりより多くなっている。

　牛肉の2001年度、2006年度、2011年度の購入量が徐々に減少しているのは、肉用家畜・家禽の感染症の発症が関係していると思われる。それでも、この年間の豚肉や鶏肉の購入量の増加は1kg弱であった。

　生鮮肉の購入量に対する各食肉の購入量の割合を算出すると、牛肉については2001年度は25.8%であったのが2011年度には16.8%に減少している。すなわち、生鮮肉の購入量は50,880gと多いけれども、牛肉の購入量が少ないのは2010年頃の家畜・家禽の感染症の関係も考えられる。2001年度

〜2011年度の豚肉や鶏肉の購入量は生鮮肉の購入量の30〜37%で、他の地方と大差がない。

> 知っておきたい牛肉と郷土料理

銘柄牛の種類

❶佐賀牛

生産者は佐賀県農業協同組合。品種は黒毛和種。佐賀牛の販売開始は1984（昭和59）年であり、2000（平成12）年に、商標登録が承認されている。銘柄牛は比較的新しく誕生したのが多いが、佐賀牛は30年前と比較的古い。

佐賀の恵まれた自然環境で、気候・風土もよいところで独自の飼育方法で丹念に肥育している。甘味と風味がたっぷりの肉質である。

「JAさが」管内の肥育農家で飼育される黒毛和種の和牛のうち、日本食肉協会の格付けにより、枝肉の肉質等級が「A-5、-4」、または「B-5、-4」のものだけが佐賀牛として取引される。佐賀牛は、但馬牛の血統を受け継いでいて、独自の配合飼料や飼育法により、佐賀県の豊かな自然環境のなかで丁寧に飼育され、出荷は生後30か月を目安としている。肉質の特徴は、きめが細かく、美しい霜降りを形成している。佐賀牛の場合、霜降りのよいことを「艶さし」とよんでいる。

❷佐賀産和牛

黒毛和牛種の和牛がJAグループ佐賀管内肥育農家で飼育され、枝肉の肉質の格付けが「4」「3」「2」等級で、牛脂肪交雑の基準「BMS」がNo.6〜No.2の場合に、許される呼び名である。

❸佐賀交雑種牛

ホルスタイン種（♀）と黒毛和種（♂）の交雑種で、JAグループ佐賀管内肥育農家で飼育された場合にのみ、この呼び名が許されている。

❹伊万里牛

JA伊万里管轄域の「佐賀牛」および「佐賀産和牛」は、伊万里牛という通称がある。

牛肉料理

- **佐賀牛の鉄板焼き**　佐賀牛の格付け「A-5」のステーキが評判の店が好評で、地元の人々のお薦め料理である。
- **伊万里牛のハンバーグ**　伊万里市内にある洋食店を中心に、それぞれが独自のレシピと盛り方で、美味しい伊万里ハンバーグを提供している。1963（昭和38）年から伊万里ハンバーグを提供している店もある。
- **その他**　洋食の店、和食の店のいずれも佐賀県の銘柄牛の料理を提供している店が多い。なかでもステーキ、焼肉を提供している店が目立つ。地産地消を目指して料理を提供している店は、佐賀の銘柄牛の生産者からリーズナブルな価格で購入しているので、高級牛肉もリーズナブルの価格で客に提供している店も多い。

知っておきたい豚肉と郷土料理

銘柄豚の種類

❶佐賀・鳥栖のさくらポーク

　肥前さくらポークともいう。生産者は佐賀県経済農業協同組合。品種は（ランドレース×大ヨークシャー）×デュロック。限定農家だけが飼育。肉質に縮がなく、きめ細かい肉質が特長である。飼育の特徴は、成長に合わせて飼料の材料や配合を変え、病気に対する抵抗性のある健康で肉質や脂質の食味の向上を図って飼育している。品種は大ヨークシャー種とデュロック種の交配種で、衛生的管理を十分に行い安全・安心な肉質のブタに肥育している。

❷金星佐賀豚
きんぼしさがぶた

　永渕畜産が有明海を見下ろす多良岳山系の中腹で飼育しているブタ。金星の名は、以前は、この飼育しているエリアは黒星といわれていたことから「星」の名をつけたという。肉質の特徴は、きめ細かく、豚肉のもつうま味が口腔内に広がる。

❸若楠ポーク
わかくす

　佐賀県・武雄地区限定の銘柄豚である。武雄市の農家だけが生産する地域ブランドのブタ。武雄の豊かな自然に広がる山の裾野の豚舎で、清らか

な水と抗生物質などを使わない安全な飼料で、丁寧に肥育している。肉質の特徴は、豚肉特有の臭みがなくきめ細かい。

豚肉料理

- **若楠ポークのがばい丼**　食べやすい大きさの豚肉の照り焼きをのせた武雄地区の名物丼。
- **しゃおまい（焼麦）弁当**　鳥栖駅の駅弁、中央軒が作る。豚肉の旨みが詰まったシュウマイと、大正時代から続くかしわ飯が同時に味わえるお得な弁当。シュウマイには酢醤油が付いている。地域のお薦めの食べ方は軽く塩・コショウをして焼き、レモン汁、ワサビ、からしなどをつけて食べる方法。豚肉のしつこさがあっさりした食感で賞味できる。ヒレ肉、ロースのステーキは人気の料理である。
- **その他の料理**　トンカツ、しゃぶしゃぶ、串焼き、炒め物などの、よく知られている料理のほか、「JAさが」は豚肉の普及のためのレシピは、ホームページで紹介している。

知っておきたい鶏肉と郷土料理

❶みつせ鶏

　㈱ヨコオが飼育している銘柄鶏。品種はフランスの地鶏の系譜をもつレッドブロ。独自の飼料を与えて、北部九州の自然環境の中で、80日間飼育している。肉質は弾力性と深い味わいがある。

❷佐賀県産若鶏骨太有明鶏

　佐賀県内のJAブロイラーが抗生物質を含まない飼料で、佐賀県の各地で飼育している。品種は白色コーニッシュ（♂）と白色プリマスロック♀)の交配種。関東、中部地区にも出荷している。

- **佐賀県のおすすめ鶏料理**　よく知られている料理には串焼き、から揚げ、照り焼きなどがある。主な地鶏料理としてはユッケ、胸肉の刺身、カルパッチョ、レバ刺し、ズリ（砂肝）刺しなど。

知っておきたいその他の肉と郷土料理・ジビエ料理

- **松浦漬**　蕪骨の酒粕漬け。お土産用に缶詰もある。缶には古式捕鯨の様子が描かれている。歯切れが良く、酒の肴によい。佐賀県の名産品、玄

界灘は江戸時代からセミクジラやマッコウクジラ、シロナガスクジラの捕鯨が盛ん。
- **炒り焼き** 晴れの日につくる郷土料理。鶏肉、ニンジン、ごぼう、しいたけ、じゃがいも、こんにゃくを炒め、だし汁を加えて煮る。

佐賀県のジビエ料理（イノシシ）

佐賀県も野生の鳥獣類による被害を防御する対策を考えている。野生のイノシシが多く棲息しているので、県として生息数調整のために捕獲をすすめている。捕獲したイノシシは県内のレストランでジビエ料理の提供を依頼している。

佐賀県は魚介類も豊富なので、魚介類との組み合わせを考えているレストランもあるようである。

- **イノシシ料理** 唐津市の山中で捕獲するイノシシは、イベリコ豚より美味しい肉であることを確認した地元の料理店が、ジビエ料理の店として好評である。
- **鴨料理** 七山で捕獲したマガモは、地元の料理店では鴨料理として提供している。

42・長崎県

ヒカド、皿うどん

▼長崎市の1世帯当たりの食肉購入量の変化（g）

年度	生鮮肉	牛肉	豚肉	鶏肉	その他の肉
2001	43,196	9,288	14,507	14,061	2,148
2006	38,944	6,087	14,641	12,768	2,139
2011	41,330	6,116	15,423	14,414	1,618

　長崎県は、九州の最西端に位置し、日本海・東シナ海に面している。さらに半島部と島々を擁する島嶼部などからなっている。そのために古くから朝鮮半島や中国、ヨーロッパなどの外国との交流の場所として地理的に有利な位置であった。鎖国政策がとられた江戸時代にも長崎の出島でオランダ・中国貿易が行われている。また朝鮮とも対馬を介して交流を行っていた。昔の長崎における外国との交流は、現在の長崎の郷土料理や建築、習慣などに残っているが、とくに、ちゃんぽん、卓袱料理、中国風の崇福寺、眼鏡橋、おくんち祭りなど中国風の文化の色合いの強いものが多い。西洋風の異国風情は、幕末以降に以降にやってきた西洋人の残したものが多い。

　長崎県の食文化は、中国やヨーロッパの食文化の影響を受けているので、郷土料理の長崎ちゃんぽん、卓袱料理、皿うどんをはじめ、少量であっても食肉を使用している料理は多い。

　2001年度、2006年度、2011年度の「家計調査」から、長崎市の1世帯当たりの生鮮肉の購入量は、福岡県や佐賀県に比べて少ないようである。とくに、2006年度の生鮮肉の購入量が、九州地方の全体の1世帯当たりの生鮮肉の購入量に比べると約9kgも少ない。2006年度以降は牛肉の購入量が減少している。2006年度の鶏肉の購入量は、2001年度と2011年度のそれらと比べると1.2kgまたは1.6kgも少なくなっている。

　各年度の生鮮肉に対するそれぞれの食肉の購入量の割合を考察すると、牛肉については2011年度が最も少ない。これは2010年の家畜の感染症の発症によるものと考えられる。各年度の豚肉と鶏肉の生鮮肉の購入量に対

して豚肉では33.0～37.3％、鶏肉については32.6～34.8％で、いずれも3割台である。2011年度の牛肉の購入量割合は小さいが、豚肉の購入量の割合は37.3％と最も多かった。牛肉が入手できないときには豚肉料理に代わることが想像できる。

> 知っておきたい牛肉と郷土料理

銘柄牛の種類

弥生時代の大浜貝塚、田結遺跡などから牛骨や牛歯が発掘されているところから、長崎県は日本の和牛の発祥の地であると推測されている。

❶長崎和牛

平戸、雲仙、壱岐、五島などの大自然の潮風を受けた、塩分やミネラルの豊富な牧草で育てられている黒毛種である。第10回全国和牛能力共進会で最高賞の「内閣総理大臣賞」を受賞した。自然の情熱と深い歴史が育んだ良質の肉質の特徴は、牛肉本来の旨みがあり軟らかい肉質の赤身と、とろける脂のバランスが絶妙。生産頭数は少ない。県内の「長崎牛取扱い認定店」で食べることができる。厚切りのステーキがお薦め。

❷壱岐牛

以前は神戸牛や松阪牛の元牛となっていたが、潮風を含む牧草を食べ、健康によいしあじを抑えて食べやすい高級牛を飼育しているが、現在は販売していない。

❸ながさき牛

長崎県の恵まれた環境と、大自然の潮風を受けた塩分やミネラルが豊富な牧草で飼育した高級な黒毛和種である。肉質の特徴は、鮮やかな色と滑らかで軟らかい肉質で、日本の黒毛和牛の特徴の風味をもつ。長崎県の離島地域を中心に、子牛を生産し、大村湾・島原半島周辺を中心に生産している。

❹五島牛

五島では弥生時代の遺跡から牛歯が出土していることから、昔からウシの飼育を行っていたところと推測されている。五島の周囲からの潮風を飼料としてきた五島のウシは、早熟早肥で肉質肉量を兼ね供えたウシとして知られている。肉質の特徴として、ヒレ肉は絶品といわれている。

❺平戸和牛
　もともとはオランダ商館の人々のために導入し、牧場で飼育した。これが平戸牛の始まりである。海に近い潮風が吹く高原で育った和牛。肉質は、きめが細かく、うま味は濃厚である。

❻雲仙牛
　雲仙生まれの雲仙育ちの黒毛和種。豊富なミネラル雲仙の牧草と恵まれた環境で飼育されている。

牛肉料理

- **卓袱料理**　中国料理の日本化したものといわれているが、江戸時代の前期の寛永19（1642）年、長崎の卓袱料理専門店には、中国・オランダ・ポルトガルの人たちが、卓袱料理店へ訪ねてくる人が増えた。卓袱料理の内容には西洋料理を揃える店も多かったが、中国料理を揃える店も多かった。西洋料理のなかには、牛肉料理もあった。牛肉を刻んで油で炒めた料理が多かったが、肉の揚げ物も多かったようである。

- **平戸・佐世保のレモンステーキ**　日本人向けに、食べやすくアレンジした佐世保発祥の牛肉料理といわれ、市内の20の料理店が、それぞれ独自の切り方、味付け方、盛り付け方で提供している。

　　数例をあげると次のような提案がある。1955年創業の「れすとらん門」は、レモンステーキ発祥の店といわれている。肉は黒毛和種。食べる直前に店の人がレモンをしぼってくれる。

　　下町の洋食「時代屋」はサーロインステーキで、肉と一緒にスライスしたタマネギを食べる。

　　レストラン「ボンサブール」は1cm厚さのステーキ。味ロマン夢塾は牛カルビーのステーキにニンニク香りの特製ドレッシングをかけて食べる。

- **海軍ビーフシチュー**　平戸が中心の料理だが、現在は、佐世保や長崎にもある。第二次世界大戦の頃、佐世保にいた海軍の総指揮官東郷平八郎が、イギリス留学中に出合ったビーフシチューをつくらせたのが、「海軍ビーフシチュー」の始まりと伝えられている。佐世保、平戸には、このシチューを提供する店が20以上ある。牛骨スープを使う店、ほほ肉を使う店、和食風の料理、パイで包んだものなど、それぞれの店が独自

- **牛かん** 長崎の郷土料理で「ぎゅうかん」とよぶ。牛肉のひき肉、シイタケ、タマネギと混ぜて団子状にし、油で揚げてから、だし汁で煮込む。味付けは塩で、あっさりして食べる。牛肉がんも、牛肉蒲鉾などの呼び名もある。

> 知っておきたい豚肉と郷土料理

銘柄豚の種類

長崎県の養豚農家は南高郡有明町、西彼杵郡西海町に集まっている。

❶雲仙特選豚「極」

雲仙の大自然の中で飼育しているバークシャー種。素晴らしい自然の中で、ブタの健康状態を管理しながら飼育している。㈱にくせんが飼育・管理および環境清掃などを行っている。

❷雲仙もみじ豚・ぶたまん

長崎県の雲仙の自然環境のなかで飼育している。生産した豚肉を使い、肉まん（ぶたまん）の中身を作り、豚の角煮も、長崎ちゃんぽんの具もつくり消費者との密着を考えている。

❸ MD 雲仙クリーンポーク

ハイブリッド豚デカルブ種。筋線維が細かく、肉質はジューシーでさわやか。総合防疫計画に基づきて、病気を最小限に抑えた健康維持管理体制で飼養されている。

❹五島 SPF 美豚

健康・安全・安心のイメージから「美豚」と名付けられた。鹿児島県には「さつま美豚」がある。SPF豚認定農場として清潔な環境と専用飼料を与え、元気にしている。

豚肉料理

- **角煮** 卓袱料理の一品。皮付きの豚バラ肉（あるいは三枚肉）を秘伝のたれで煮込む。あるいはとろ火で下味してから、ネギ、生姜、ニンニクなどの薬味と砂糖、醤油、酒で長時間煮込む。お箸で簡単に切れるほど軟らかく煮てあり、脂身が美味しい。300年ほど昔、長崎に住んでいた

唐人（中国人）と地元の人との懇親の宴が起源といわれている。日本料理（和）と中華料理（華）、オランダ料理（蘭）がミックスされた和華蘭料理。宋の頃（960〜1279）の詩人・蘇東坡が好んで食べたので東坡肉ともいう。場合によっては、最後に、木の芽や香辛料をそえる。

- **長崎ちゃんぽん** 長崎ちゃんぽんの具は、野菜や蒲鉾、豚肉などを混ぜて炒め、あんかけ用に片栗粉でとろみをつけてのせる。明治の中頃に、中国の福建省から来日した中国人が、長崎にいる貧しい留学生のためにボリュームのある食事の提供を考えた時の1品であったとの説がある。
- **浦上のそぼろ** 「そぼろ」は「細切りしたもの」の意味。カトリック教徒から伝わった料理で、信者の集まりの席には欠かせない郷土料理。浦上はキリシタンの町。豚の三枚肉を炒めて、そこに下茹でしたごぼうや筍、しいたけ、こんにゃくを入れ、砂糖と醤油、お酒で味を調え、最後に青く色良く茹でたフランス豆を散らす。
- **長崎豚まん** かつて長崎市内の中国人の作っている中華饅頭を日本人が見て、日本人も同じように小さな中華饅頭を作り販売するようになった。年寄でも子供でも食べられる一口サイズの豚まんは、ポン酢、酢醤油をかけて食べるのが、長崎市民の食べ方である。
- **とんちゃん** 対馬市で昭和初期から愛される郷土料理。戦後、在日の韓国人が作り広めたといわれている。初期はホルモン（内臓）を使ったが、いつの間にか豚肉を使うのが主流となった。家庭でも作られるが、各家庭、各お店で味付けは異なる。

知っておきたい鶏肉と郷土料理

❶つしま地どり

長崎県の在来種「対馬地鶏」を用いて、肉用種と配合してできたのが「味と体重増加に優れ、かつ地鶏とブロイラーの中間価格」の地鶏として開発されたのが、「つしま地鶏」。肉中にイノシン酸量が多い、食味に優れている。

❷対馬地鶏

アゴひげをもつ「山賊顔」の珍しい地鶏。大陸系の血統を受け継ぐ対馬地鶏はひげがあるのが特徴。

❸長崎ばってん鶏

　長崎県養鶏農業協同組合が管理、白色コーニッシュと白色ロックの交配種で、独自の配合飼料で飼育、55日で出荷している。飼育方法は平飼いである。

❹ハーブ赤鶏

　レッドコーニッシュとロードアイランドレッドの交配種。低脂肪、高たんぱくの配合飼料で鶏肉特有の臭みのない銘柄鶏。

鶏肉料理

- **いり焼き鍋**　菊、長ネギ、ゴボウ、白菜、シイタケなど地元でとれる野菜類との鍋もの。これに鶏肉を加える。調味料理は薄口醤油と砂糖でシンプルに味付ける。
- **長崎のてんぷら**　てんぷらはポルトガルから伝来した料理である。長崎のてんぷらは、衣の水溶き小麦粉に塩などで味をつける。これに芝エビや鶏のささ身に絡めて油で揚げる。衣に味がついているので天つゆは必要がない。

知っておきたいその他の肉と郷土料理

- **佐世保バーガー**　第二次世界大戦後、佐世保に駐留したアメリカの軍人相手に誕生したバーガーである。きまった規則はなく、佐世保の店で提供するバーガーを佐世保バーガーとよんでいる。
- **皿うどんちゃんぽん**　皿うどんは、油で揚げた細めの麺を皿に盛り、上から長崎ちゃんぽん用に煮込み、片栗粉でとろみをつけたものをかけたもの。長崎ちゃんぽんは、豚肉・鶏肉・魚・小エビ・カキ・アサリ・ネギ・もやし・タマネギ・蒲鉾・竹輪など15種類以上の具をラードで炒め、スープを加えて煮込んだもの。もともとは貧しい学生の食べ物として長崎滞在の中国人料理人が考案した料理。ちゃんぽんといわれるようになったのは大正時代になってからである。
- **ヒカド**　長崎の郷土料理の煮物。「ヒカド」はマグロやブリの切り身、鶏肉や豚肉、ダイコンやニンジンをさいのめに切ったものなどを一緒に煮込み、それを醤油と塩で味付け、最後にサツマイモを擦って加えてとろみをつける。名前の由来は長崎に入った南蛮料理にあり、「ヒカド」

はポルトガル語の「細かく刻む」の意味である。

長崎県の野生鳥獣類対策

野生のイノシシもシカも増えすぎて、田畑や民家を荒らすので生息数の調整のために捕獲が行われている。捕獲したものは、衛生的に処理しジビエ料理として提供できるように運動をしている。一部は捕獲した猟師が味噌仕立ての鍋で食べることもある。

長崎県は鳥獣類による野菜の被害の対策と防御を担当する部署と希少動物を保護する部署を設立して、部署ごとに対策をとっている。マタギプロジェクトをつくり、増えたイノシシやシカの捕獲を考えているようである。

長崎市内ではジビエ料理を提供してくれる店は少ない。しかし、五島列島ではフランス料理の専門家がこの増えすぎたイノシシを捕獲して立派なジビエ料理を提供し、地域の活性に力を貸したいのだが、マタギがいないのが残念であると語っている。

また、対馬・壱岐でも、ジビエを和食として提供できないかと民宿の経営者と相談している。

43・熊本県

馬肉のにぎりずし

▼熊本市の1世帯当たりの食肉購入量の変化（g）

年度	生鮮肉	牛肉	豚肉	鶏肉	その他の肉
2001	41,330	6,116	15,428	14,413	1,618
2006	51,945	12,057	13,941	16,946	7,041
2011	44,364	8,996	14,203	16,086	2,467

　熊本県の県域は山が多い。東部にある阿蘇山とその広大なカルデラの自然環境は、ウシやウマにストレスを与えないで飼養できる絶好の場所である。酪農、銘柄牛の開発と飼育、銘柄鶏の開発と飼育など多様な畜産業が発展してきている。天草、島原は、キリシタンの島として知られ、現在もゴシック風の教会が建っている。南部の球磨川に沿って人吉盆地・八代平野が開けている。球磨地方は米焼酎の産地で有名である。熊本の人が酒の強いのは球磨焼酎が原因となっているかもしれない。

　熊本は、馬肉を好んで食べる地域であるといわれている。熊本県が馬肉を食べるようになったルーツは、文禄の役（1592年）・慶長の役（1597年）時、朝鮮出兵のために大陸に渡った際、食料の補給が絶たれ、食料が底をついたため熊本城を築いた加藤清正の軍がやむをえず軍馬を食べたという俗説がある。加藤清正は、朝鮮遠征から戻ると、肥後熊本内に馬肉を食べることを広めたともいわれている。

　江戸時代に入ると、馬肉は「風邪」を治すのに効果があるということから薬膳料理として提供された。現代は、馬肉にはグリコーゲンが多く含まれていることが明らかになっているので、栄養価の高い肉であることが分かっている。

　2001年度、2006年度、2011年度の「家計調査」から、熊本市の1世帯当たりの生鮮肉の購入量は同じ年度の九州地方の全体の1世帯当たりの購入量に比べ、2001年度は4,365g少なく、2006年度は4,076 g多く、2011年度は2,294g少なかった。2011年度の1世帯当たりの牛肉の購入量は、2001年度に比べ2,880 g多く、2006年度に比べ3,061 g少なくなっている。2010

年の家畜の感染症の発症が影響していると思われる。2011年度の豚肉、鶏肉の購入量は2006年度より増えているので、牛肉の購入量にのみ影響を及ぼしたと考えられる。

　2011年度の生鮮肉の購入量に対する牛肉の購入量の割合が、2006年度よりも約3ポイントほど減少しているのは、2011年に家畜の感染症の発症の影響と思われる。熊本市の2006年度の生鮮肉の購入量に対する牛肉、豚肉、鶏肉の購入量の割合は、2001年度、2011年度に比べて少ないが、その他の肉の割合が多い。その他の肉の一部には馬肉が含まれていると思われる。

知っておきたい牛肉と郷土料理

銘柄牛の種類　　熊本県には、放牧に適した阿蘇山麓があるからウシの肥育には、銘柄牛の推進協議会が主体となって銘柄牛の普及に力を入れている。

　くまもと火の里牛とは熊本の乳牛肥育牛のことをいう。

❶熊本黒毛和牛

　黒毛和種は、おとなしく、粗食に耐えることのできるので、熊本県では古くから農耕や運搬用として飼っていた。それを阿蘇山の広大なカルデラに放牧されている肉用種の黒毛和種に飼育をし、現在は生産量が年々増加し、肉用として高い評価の黒毛和種となっている。熊本県の黒毛和種の肉質・量ともにレベルが高さ、全国的に評価されている。阿蘇山の自然豊かな環境でストレスをうけないで肥育した黒毛牛の肉質は軟らかく、適度な霜降りの状態もよく、食味も非常によい。

❷くまもとあか牛

　褐毛和種である。古くは、熊本の農家で農耕用として粗食に耐え、おとなしい在来種とスイス原産のシンメンタール種を交配して改良したのが「あか牛」である。放牧による適度な運動をさせることにより、無駄な脂肪を減少させ、筋肉量を増やし、ほどよい霜降りが入った赤身肉主体の肉用牛となっている。放牧により、上質の牧草をたっぷり食べ、運動量が多くなる。肉質の特徴は脂肪分が少なく、健康的で軟らかく形成される。

　肉の色は淡い赤色で、軟らかな赤身肉で、肉そのものの味わいが堪能できる。

❸黒樺牛
この銘柄牛は黒毛和種であるが、独自の飼料を与え、肉質の特徴として独特の甘みをもつようになったことである。さらに肉質の軟らかさや霜降りの入り方は黒毛和種の特徴である。

❹くまもと味彩牛
熊本県のJAグループが管理し、飼育している肉用牛で、黒毛和種（♂）と乳用のホルスタイン種（♀）の交配種したものである。肉質は軟らかく、適量の霜降り肉を形成しているので、食べた後の満足感はある。くまもと厳選味彩牛もある。

牛肉料理

- **あか牛の店**　熊本県の阿蘇の中には、赤牛のステーキや焼肉、阿蘇で収穫した米（コシヒカリ）のご飯を賞味させてくれる、生産者みずからが提供するレストランがある。部位別に焼いた肉は、塩と胡椒で食べるのがお薦めである。阿蘇にはあか牛の生産者が経営しているレストランや、あか牛の肉料理専門店が多い。

知っておきたい豚肉と郷土料理

銘柄豚の種類

❶天草梅肉ポーク
梅肉エキスを混ぜた飼料を与えて飼育しているブタ。豚肉の肉質は軟らかく、うま味があり、脂身は甘みがある。適した食べ方はしゃぶしゃぶ、トンカツ、ハンバーグ、生姜焼き。ウインナーソーセージ、ベーコン、ハムに加工して販売している。（天草梅肉ポーク㈱）

❷スーパーポークもっこす
熊本県大津町のハンプシャー種のブタ。主にサツマイモを与えて肥育している。適した食べ方は網焼き。赤身肉はジューシーとなり、脂肪の甘みが残り、美味に感じる。

❸くまもとSPF豚

　飼育にあたって衛生管理のレベルを高め、健康に育つように飼育管理も厳しくしたブタ（LW・D）。肉質は、豚特有の臭みはなく、きめ細かく軟らかい食感。脂肪は甘みがある。

❹くまもとのりんどうポーク

　「くまもとりんどうポーク銘柄推進協議会」が審査したブタ。SPF雌豚（LW）とSPF雄豚（D）を両親にもつ「熊本生まれの熊本育ち」のSPF豚（LW・D）。肉質はリノール酸が多く、きめ細かな甘みがある。

- **大平燕（たいぴーえ）**　戻した春雨に豚肉などを入れたあんかけをのせる。
- **きくち丼**　どんぶりご飯に野菜と肉を煮たものをのせる。
- **だご汁**　阿蘇地方や球磨地方の郷土料理。鎌倉時代に生まれた料理といわれている。小麦粉に水を加え平たい麺を作り、ゴボウ、ニンジン、シメジ、豚肉などとともにイリコのだし汁で煮込んだもの。大分では「だご汁」とよんでいる。
- **熊本ラーメン**　ラーメンのスープは、豚骨、鶏ガラ、かつ節、野菜からとったダシを基本としてつくる。骨の髄の成分まで溶出し、白濁のスープであるのが特徴。太くてコシのある麺とよく合うラーメンである。

知っておきたい鶏肉と郷土料理

❶うまかハーブ鳥

　ハーブを入れた餌で飼育している。鶏種はチャンキー。

❷熊本コーチン

　熊本コーチンと九州ロードの交配種。肉質は赤みを帯び、弾力があり、脂肪は少ない。

❸天草大王

　天草大王と九州ロードの交配種。最大のもので背丈が90㎝、体重7kgとなる。

知っておきたいその他の肉と郷土料理・ジビエ料理

- **馬刺し**　熊本県は戦前から軍馬の需要が多い。また、ブタやウシより安価であった。玉ねぎのスライスとともに生姜醤油でいただく。戦国時代から江戸時代に掛けて既に馬肉を食べていたようだ。肥後藩主の加藤清

正が戦の前に馬肉を食べていたと伝わっている。サシが入っている正月のお祝いには欠かせない。山椒・ニンニクも薬味によい。
- **馬コロッケ** 名物の馬肉ミンチが入ったコロッケ。甘辛の馬肉とジャガイモによく合う。激辛の"悶絶馬ロッソ"もある。馬刺し、たてがみの刺身などもある。
- **小春煮** 馬肉料理。馬肉は"さくら肉"ともよばれるところからついた名前。醤油8に対して赤酒1にスライスしたニンニクをたっぷり入れてひと煮立ちさせ、そこに柵取りした馬肉を入れて火を止めて汁が冷えるまで漬け込む。馬肉は他にも竜田揚げやうま煮、鍋、串焼き、納豆和え、焼肉、しょうが焼きなど広範囲に利用される。
- **具飯** 郷土料理。毎年10月17日に嘉島町の六嘉神社で行われる五穀豊穣を祈願する秋の大祭の際、各家庭で作られる特産の馬肉とごぼうの風味が美味しい混ぜご飯。馬肉とごぼう、ニンジン、しいたけ、こんにゃくを炒め、醤油とみりん、砂糖で味を付け、絹サヤインゲンを加えて、炊いたご飯に混ぜ合わせる。この祭りでは、加藤清正公の虎狩りに由来する獅子舞が奉納される。この獅子舞は県の重要無形文化財の指定第一号。
- **菜やき** クジラを使った阿蘇地方の郷土料理。棒鯨(乾燥させた鯨肉)を薄く削ぎ切りにして炒め、クジラの脂が出てきたらお酒を振りかけてクジラ特有の臭いを取り、この中に阿蘇名産の高菜を入れて、醤油と砂糖で味付ける。地方によっては棒鯨の代わりにいりこや油揚げを、また、高菜の代わりに菜の花や白菜を使う所もある。

熊本県の野生鳥獣類対策

熊本県も野生の鳥獣類による里山や農家の野菜類の被害が深刻な問題となり、その対策と捕獲した鳥獣類の有効利用(食料としてなど)の検討を行っている。
- **イノシシ・シカ肉料理** 「くまもとジビエ(野生の鳥獣類)料理フェア」などを開いて、ジビエ料理を県民に知ってもらうべく活動している。また料理のジャンルを問わず、県民からのジビエ料理の提案を待っている。

44・大分県

鶏飯

▼大分市の1世帯当たりの食肉購入量の変化 (g)

年度	生鮮肉	牛肉	豚肉	鶏肉	その他の肉
2001	43,664	10,320	12,686	16,069	2,282
2006	56,190	9,678	16,717	18,616	1,734
2011	47,232	8,851	17,114	17,819	1,347

　大分県域は山が多く、九州の他の県域との交通も不便であった。そのために江戸時代には大坂(のちの「大阪」)との交易を重んじ、瀬戸内海に面した宇佐が交易の拠点として繁栄した。戦国時代には大友宗麟が本拠地とし、キリシタン大名となってヨーロッパの最新の文化を日本に持ち込んだ。しかし、大分に独自の文化を生み出すことはできなかった。一方、国東半島の山間には山岳信仰が広まった。現在も多くの神社や寺院が残っている。

　大分県は山が多いためか、銘柄牛に取り組んだのは1935 (昭和10) 年頃からである。最近になり大分の穀物を飼料にして、ストレスの無い自然と耶馬渓の良質水による養豚が成功し、銘柄豚も誕生している。

　2001年度、2006年度、2011年度の大分市の1世帯当たり生鮮肉購入量は、2006年度と2011年度については九州地方全体の1世帯当たりの購入量や福岡市の1世帯当たりの購入量より多い。ただし、2011年度の生鮮肉と牛肉の購入量は、同じ年度の九州地方や九州内のほかの県の県庁所在地全体の1世帯当たり、または福岡市の1世帯当たりのと同じく少なくなっているのは、2010年の家畜の感染症の発症によるものと思われる。豚肉と鶏肉の購入量は2010年の感染症の発症の影響を受けなかったようである。

　大分市の1世帯当たりの生鮮肉に対する牛肉の購入量の割合は、2001年度は約23%で、他の県と同じように20%台であるが、2006年度17.2%、2011年度18.7%であった。豚肉の購入量の割合は29.1～36.2%、鶏肉の購入量の割合は33.1～37.7%で、他の県と大差はない。

知っておきたい牛肉と郷土料理

銘柄牛の種類

❶豊後牛
ぶんごぎゅう

すでに大正時代から豊後のウシ（種雄牛）は優秀と評価されていた。その血統を受け継いでいる黒毛和種が「豊後牛」である。脂質の構成脂肪酸としてオレイン酸が多く、肉質はきめ細かく、霜降りの状態も適度に入り上質肉。まろやかで、口腔内では溶けてしまうほどの軟らかさである。ストレスの無い自然環境の中で肥育されている。生産者は、大分県豊後牛肉銘柄促進協議会。2007（平成19）年に地域団体商標として登録され、2013（平成25）年には豊後牛の3等級以上のものは「The・おおいた豊後牛」の名でよばれるように統一している。豊後牛の基準は「黒毛和種であり、大分県内で最も長く肥育され、生後月齢が36か月未満で、肉質等級が2等級以上である」ことと決められている。

繁殖用の豊後牛は九重飯田高原で飼育され、肥育は大分県北部で行われているものが多い。

❷豊後山香牛
ぶんごやまがぎゅう

杵築市山香町の自然環境の中で飼育された黒毛和種。軟らかく、コクと風味があり、山香牛のロースの炭火焼、牛丼など山香町の地域の名物料理となっている。

- **豊後牛の美味しい料理**　脂質の構成脂肪酸としてオレイン酸が多いので、うすめに天然塩を振って軽く炙るか、しゃぶしゃぶにすると肉本来の味が分かる。

知っておきたい豚肉と郷土料理

銘柄豚の種類

❶天領もちぶた
てんりょう

グローバルビッグファーム㈱が、コンサルタント獣医の指導のもとに安全で美味しい豚肉を作り上げる目的で「和豚もちぶた」を飼育している。「天領もちぶた」の飼料は、主にトウモロコシや大豆粕、米からなる、抗生物

質を含まない飼料を開発して与えて飼育している。肉質はきめ細やかで、もっちりとして軟らかくさっぱりした脂肪の肉質である。脂質の構成脂肪酸としてオレイン酸が多く、リノール酸の割合が少ないのが特徴である。脂肪組織は甘みとうま味があり、軟らかいのが特徴である。

❷錦雲豚

大分県の福田農園が、耶馬渓の大自然の中で主に穀物を含む飼料を与えて飼育したブタで、2012（平成14）年に銘柄豚として登録。その肉質は高級であると評価されている。餌に米を使用することにより、きめ細やかな肉質で、軟らかい。冷めても美味しいとの評価である。

知っておきたい鶏肉と郷土料理

❶豊後赤どり

品種はニューハンプシャー種×ロードアイランドレッドで、専用の飼料で開放平飼いをしている。飼育日数は80日と長く、この間に肉質のよい鶏に仕上げている。肉質は脂肪の含有量は少ないが、身は軟らかく、うま味とコクがあり、美味しい肉と評価されている。

焼き鳥、一尾丸ごと丸焼きにするなど、焼き料理に向いている。

❷豊のしゃも

大分県農林水産研究指導センター畜産研究部が繰り返し改良して開発した地鶏。鶏の中では最も美味しいといわれているシャモの肉質を50％受け継いでいる地鶏である。肉質は脂肪が少なく、コクがあるので評判がよい。

鶏肉料理

- **豊のしゃもの炭火焼**　名物料理である。
- **鶏飯**　具は鶏肉とごぼうだけで作る。鶏の脂で鶏肉を炒め、ささがきごぼうを入れて、砂糖、醤油、お酒を入れて煮込み、炊き上がったご飯に混ぜ合わせ蒸らして出来上がり。おにぎりにしてもよい。
- **かしわ汁**　由布市、鶏肉とごぼう、そして季節の野菜の汁物。鶏から出るだしとごぼうの香りが美味しい。
- **なばこっこ**　大分産のしいたけと鶏肉を使った丼物。大分は干ししいたけの一大産地。

- **がめ煮**　筑前煮ともいわれ福岡県のほかに、大分県の一部でもつくられている。

> 知っておきたいその他の肉と郷土料理・ジビエ料理

　大分県も他の地域と同じように、イノシシやシカが増えすぎて、その被害が多くなり、生息数調整のための捕獲を行っている。捕獲したイノシシやシカは衛生的管理のもとに処理・保管され、レストランなどにジビエ料理の提供を依頼している。地元では味噌仕立ての鍋が多いが、レストランでは西洋料理の提案を期待している。

大分県のジビエ料理
　捕獲したイノシシやシカの有効利用のために、「大分狩猟肉文化振興協議会」を設立している。とくに日田市は獣肉処理施設管理組合があり、処理施設で適正に処理し、有効利用を考えている。シカ肉は高たんぱく質で鉄分が多いので女性好みの料理を考えているようである。

- **さぶろう鍋**　豊後大野市のイノシシ鍋。大分の焼酎との相性がよい。12世紀後半の豊後の武将、緒方三郎惟栄という人も食べたであろうということから「さぶろう鍋」の名がある。
- **天領鍋（代官鍋）**　イノシシや野鳥を使った日田地方に伝わるおもてなし料理。幕府の直轄領の天領であった日田は、イノシシや野鳥が豊富に獲れた。このイノシシや野鳥を、大根やごぼう、ネギ、セリ、キノコ類など季節の野菜とともに水炊き風の鍋にして代官たちをもてなしたという。三杯酢にもみじおろしや柚子こしょうを入れたツユにつけていただく。

45・宮崎県

鳥の丸焼き

▼宮崎市の1世帯当たりの食肉購入量の変化 (g)

年度	生鮮肉	牛肉	豚肉	鶏肉	その他の肉
2001	44,760	10,292	14,496	16,529	1,567
2006	44,232	7,226	16,675	15,108	2,196
2011	48,491	7,486	17,774	18,586	2,313

　宮崎県の北部から西部にかけての九州山地は霧島火山につながる。南部は日向灘に面して宮崎平野が広がる。気候は温暖で家畜の飼育に適していることが、宮崎県はウシ・ブタ・鶏の飼育に適していることから、日本の家畜・家禽の飼養の盛んな地域となった。冬には渡り鳥が飛来する。全国の銘柄牛のルーツはほとんどが宮崎牛である。宮崎牛が各地区で、特色ある肥育をされ、子孫を残し、その地区の銘柄牛となっている。

　宮崎県は、日本全国でも畜産業の盛んな県である。現在では繁殖用の黒毛和牛の保有と子牛（素牛）の生産として重要な県となっている。養豚業は、自然と密着し、優秀なブタに飼育に取り組んでいる。宮崎県の鶏は飼育だけでなく、炭火の焼き鳥は全国各地に広まっている。代表的な銘柄家畜には「宮崎牛」「はまゆうポーク」「宮崎地鶏」がある。

　「家計調査」では、2011年度の宮崎市の1世帯当たりの生鮮肉、牛肉、豚肉、鶏肉の購入量は、2006年度のそれらより多くなっている。これまでみてきた宮崎県以外の都市では2011年度の購入量が減少しているのは、2010年の感染症の流行によると考えた。しかし、感染症のために家畜・家禽まで埋めてしまわなければならないという悲しい処理にもかかわらず、宮崎県の生鮮肉をはじめ各々の肉の購入量は2006年度より多い。

　宮崎県の食肉の購入量は、生鮮肉、牛肉、豚肉、鶏肉については2001年度＜2006年度＜2011年度となっている。2010年には口蹄病の発症による生牛を埋没するという衝撃的問題が発生したが、県民が一体となってショックから立ち上がるべく努力したために、2011年度の食肉の購入量が増えたと考えられる。

生鮮肉の購入量に対する牛肉購入量の割合を考察すると、年々減少している。生鮮肉に対する鶏肉購入量の割合は34.2～38.3％、豚肉購入量の割合は32.4～37.6％で、九州内の他の県とほぼ同じような傾向であるので、2011年度の牛肉購入量の割合の15.4％は、2010年の家畜・家禽の感染症の発症とは関係がないと考えられる。

知っておきたい牛肉と郷土料理

銘柄牛の種類

❶宮崎牛

宮崎県はウシの生産が盛んで、宮崎県のウシの飼育に問題が発生すれば、全国に影響を及ぼすほど重要な県である。宮崎県では1971（昭和46）年から、素牛を宮崎県内でそのまま肥育し、食肉処理までするシステムを構築し、1986（昭和61）年からは一定の基準を満たした牛肉を生産する「宮崎牛」という黒毛和種の銘柄牛が完成した。宮崎県内で生産肥育した黒毛和種の枝肉の肉質等級が、（公社）日本食肉格付協会の格付基準で、A、B、Cの5、4のみが宮崎牛である。その他宮崎産銘柄牛には高千穂牛、宮崎和牛、都城牛がある。

宮崎産の銘柄牛は自然環境のもとで、のびのびと育てられている。肉質は、細かいサシの入った霜降りで、豊潤なうま味がある。

お薦め料理は、天然塩で淡く味付けした炭火焼きが本来の持ち味を賞味できる料理である。ステーキ、すき焼き、しゃぶしゃぶにも適しているが、シンプルな料理が最も美味しさを知る食べ方である。

❷宮崎ハーブ牛

ホルスタイン種の宮崎ハーブ牛と、黒毛和種（♂）とホルスタイン種（♀）の交配した宮崎〈交雑種〉がある。いずれも4種類のハーブとビタミンEを強化した飼料を与えて飼育している。

牛肉料理

宮崎県内の黒毛和種の料理を提供する店は、ステーキ、鉄板焼き、炭火焼を進めている。

- **宮崎の牛のセンマイ（胃）料理の店** 宮崎県内にはウシの内臓のセンマイ料理を提供する店は多い。刺身、スープ、酢味噌和え、焼き鳥、煮つけなど様々な料理がある。胃だけを提供するのではなく、腸、肝臓（レ

バー）などの料理も提供している。

> 知っておきたい豚肉と郷土料理

銘柄豚の種類

❶宮崎ハマユウポーク
　宮崎のハマユウ系統をベースに20年の歳月をかけて開発した銘柄豚。肉質は、赤身が多く、きめ細かく、豊かな風味を持ち、やわらかい食感である。枝肉の肉質は、（公社）日本食肉格付協会の基準の「中」以上の等級のものである。
　お薦め料理はしゃぶしゃぶである。ソテーや鍋物も美味しく食べられる。

❷かんしょ豚
　かんしょ（サツマイモ）の粉末を混ぜた飼料を与えて飼育したブタ。肉質の栄養成分としてビタミンEや、必須アミノ酸のリジンを多く含むのが特徴。

❸高原豚
　霧島連山の大自然のえびの高原で飼育している銘柄豚に「えびの高原豚」「えびの産黒豚」などがあり、精肉として流通しているだけでなく、ハム・ソーセージなどの加工品としても流通している。

❹霧島黒豚
　霧島の大自然の中で肥育されたバークシャー種である。黒豚のロースかつの食感はほかの種類のものとは違った美味しさがある。

❺その他の銘柄豚（尾鈴豚、観音池ポーク、飛鳥黒豚、高千穂、はざまのきなこ豚、わかめ豚）
　わかめ豚は宮崎県南那賀郡北郷町の昼間と夜間の温度差の大きい山中で、美味しい空気と弱アルカリ性の湧き水も与えながら飼育している健康なブタ。肉の脂質の脂肪酸として常温では流体のリノール酸、リノレン酸を多く含み、軟らかい肉質である。いずれの銘柄豚も、自然環境豊かな地域でストレスを受けないで飼育されている。

知っておきたい鶏肉と郷土料理

❶みやざき地頭鶏

120〜150日と長い日数を飼育する地鶏。宮崎県および鹿児島県の霧島山麓で古くから飼育されている在来種。江戸時代に、この鶏を飼育していた農家の人たちが、旧島津藩の「藩城主」の地頭職に献上したことから「地頭鶏」の名がついたと伝えられている。地頭鶏は1943（昭和18）年に文部省から天然記念物に指定されている。1985（昭和60）年に宮崎県畜産試験場川南支場が、地頭鶏を原種鶏として「みやざき地頭鶏」を開発した。肉質は弾力があって軟らかく、ジューシーで食べやすいと評価されている。

お薦め料理は、炭火でころがして焼く平焼きで、この料理法は、宮崎の地鶏「じどっこ」として展開している宮崎の地鶏の店の定番料理となっている。この鶏の販売は、1羽売りが基本的な販売単位となっている。

❷はまゆうどり

JA関連の宮崎くみあいチキンフーズは、「はまゆうどり」などの銘柄鶏を生産している。

❸その他の銘柄鶏

エビス商事が生産している高原ハーブ鶏、霧島鶏。高原ハーブ鶏は乳酸菌やハーブを混合した飼料で、霧島鶏は飼育日数を長くした鶏である。桜姫は日本ハムグループが開発したホワイトコーニッシュ（♂）とホワイトロック（♀）の交配種。宮崎森林鶏は約30種類の照葉樹から抽出した森林酢を混合した飼料で飼育した銘柄鶏である。

鶏肉料理

- **チキン南蛮**　宮崎県はチキン南蛮の発祥の地。鶏のから揚げを黒酢に漬けこみチキン南蛮をつくり、これにタルタルソースをかけて食べる。家庭料理ともなっている。
- **にわとりの丸焼き**　1羽丸ごと焼き、醤油・みりんで調味したもの。野鳥の丸焼きを参考にした料理である。

知っておきたいその他の肉と郷土料理・ジビエ料理

宮崎県も野生の鳥獣類の被害に対する対策を検討している、一方でイヌ

ワシなど生息数が少なくなっている鳥や哺乳類の保護についても検討している。ジビエの料理は、完全に有害鳥獣類の被害から守る方法も検討している。ジビエ料理を提供するフランス料理やイタリア料理の店は10軒以上存在している。

「綾の里」という料理屋で、冬には主人と仲間の猟師が捕獲したイノシシ、シカの料理（鍋、網焼きなど）を提供してくれる。水曜日は定休日なので、サービスはない。

- **みやざき霧島山麓雉**　霧島連峰ではキジが飼育されている。キジの肉は高タンパク質、低カロリーで、コクがあることから刺身やたたきの生食、加熱料理（熱を通し過ぎない程度に焼く）で提供する店がある。自然に近い状態で8か月の間飼育したキジを用意している。
- **イノシシ料理**　南九州の山地はイノシシがよく獲れ、いろいろな料理に活用されていた。イノシシの猟期は11月半ばから2月半ばまで。イノシシの肉は脂が強いので料理する時は一度さっと湯がいて脂肪分を抜くと淡白な味わいになる。イノシシの肉が"臭い"といわれるが、食べている餌にもよるが、一般的には捌き方、特に血抜きの良し悪しによるところが大きい。この地方の猟師が作るシシ鍋はシンプルで、シシ肉と大根、そして塩のみ。肉以外に胃袋やタンといった臓物類も、焼肉や鍋、うま煮、吸い物にして食べる。
- **イノシシのつと巻き**　イノシシの肉の保存方法。毛や皮の付いたままのイノシシの肉の表面に塩をすり込み、むしろに巻き、日の当たらない北側の軒下につるして保存食とした。冬の間、必要な量を切り取って料理をして食べた。また、高千穂の紫蘇の千枚漬けのように、県内の各地でいろいろな食品が各家庭自家製の味噌漬けにされたのと同様に、イノシシの肉も味噌漬けにして保存食とした。

46・鹿児島県

さつま汁

▼鹿児島市の1世帯当たりの食肉購入量の変化 (g)

年度	生鮮肉	牛肉	豚肉	鶏肉	その他の肉
2001	41,542	7,739	14,776	14,928	1,736
2006	43,040	6,061	17,080	15,921	2,571
2011	44,593	6,617	16,850	16,757	1,768

　鹿児島県は、桜島、霧島、開聞岳などの火山が多く、その灰が積もったシラス台地がある。シラス台地は水はけはよいが米作には向かず、サツマイモの栽培が盛んである。サツマイモからいも焼酎は沖縄の泡盛を真似て作ったものである。鹿児島地方の刺身醤油は甘い。甘味のあるものを客へ提供するのは「もてなし」の表れだったようである。

　鹿児島県の農業生産で過半を占めるのが畜産関係である。黒豚の飼育が多いのは、400年ほど前に鹿児島藩主島津家が黒豚を鹿児島に導入したことによるといわれている。鹿児島黒牛、かごしま黒豚、茶美豚、さつま地鶏、さつま若シャモ、鶏卵の生産量の多いところである。鹿児島県には、薩摩南諸島、奄美諸島に所属する数々の島嶼がある。それぞれの諸島や島々には、その地域特有の文化がある。奄美大島のように沖縄県に似た風俗・習慣がみられる地域もある。

　鹿児島県の沖合いを流れる黒潮がもたらす気候風土と昔からの薩摩人の気質と知恵から作り上げられた鹿児島の食文化は、鹿児島の黒豚、鹿児島黒牛、鹿児島の黒酢など「黒」のつく食品と食文化が多い。

　九州の東南部の宮崎県は、ウシや鶏の生産の大きいところだが、南端に位置する鹿児島は、ブタの生産量の大きいところである。

　2001年度、2006年度、2011年度の鹿児島市の1世帯当たり生鮮肉購入量には、年度間に大きな差はないが、近年に近づくに伴い増えている。牛肉についても大差はみられないが、鶏肉やその他の肉では、牛肉と同じように近年に近い年度の購入量が多くなっている。

　2001年度、2006年度、2011年度の鹿児島市の1世帯当たり生鮮肉購入

量に対するそれぞれの食肉購入量の割合は、すべての年度において豚肉（35.6〜39.8％）と鶏肉（34.6〜35.9％）である。豚肉と鶏肉を合わせると、2001年度は71％、2006年度は74.4％、2011年度は73.4％となる。日常使用する食肉は豚肉と鶏肉である、といえるほど多い。

生鮮肉の購入量に対する牛肉の購入量の割合は14.1〜18.6％でほかの地域に比べると半分の量の年度もある。

知っておきたい牛肉と郷土料理

銘柄牛の種類

日本では幕末から明治維新にかけて本格的な肉食文化の幕が開けた。当時は、鹿児島のウシは羽島牛・加世田牛・種子島牛だった。これらのウシに鳥取・兵庫などの和牛との掛け合わせにより改良してできたのが「鹿児島黒牛」である。日本の銘柄牛の大半は、黒毛和種か黒毛和種との交雑種が多い。鹿児島牛も黒毛和種の銘柄牛である。

❶鹿児島牛

黒毛和種の血統にこだわり何十年もかけて黒毛和種の改良に取り組み開発した種雄牛を選抜し、松阪牛や神戸ビーフについで第3の評価を得た銘柄牛である。肉質はきめ細かく、美味しい霜降り肉で、コクとうま味がある。

お薦めのステーキは、レアで焼くと、ナイフの切れもよい軟らかい肉質である。その味はジューシーであり、うま味がじわりと口腔内に広がるとの評価を得ている。

❷口之島牛
（くちのしまうし）

日本で唯一の外来種の影響を受けていない日本の牛。鹿児島郡十島村、トカラ列島、口之島に棲息する。

知っておきたい豚肉と郷土料理

銘柄豚の種類

❶かごしま黒豚

約400年前に琉球（現在の沖縄）から移入され、改良を重ねて開発した黒豚である。鹿児島県特産のサツマイモを飼料に混ぜて与えて飼育してい

る。肉質は、筋線維が細かくて、口当たりがよく、弾力がある。脂肪組織は甘みとうま味がある。脂肪の融点がやや高いので口腔内でべとつかず、さっぱりとした食感がある。

やや高い脂肪の融点はしゃぶしゃぶに適しているのでお薦め料理である。香辛料をすり込んでつくるベーコンは、1か月以上も熟成させ、黒豚のもつうま味を引き出している。

❷六白黒豚

バークシャー種純粋黒豚のことで、鼻と尾、4本の足先の合計6か所が白いことから「六白」とよばれている。肉質の特徴は白豚に比べて臭みがなく、軟らかいがコクとうま味がある。飼料にはさつまいもも与えているのが特徴で、脂身もほんのりとした甘みがある。初代薩摩藩主・島津家久が江戸時代に、琉球（現在の沖縄）から導入したと伝えられている。

豚肉料理

- **黒豚料理**　しゃぶしゃぶ、軟骨の煮込み、ヒレカツ、ロースかつ、串揚げ、ほほ肉・いちぼ・カルビーの料理、おでん種としての黒豚など、多彩な黒豚料理が提供される。
- **三枚肉**　豚のバラ肉で、脂肪層と肉の層が交互に重なっている。鹿児島や沖縄の角煮には欠かせない部位。醤油、砂糖、みりんで甘辛く煮込んで利用する。
- **豚汁**　豚汁は豚肉とダイコンやサトイモ、ネギなどを加えて煮込んだ味噌仕立ての汁である。鹿児島の人々にとっては心休まる一品である。とん汁定食ではとん汁が惣菜の役目もする。いろいろな食材を加えることにより、出し汁をとらなくても、各材料から溶出する物質がうま味成分ともなり、材料の組み合わせによっては栄養的にバランスのよい汁に仕立てることもできる。
- **しゅんかん（春羹、春筍、筍寒）**　中国原産の孟宗竹は、江戸時代に島津藩により琉球から薩摩に持ち込まれた。明治初期までは珍重品の孟宗竹を中心に、イノシシ肉や豚肉、その他季節の野菜と煮た春の祝いの料理。全体に薄味でそれぞれの素材の味を活かしている。また、客人や主人に、野菜の端をよそわないという。昔は保存用に塩蔵した塩豚を使っていた。

- **豚骨料理**　薩摩の武士が作り始めた豪快な郷土料理。骨付きのあばら肉をフライパンで焦げ目がつくくらい炒め、沸騰しただし汁の鍋に移して2時間ほど煮込む。その後一般にいわれているダイコンや大根や鹿児島名産の桜島大根、こんにゃく、にんじん、さつまいもなどの野菜と、薄切りの生姜等を入れて、火が通ったら味噌と砂糖で味を調える。器に盛り付けた後、針生姜や小口切りしたネギをのせていただく。骨まで食べられるほど軟らかく煮てある。
- **ワンプニ**　奄美地方の郷土料理。骨付きのバラ肉（スペアリブ）などの煮物で、味付けは塩か醤油。
- **豚肉の味噌漬け**　奄美大島など鹿児島県の離島の保存食。離島は海が荒れると魚も獲れず、食料輸送も途絶えてしまう。それに備えていろいろな食材の保存方法が工夫された。豚肉やブタのつらんかわ（顔の皮膚）、耳やレバー、タン。他にはイカやキャベツの芯なども漬けた。本来はソテツの赤い実で作った"なり味噌"で漬けた。

知っておきたい鶏肉と郷土料理

❶黒さつま鶏

　鹿児島県が新たなブランド地鶏として、在来種の地鶏「薩摩地鶏」と「横斑プリマスロック」を交配して誕生した地鶏。肉質は身肉が締まり弾力性があるが軟らかい。アミノ酸類などのうま味成分が多く含まれ、地鶏としては脂肪が多いほうである。飼料には野菜やウニ殻をまぜるなど独自の餌を与えている。飲み水も地下70mのところからくみ上げた水を与えている。

❷赤鶏さつま

　日本で初めての原種鶏を利用した銘柄鶏。飼料には植物性たんぱく質のみを使用している。肉質は、鶏特有の臭みはなく、風味がよい。身肉が締まり歯ごたえもよい。脂肪はきれいな白色である。

鶏料理　鹿児島県の郷土料理の特徴は、正月やその他四季の行事、祝い事には鶏料理は欠かせない。かつては、各家庭で地鶏を飼い、各自の庭で捌いて慶事の料理に使った。もともとは、薩摩藩の役人をもてなす料理として作られたともいわれている。現在は多様な銘柄鶏が普及しているので、地鶏とは限らなくなっている。

- **地鶏の鶏刺し**　鹿児島地鶏の味を楽しむ料理となっている。昔から親し

まれている料理。
- **鶏飯** 奄美大島の郷土料理。蒸した鶏のささみ肉、味付けシイタケ、錦糸卵、ネギ、パパイヤの漬物など様々な具材を丼のご飯に盛り付け、熱々の鶏ガラスープをかける。
- **溶岩焼き** 熱した溶岩の上に鶏肉をのせて焼く。鶏肉の表面はこんがり、内部はふっくらとジューシーに加熱される。
- **地鶏の煮つけ** おなん講の際に作られた行事食。11月の丑の日に行われる"おなん講"は、日ごろの女性たちの苦労への感謝と、豊作を祈る行事。この日、男衆は朝から地鶏の煮つけや子宝を願う里芋料理を準備し、女装して女性たちを接待する、江戸時代から続く伝統行事。

知っておきたいその他の肉と郷土料理・ジビエ料理

　鹿児島県も野生の鳥獣類による被害の防止対策は検討しているが、渡り鳥の来る場所であるので、渡り鳥の保護、鳥のヒナの保護にも対策を検討し、県民にいろいろなお願いをしている。イノシシ、シカ、サルなどによる被害防止対策には苦慮している。

　鹿児島県は、他県に比べればジビエ料理を提供する店は少ない。

　イノシシやシカが増えすぎ田畑や民家に害を与えるようになったので、生息数調整のために捕獲し調整している。捕獲したものは衛生的に処理し、猟師料理やレストランの料理として提供している。

47・沖縄県

ラフテー

▼那覇市の1世帯当たりの食肉購入量の変化 (g)

年度	生鮮肉	牛肉	豚肉	鶏肉	その他の肉
2001	39,142	7,883	17,080	9,646	3,136
2006	40,651	6,997	18,206	9,419	3,743
2011	39,671	6,495	17,854	10,623	2,555

　沖縄県には、九州から台湾に伸びる南西諸島のうち、沖縄諸島、先島諸島、大東諸島が含まれる。一般には、沖縄本島を主体に民族、食文化などを考えるが、一つひとつの島々によって、環境、島で栽培している農作物や水産物が異なるので、自ずと民族・食文化も異なる。

　沖縄県は冷涼な気候に適した食材の入手は比較的困難で、亜熱帯性の食材が多い。沖縄の食文化は、地理的に近い鹿児島の料理に似ているところもあり、琉球王朝時代の中国との貿易が盛んであったため、中国の料理や台湾の料理に近いところもあるので、沖縄独自の豚肉や牛肉料理が多々存在している。とくに、暑い地域であるから生食よりも煮込み料理が多い。

　2001年度、2006年度、2011年度の「家計調査」から沖縄県と沖縄県の県庁所在地那覇の1世帯当たり生鮮肉購入量にはやや違いがみられる。沖縄県の2001年度と2011年度の生鮮肉の購入量は、那覇市より多くなっている。牛肉、豚肉の購入量は沖縄県も那覇市も2001年度が多くなっている。2011年度の鶏肉の購入量は、2010年に本州で発生した家畜・家禽の感染症の発症にも関わらず、鶏肉の購入量は多くなっている。

　2001年度、2006年度、2011年度の那覇市の1世帯当たりの、生鮮肉購入量に対する豚肉購入量の割合は43.6～45％である。豚肉の使用量は非常に多いことが理解できる。牛肉の割合は16.6～20.1％で、鹿児島よりわずかに多い。

知っておきたい牛肉と郷土料理

銘柄牛の種類

❶もとぶ牛

沖縄県北部の八重岳の麓の「もとぶ牧場」で飼育している黒毛和種。肉質は、甘さと軟らかさがあり、(公社)日本食肉格付協会が認定した3等級以上のものが「もとぶ牛」として流通している。沖縄のオリオンビール会社から出るビール粕を独自の方法で発酵させて飼料化し、与えている。

❷石垣牛

八重山郡内で生産・育成された黒毛和牛で、約20か月以上肥育管理された去勢牛である。今では沖縄県の銘柄牛として知られている石垣牛がブランド化したのが1971(昭和46)年である。それまでは長い間、役牛として飼育していたと推測する。石垣島は、牛の生育・繁殖に最適の環境で優秀な黒毛和種が生育している。ヒレの肉質は、脂肪分が少なく、サーロインの肉質はサシが充実して評価が高い。

知っておきたい豚肉と郷土料理

❶あぐー豚・アグーブランド豚

アグーは今から約600年前に中国から導入し、沖縄で飼育している小形の在来種である。脂肪組織には甘みとうま味があり、肉質は霜降り肉である。現在流通しているアグーブランド豚は、アグー(♂)と西洋豚(♀)の交配したもので、沖縄県アグーブランド推進協議会が認定したものである。沖縄の伝統料理には欠かせない。一般の煮込み料理や炒め物に使うほか、塩漬け豚の「スーチカ」、泡盛と黒砂糖で煮込む「ラフテー」には欠かせない。アグー豚は幻の島豚といわれ、入手が難しい。

豚肉料理 角煮(ラフテー)、ソーキ(骨の部分の煮込み)、ミミガー(耳の軟骨料理)、チラガー(頭部の皮を利用した料理)などにして、鳴き声の他は全部食べられるといわれるほど捨てるところなく食べる。

- **ラフテー** 沖縄の代表的な郷土料理。豚の角煮に似る。皮付きのバラ肉を醤油と砂糖、そして特産のお酒の泡盛を入れて煮る。箸で切れるほど

軟らかく煮てある。とろけるような食感がある。
- **ミミガー** ブタの耳。表面の毛を焼いて取り除く。茹でて酢味噌や和え物、炒め物に使う。また、蒸して細く切り刺身として提供することも多い。これをジャーキー風に仕上げたミミガージャーキーもあり、お土産に最適。
- **みぬだる** 豚肉の胡麻蒸し。豚肉に黒ゴマをまぶすと、胡麻の風味が豚肉につき上品な味わいの肉となる。蒸した豚肉は、食べやすい大きさに切り、すり潰した胡麻、砂糖、醤油、泡盛で調味したタレをつくり、このタレを付けて食べる。
- **ククメシ** 豚のもも肉を入れた炊き込みご飯。
- **ソーキ汁** ソーキ骨汁ともいう。ソーキ骨とは豚のあばら骨のついた肉。昆布・ダイコンと煮る。
- **中身の吸い物（中身汁）** 中身とは、豚の小腸・大腸・胃をいう。これを潮・糠でよくもみ洗いし、長時間茹でて軟らかくなってから吸い物の材料にする。沖縄の八重山にしかないひふぁち（ヒハツ）という香辛料を使うと風味が引き立つ。
- **チムシジン** ブタの肝臓、豚肉、沖縄ニンニクなど沖縄の野菜や香辛野菜を入れて煮込んで、病人のための健康ドリンク。
- **トゥルワカシー** 沖縄の田芋、豚肉の煮込み料理。どろどろになる。
- **ナーベーラーンブシー** ナーベーラーンブシーはヘチマと豚バラ肉の煮込み料理。
- **クファジューシー** 沖縄では新米がとれたときのご馳走にクファジューシー（豚のバラ肉の炊き込みご飯）を作る。具は豚のバラ肉のほか、シイタケ、ニンジンなど沖縄の野菜を入れる。
- **イナムドゥチ** 沖縄の郷土料理。お祝いのときに作る具だくさんの味噌汁。豚の三枚肉、かまぼこ、ニンジン、昆布、その他いろいろな食材を入れてつくる。
- **足ティビチー** ブタの足の料理。ブタの足先を素材にした代表的沖縄料理。足の部分をぶつ切りにし、ダイコン、ゴボウ、昆布、かつお節などでゆくり軟らかくなるまで煮込んだ料理。
- **びらめー（塩漬け豚）** 冷蔵庫のない時代に豚肉を自然塩に漬けこみ、食べるときには、適宜取り出し薄く切ってフライパンで焼いた。

- **ウムシイムン（豚脂）** 豚の脂、とくにアグー豚の脂肪は切り取ってラードの代わりに使った。沖縄料理では大事な料理用脂肪である。
- **パパイヤイリチー** 熟していないパパイヤを豚肉と一緒に炒める料理。
- **そのほか、三枚肉使用の料理** 漬菜（チキナー）チャンプルー、クーブイリチー（豚の茹で汁で仕上げる炒め煮）、かんぴょうイリチー（炒め煮）、ウカライリチー（炒め煮）、スンシーイリチー（炒め煮）、デークニイリチー（炒め煮）、千切りイリチー（炒め煮）、ミソラウテー（煮物）、豚肉と大根の汁、豚肉の味噌汁、クージン（豚三枚肉の卵でとじる汁）、どるわかしー（豚骨料理で、祝いのときに、豚肉、サトイモ、ズイキ、シイタケ、蒲鉾を軽く炒め、豚のだしで煮込む）

知っておきたい鶏肉と郷土料理

❶やんばる地鶏

㈲中央食品加工で開発した地鶏。雄はロードアイランド×レッドコーニッシュで、雌はロードアイランド×ロードアイランドを使った地鶏。80日以上平飼いをして出荷している。

鶏肉料理 串焼き、ソテー、焼き鳥、鍋料理のほか、そば料理の具などに利用する。鶏の丸焼きは人気が高く、沖縄県の各地に専門店がある。

知っておきたいその他の肉と郷土料理

沖縄県は野生の鳥獣類による被害から守ると同時に、ネズミによる被害から守ることを検討している。また昔から慶事に作る山羊汁、アヒル料理などがある。

- **ヒージャー料理** ヒージャーとは沖縄の方言でヤギのことをさす。琉球列島のトカラ、奄美、沖縄の島々は、ヤギの飼養が盛んだが、始まりは不明な点が多い。15世紀に記された『李朝実録』に、ヤギが使用されていた記述があるので、この頃には定着していたと考えられる。滋養強壮効果があるとされている。日常食ではなく、農繁期を終えてからの"ドゥーブニノーシ（疲労回復の意味）"や、行事の後の慰労会、家の新築祝いなど"ハレの日"の料理として大勢で食された。ヤギの独特な臭いが好まれている。昔から安産によいといわれ、冷え性、ぜんそくの薬用

として珍重され、沖縄の農村のご馳走である。
- **ヤギ刺し** 皮付きの山羊肉をスライスして、酢醤油と生姜でいただく。雄の睾丸の刺身も提供される。まさに滋養強壮だ。
- **山羊汁** 代表的な山羊料理。大量に作ると美味いといわれ、通常1頭分の肉と骨、内臓をぶつ切りにして、血液も加えて大鍋で作る。味付けは塩味で、具は入れない。
- **アヒル料理** アヒル料理を提供する店もある。アヒル汁、アヒルの肉と野菜の炒めものなどがある。アヒル汁は、アヒルの肉とサクナ（長命草）、昆布、干しシイタケ、ゴボウなどを混ぜて煮込んだもので、沖縄では薬膳としても利用されている。
- **シシ刺し** イノシシの刺身である。生食は寄生虫による健康障害を及ぼすことがあるから、生食は避けたほうがよい。生は獣臭さが強いので、美味しくは食べられない。

付録:銘柄畜産一覧

都道府県	銘　柄　牛	銘　柄　豚
北海道	生田原高原和牛、いけだ牛、うらほろ和牛、えぞ但馬牛、えりも短角牛、おくしり和牛、音更町すずらん和牛、オホーツクあばしり和牛、おびら和牛、北見牛、駒谷牛、こんせん牛、産直つるい牛、鹿追牛、茂野牛、しほろ牛、白老牛、白糠牛、知床牛、宗谷黒牛、大雪高原牛、チクレンフレッシュビーフ、千歳牛、千歳黒牛、釧路アップルビーフ、Do-Beef北海道ビーフ、十勝四季彩牛、十勝めむろ牛、十勝和牛、トヨニシファームの十勝牛、にいかっぷ和牛、野付牛、はこだて大沼牛、はこだて和牛、はやきた和牛、美夢牛、びえい牛、東藻琴牛、美深牛、びらとり和牛、ふらの和牛、北斗牛、北海道和牛、みついし牛、宮下牧場牛、みらい牛、未来めむろうし、むかわ和牛、夢大樹牛	赤井川村産サラダポーク、アグロのSPF豚、浅野農場、内海ヘルシーポーク、SPF海のミネラル豚、サクセス森町産SPF豚、サチク赤豚、知床ポーク、道南アグロ農場産SPF豚、十勝黒豚、十勝清水産SPF豚、十勝野ポーク、どさんこ栄養豚21世紀、どろぶた、中標津ゴールデンポーク、長沼鈴山中クリーンポーク、名寄鈴木ビビッドポークSPF豚、びらとりバークシャー、富良野産SPF豚、富良野産ハイコープ豚、北海道産AコープSPF豚、北海道産SPF豚、芽室産SPF豚、若松ポークマン
青森県	あおもり開拓牛、あおもり倉石牛、あおもり短角牛、あおもり十和田牛、広域「十和田湖和牛」、市浦牛、津軽愛情牛、津軽ひらか黒牛、東北国産けんこう牛、八甲田牛	奥入瀬ガーリックポーク、奥入瀬の大自然黒豚、奥入瀬ハーブポーク、川賢のこだわりポークSPF、こだわりポーク、津軽愛情豚、長谷川の自然熟成豚、ヤマザキポーク

都道府県	銘柄牛	銘柄豚
岩手県	いなにわ短角牛、いわてあしろ短角和牛、いわていさわ牛、いわていわいずみ短角和牛、いわて江刺牛、いわて金ケ崎牛、いわて軽米牛、いわてきたかみ牛、いわて牛キロサ牧場直送牛、いわて衣川牛、岩手しわ牛、いわて東和牛、いわて遠野牛、いわて西和賀牛、いわて前沢牛、いわて水沢牛、岩手南牛、いわて山形村短角牛	i-coop豚、岩泉龍泉洞黒豚、岩中ポーク、いわて熟成豚、いわて純情豚、イワテハヤチネL2、北上山麓豚、折爪三元豚 佐助、コマクサSPFポーク、白ゆりポーク、館ヶ森高原豚、トキワの豚肉、南部ピュアポーク、南部ロイヤル、日本の豚 やまと豚、白金豚、やまゆりポーク
宮城県	石越牛、漢方和牛、ざおう牛、新生漢方牛、仙台牛、中田牛、はさま牛、桃生牛、若柳牛	北の杜・桃生ポーク、しもふりレッド、純・和豚、志波姫ポーク、みちのくもち豚、宮城野豚
秋田県	秋田牛、秋田錦牛、秋田由利牛、大潟牛、かづの牛、三梨牛	秋田シルクポーク、秋田美豚、あきた美味豚、笑子豚（エコブー）、十和田湖高原ポーク 桃豚
山形県	尾花沢牛、蔵王牛、庄内牛、庄内産直牛、羽黒牛、山形牛、米沢牛	高品質庄内豚、平牧金華豚、平牧三元豚、平牧桃園豚、ヘルシーポーク天元豚、山形ポーク豚、米澤豚一番育ち
福島県	白河牛、福島牛	うつくしまエゴマ豚、日本の豚やまと豚SPF、麓山高原豚
茨城県	紫峰牛、筑波牛、つくば山麓飯村牛、紬牛、花園牛、常陸牛、山方牛	岩井愛情豚、奥久慈バイオポーク、かくま牧場の稲穂豚、キング宝食、地養豚、霜ふりハーブ、シルクポーク、撫豚、はじめちゃんポーク、ひたち絹豚、まごころ豚、美味豚、美明豚、梅山豚、山西牧場、弓豚、蓮根豚、ローズポーク、和之家豚

都道府県	銘　柄　牛	銘　柄　豚
栃木県	朝霧高原牛、宇都宮牛、大田原牛、おやま和牛、かぬま和牛、さくら和牛、下野牛、白糠牛、島根和牛、神明マリーグレー、とちぎ霧降高原牛、とちぎ高原和牛、とちぎ和牛、那須高原牛、那須高原乙女牛、日光高原牛、日光和牛、美味旨牛、前日光和牛、みかも牛	あじわい健味豚、エースポーク、笑顔大吉ポーク、黄金豚、郡司豚、小山の豚「おとん」、黒須高原豚、黒須こくみ豚、さつきポーク、しもつけ健康豚、千本松ポーク、とちぎLaLaポーク、那須高原豚、那須野ポーク、日光SPF豚、日光ホワイトポーク、日光ユーポーク、瑞穂の芋豚、みずほのポーク、みや美豚、ヤシオポーク、ゆめポーク
群馬県	赤城牛、上州牛、上州新田牛、上州和牛、榛名山麓牛	赤城高原豚、赤城ポーク（上州銘柄豚）、あかぎ愛豚、吾妻高原ポーク、梅の郷　上州豚とことん、えばらハーブ豚　未来、奥利根もち豚（上州銘柄豚）、加藤の芋豚、かぶちゃん豚、クイーン黒豚、クイーンポーク、黒豚とんくろー、群馬ひらさわ豚、下仁田ポーク、上州いきいきポーク、上州黒豚、上州高原の熟成豚ポルコ&ポルコ、上州麦そだち（上州銘柄豚）、上州麦豚（上州銘柄豚）、登山豚、日本の豚　やまと豚、ハイポーク（上州銘柄豚）、はつらつ豚（上州銘柄豚）、榛名山麓　黒豚、榛名山麓　松田豚、榛名ポーク、ピュアポーク、ミネ豚、麦仕立て上州もち豚、やまと豚、和豚もちぶた

都道府県	銘柄牛	銘柄豚
埼玉県	五穀牛、彩さい牛、彩の国夢味牛、深谷牛、武州和牛、むさし牛	キトンポーク、小江戸黒豚、埼玉県産いもぶた、彩の国 黒豚、サイボクゴールデンポーク、狭山丘陵チェリーポーク、スーパーゴールデンポーク、花園黒豚、バルツバイン、武州さし豚、幻の肉古代豚、わたしの牧場 彩の国 愛彩
千葉県	かずさ和牛、しあわせ絆牛、しあわせ満点牛、そうさ若瀬牛、千葉しあわせ牛、千葉しおさい牛、白牛、林牛、美都牛、みやざわ和牛、八千代ビーフ	ダイヤモンドポーク、林SPF、ひがた椿ポーク、房総ポークC
東京都	秋川牛、東京黒毛和牛	TOKYO X
神奈川県	足柄牛、生粋神奈川牛、市場発横浜牛、葉山牛、三浦葉山牛、やまゆり牛、横浜ビーフ	飯島さんのぶたにく、かながわ夢ポーク、さがみあやせポーク、自然派王家、湘南うまかポーク、湘南ぴゅあポーク、湘南ポーク、丹沢高原豚、日本の豚 やまと豚、はーぶ・ぽーく、はまぽーく、みやじ豚、やまゆりポーク
新潟県	くびき牛、佐渡牛、越後牛、にいがた和牛、にいがた和牛　村上牛	朝日豚、あすなろポーク、越後あじわいポーク、越後もち豚、北越後パイオニアポーク、くびき野黒豚、越乃黄金豚、熟成豚、しろねポーク、つきがたポーク、つなんポーク、妻有ハーブ健康豚、妻有ハーブぶた純生、妻有ポーク、なごみ豚、ニホンカイポーク、八海山麓健康豚、ぼくじょうちゃんポーク、深雪餅豚、ヨツバポーク

都道府県	銘柄牛	銘柄豚
富山県	立山牛、とやま牛、とやま和牛、氷見牛	おわらクリーンポーク、黒部名水ポーク、城端ふるさとポーク、たかはたポーク、たてやまポーク、とやまポーク、フクノマーブルポーク、むぎやポーク、メルヘンポーク
石川県	能登牛	αのめぐみ、能登HIポーク、能登豚
福井県	若狭牛	ふくいポーク
山梨県	甲州牛、甲州麦芽ビーフ、甲州ワインビーフ	甲州富士桜ポーク、ぶぅふぅうぅ豚、フジサクラポーク
長野県	阿智黒毛和牛、信州牛（信州牛生産販売協議会）、信州牛（信州ハム）、信州蓼科牛、信州肉牛、信州プレミアム牛肉、久堅牛、南信州牛、りんごで育った信州牛	アグリ豚、お米そだち豚、コープネット産直豚、駒ヶ岳山麓豚、さんさん豚、純味豚、信州黒豚、信州南部豚、信州野豚、信州ポークSPF麓豚、信州ポークみゆき豚、蓼科山麓豚、千代福豚、ハヤシファーム豚、舞豚、みなみ信州黒豚
岐阜県	飛騨牛	恵那山麓 寒天豚、清流の国ぎふポーク、飛騨けんとん・美濃けんとん、美濃ヘルシーポーク
静岡県	あしたか牛、遠州夢咲牛、食通の静岡牛、静岡そだち、静岡和牛、ひらい牧場伊豆牛、富士朝霧高原朝霧牛、みっかび牛	朝霧ヨーグルト豚、熱川温泉フレッシュポーク、遠州黒豚、遠州夢の夢ポーク、奥山の高原ポーク、おらんピッグ、かけがわフレッシュポーク、御殿場金華豚、サンサンポーク、とこ豚、富士朝霧高原放牧豚、富士なちゅるぽーく、ふじのくに「いきいき」ぽーく、ふじのくに「HHP」浜北ヘルシーポーク、ふじのくにすそのポーク、ふじのくに浜名湖そだち

都道府県	銘柄牛	銘柄豚
愛知県	あいち牛、あいち知多牛、あいちとよた牛、暖か渥美の伊良湖常春ビーフ、田原牛、ぴゅあ愛知、みかわ牛	あかばねポーク、あつみポーク、タイヨーポーク、知多ハッピーポーク、知多豚、猪進豚、デリシャスポーク 絹、トヨタポーク、みかわポーク、やまびこ豚
三重県	伊賀牛、加茂牛、北伊勢和牛、鈴鹿山麓和牛、松阪牛、みえ黒毛和牛、みえ和牛	三重クリーンポーク、みえ豚
滋賀県	近江牛	蒲生野フレッシュポーク、藏尾ポーク
京都府	亀岡牛、京たんくろ牛、京都肉	加都茶豚、京丹波高原豚、京丹波ポーク、京都ぽーく、京のもち豚
大阪府	大阪ウメビーフ	犬鳴ポーク
兵庫県	淡路ビーフ、加古川牛、黒田庄和牛、神戸ビーフ（神戸肉）、三田肉、丹波ささやまびーふ、兵庫県産（但馬牛）、湯村温泉但馬ビーフ	姫路ポーク・桃色吐息、神戸ポーク、ゴールデンボアポーク
奈良県	大和牛	奈良産豚肉ヤマトポーク
和歌山県	熊野牛	紀州うめぶた
鳥取県	大山黒牛、東伯牛、東伯和牛、鳥取F1牛、鳥取牛、鳥取和牛、万葉牛、美歎牛	大山ルビー、東伯SPFぶた、東伯三元豚、鳥取産SPF豚
島根県	出雲香味牛、石見和牛、隠岐牛、奥出雲和牛、島根和牛、潮凪牛、しまね和牛肉、しまね和牛肉かつべ、螢と牽牛の里「糸川牛」、松永牛、まつなが黒牛	SPC島根ぽーく、石見ポーク、ケンボロー 芙蓉ポーク
岡山県	おかやま和牛肉、作州牛肉、千屋牛、奈義ビーフ、蒜山ジャージー、美星ミート	おかやま黒豚、美星豚
広島県	神石牛、広島牛	SAINOポーク、芸北高原豚、幻霜スペシャルポーク、豚皇

都道府県	銘柄牛	銘柄豚
山口県	皇牛、山口県特産無角和牛、高森牛、防長和牛、見島牛、見蘭牛、無角和牛	鹿野高原豚、山口高原豚
徳島県	阿波牛、一貫牛、四国三郎牛、ふじおか牛	阿波ポーク
香川県	讃岐牛、オリーブ牛	讃岐夢豚、産直コープ「讃岐もち豚」
愛媛県	いしづち牛、伊予牛「絹の味」、伊予麦酒牛	愛媛甘とろ豚、クィーンハイポーク、ふれ愛・媛ポーク
高知県	土佐和牛、大川黒牛	窪川ポーク米豚
福岡県	糸島牛、小倉牛、筑前あさくらの牛、筑穂牛、博多和牛、福岡牛、福岡和牛	一貴山豚、糸島豚、国産もち豚、博多すい〜とん
佐賀県	伊万里牛、佐賀牛、佐賀交雑種牛、佐賀産和牛	金星佐賀豚、肥前さくらポーク、若楠ポーク
長崎県	壱岐牛、雲仙牛、五島牛、ながさき牛、ながさき和牛（長崎和牛）、平戸和牛	MD雲仙クリーンポーク、雲仙うまか豚「紅葉」、雲仙特産豚P極、雲仙もみじ豚、五島SPF「美豚」、長崎うずしおポーク、大西海SPF豚
熊本県	くまもとのあか牛、くまもとの美彩牛、くまもと黒毛和牛、黒樺牛	阿蘇高原やまとんポーク、天草梅肉ポーク、熊本SPF豚肉、熊本きくち黒豚、くまもとのりんどうポーク、スーパーポークもっこす
大分県	豊後牛肉、豊後山香牛	大分もち豚、錦雲豚、天領もち豚
宮崎県	宮崎牛、宮崎ハーブ牛、宮崎ハーブ牛（交雑種）	飛鳥黒豚、えびの高原極味豚、えびの産黒豚、尾爺豚、観音池ポーク、北海Oh茶メ豚、霧島黒豚、高千穂、はざまのきなこ豚、宮崎ハマユウポーク、宮崎ハマユウポーク かんしょ豚、麦穂、わかめ豚

銘柄畜産一覧　307

都道府県	銘柄牛	銘柄豚
鹿児島県	鹿児島黒牛、口之島牛、薩摩黒牛、のざき牛	鹿児島OX、かごしま黒豚、九州もち豚、薩摩高原豚、さつま美食豚、純粋黒豚「六白」、茶美豚、天恵美豚、南州ナチュラルポーク、ネオSPF豚
沖縄県	石垣牛、もとぶ牛、山城牛、琉牛王	あぐ〜豚、寿豚、美ら海豚、やんばる島豚、琉球長寿豚、琉球ロイヤルポーク、琉寿豚、琉美豚

● **参考文献** ●

全国食肉公正取引協議会『お肉の表示ハンドブック』2013
日本食肉消費総合センター『銘柄牛肉ハンドブック』各年版
日本食肉消費総合センター『銘柄豚肉ハンドブック』各年版
『ニッポン全国ブランド食材図鑑 2012年版』プレジデント社、2011
成瀬宇平監修『うまい肉の科学』ソフトバンククリエイティブ、2012
西村敏英監修『ゼロから理解する食肉の基本』誠文堂新光社、2013
日本食肉消費総合センター『食肉の秘密を探る』1998
全国友の会『伝えてゆきたい家庭の郷土料理─全国友の会創立50周年記念』婦人之友社、1980
日本伝統食品研究会編『日本の伝統食品事典』朝倉書店、2007
清水桂一編『たべもの語源辞典 新訂版』東京堂出版、2012
小林祥次郎『くいもの"食の語源と博物誌"』勉誠出版、2011
岡田哲編『たべものの起源事典』東京堂出版、2003
田村秀『B級グルメが地球を救う』集英社新書、2008
朝日新聞社編『郷土料理とおいしい旅』朝日新聞社、1985
乙坂ひで編著『東北・北海道の郷土料理』ナカニシヤ出版、1994
河野友美編『新・食品事典2 肉・乳・卵』真珠社、1999
服部幸應・服部津貴子監修『肉の郷土料理』岩崎書店、2003
櫻井寛『知識ゼロからの駅弁入門』幻冬社、2014
大隅清治『クジラと日本人岩波新書』、2003
横浜マリタイムミュージアム編集発行「捕鯨と日本人─文化としての捕鯨」、横浜マリタイムミュージアム開館20年記念、2008
関口雄祐『イルカを食べちゃダメですか？ 科学者の追い込み漁体験記』光文社、2010
高正晴子『鯨料理の文化史』エンタイトル出版、2013
伊藤宏『食べ物としての動物たち』講談社ブルーバックス、2001
野本寛一編著者『食の民族事典』株式会社柊風舎、2011
前家修二編『県別対抗九州・沖縄語当地B級グルメ』昭文社、2012
関満博・古川一郎編『「ご当地ラーメン」の地域ブランド戦略』新評論、2009

総務省統計局家計調査 HP
農林水産省大臣官房統計部、畜産統計、鶏卵流通統計 HP
秋篠宮文仁編著『鶏と人』小学館、2000
安部直哉『野鳥の名前』山と渓谷社、2008
吉井正監修『コンサイス鳥名事典』三省堂、1988
中村浩『動物名の由来』東京書籍、1998
秋篠宮文仁監修、小宮輝之『フィールドベスト図鑑特別版 日本の家畜・家禽』学習研究社、2009
日本畜産学会編『新編 畜産用語辞典』養賢堂、2001
全国食鳥新聞社編『全国地鶏銘柄鶏ガイドブック』社団法人日本食鳥協会、2007
鵜飼良平『そば入門』幻冬社、2009
東京農大バイオインダストリー・オホーツク実学センター編『エミュー飼いたい新書』、東京農業大学出版会、2009
日本食鳥協会 HP
農林水産省：郷土料理 HP
ごはんを食べよう国民運動推進協議会 HP
日本食品衛生協会 HP
兵庫県農政環境部 HP
宮内庁 HP
福岡市博物館 HP
日本唐揚げ協会 HP
サイエンスクッキング HP
各県市町村 HP
各商工会議所 HP
観光協会 HP
全国学校栄養士協議会 HP

索　　引

A～Z

DO Beef ……………………… 41
LWD 交雑豚 ………………… 15
MD 雲仙クリーンポーク ……… 273
SAINO ポーク ……………… 232
SPC 島根ポーク …………… 217
TOKYO X ……………………… 116

あ 行

合鴨 ………………………… 207
あいち牛 …………………… 167
あいち知多牛 ……………… 166
あおもり倉石牛 …………… 51
あおもり短角牛 …………… 51
赤かしわ …………………… 233
赤城牛 ……………………… 98
赤城高原豚 ………………… 101
赤城ポーク ………………… 101
赤鶏 ………………………… 173
赤鶏さつま ………………… 294
あかばねポーク …………… 167
あがら丼 …………………… 210
秋川牛 ……………………… 115
秋田牛 ……………………… 70
秋田美豚 …………………… 71
秋田由利牛 ………………… 70
秋吉台高原牛 ……………… 236
安城和牛 …………………… 166
アグー ……………………… 14
あぐー豚 …………………… 297
アグリ豚 …………………… 152
朝霧ヨーグルト豚 ………… 162
朝日豚ロースかつ丼 ……… 130

アザラシ …………………… 21
足柄牛 ……………………… 121
あしたか牛 ………………… 161
足ティビチー ……………… 298
味飯（鯨）………………… 264
飛鳥茶碗蒸し ……………… 206
飛鳥鍋 ……………………… 206
小豆島の煮豚 ……………… 248
熱川高原フレッシュポーク … 162
暖か渥美の伊良湖常春ビーフ … 166
阿智黒毛和牛 ……………… 151
厚木のころ焼き …………… 125
あつみ牛 …………………… 166
あつみポーク ……………… 167
網走産エミューフィレ肉 …… 49
アヒル料理 ………………… 300
天草大王 …………………… 280
天草梅肉ポーク …………… 279
阿波尾鶏 …………………… 244
阿波牛 ……………………… 242
淡路島牛丼 ………………… 198
淡路ビーフ ………………… 197
阿波ポーク ………………… 243
アンガス種 ………………… 11

飯島さんのぶたにく ……… 122
伊賀牛 ……………………… 171
壹岐牛 ……………………… 271
一貴山豚 …………………… 262
いけだ牛 …………………… 42
石垣牛 ……………………… 297
石川県産豚 ………………… 138
いしづち牛 ………………… 252
伊豆牛 ……………………… 161
イズシカ丼 ………………… 163

イスラム教	23	伊予牛絹	252
一貫牛	242	伊予麦酒牛	252
いとこ煮	239	いり焼き鍋	275
糸島牛	261	イルカの味噌煮	163
イナムドゥチ	298	いわいずみ短角牛	52
犬鳴ポーク	191	岩手がも	62
イノシシ	15, 48	いわて短角牛	59
イノシシ・イノブタ料理	201	イワテハヤチネ L2	60
イノシシ丼	96	石見ポーク	217
猪鍋（静岡県）	163	石見和牛	215
猪鍋（東京都）	118		
猪鍋（奈良県）	207	上野村のイノブタ	103
猪鍋（三重県）	174	ウサギ	18
猪肉	107, 125, 135, 140, 143	兎肉入りおみいさん	249
猪肉（牡丹鍋）	186	ウサギの叩き	73
猪肉とろろ丼	202	ウサギの味噌煮	73
猪肉のしゃぶしゃぶ	233	ウスターソースかけかつ丼	61
猪肉の味噌漬け	108	うずわの鹿煮	126
イノシシのすき焼き	48	うつくしまエゴマ豚	83
イノシシのチャーシュー	257	宇都宮牛	93
イノシシのつと巻き	290	宇都宮餃子	96
イノシシらーめん	229	ウマ	16
イノシシ料理（青森県）	56	うまかハーブ鳥	280
イノシシ料理（石川県）	140	馬コロッケ	281
イノシシ料理（茨城県）	91	馬まん	56
イノシシ料理（岐阜県）	159	ウムシイムン	299
イノシシ料理（群馬県）	103	浦上のそぼろ	275
イノシシ料理（滋賀県）	179	雲仙牛	272
イノシシ料理（静岡県）	163	雲仙特選豚「極」	273
イノシシ料理（千葉県）	113	雲仙もみじ豚	273
イノシシ料理（宮城県）	68		
イノシシ料理（宮崎県）	290	笑子豚（エコブー）	71
イノシシ料理（山梨県）	149	エスカロップ	44
イノブタ	201	エゾシカ料理	46
イノブタの味噌鍋	149	越後あじわいポーク	129
いばらき地養豚	89	越後牛	128
イブの恵み	212	えばらハーブ豚　未来	101
伊万里牛	266	愛媛甘とろ豚	253
伊万里牛のハンバーグ	267		
いも炊き	254	奥入瀬ガーリックポーク	54

奥入瀬の大自然黒豚…………54	かごしま黒豚………………292
近江牛………………………176	笠岡ラーメン………………228
近江牛の味噌漬け…………177	かしわ汁……………………284
近江黒鶏……………………179	柏のすき焼き………………206
近江しゃも…………………178	かす…………………………198
近江鶏………………………179	上総赤どり…………………112
近江豚バラ肉………………178	かずさ和牛…………………110
大阪ウメビーフ……………189	鹿角短角牛……………………70
太田なわのれん………… 4, 121	かつ丼………………………147
太田やきそば………………102	かつ丼のウスターソース味……83
岡山県産森林どり…………228	かつめし……………………199
おかやま地どり……………228	褐毛和種………………………9
おかやま和牛………………226	加藤の芋豚…………………101
隠岐牛………………………215	加都茶豚……………………185
奥出雲和牛…………………216	かながわ夢ポーク…………122
奥久慈しゃも…………………90	鹿野高原豚…………………238
奥丹波どり…………………186	亀岡牛………………………183
奥美濃古地鶏………………158	がめ煮………………………285
お好み焼き…………………191	蒲生野フレッシュポーク…178
お好み焼き風丼………………95	加茂牛………………………172
おたぐり……………………153	鴨すき………………………179
小玉川熊祭り…………………79	鴨鍋…………………………179
おばいけ……………………239	鴨肉焼き……………………149
オホーツクあばしり和牛……43	鴨の貝焼き…………………218
オムライス…………………191	鴨のじぶすき………………139
親子丼………………………117	鴨の骨のたたき……………179
小山の豚「おとん」…………95	鴨料理………………………149
おやま和牛……………………93	からし焼き…………………117
オリーブ牛…………………246	川俣シャモ……………………84
オリーブ牛肉うどん………247	かんしょ豚…………………288
折爪三元豚 佐助………………60	寒立馬…………………………17
	漢方和牛………………………65
か 行	
	きくち丼……………………280
海軍さんの肉じゃが………232	雉肉……………………………91
海軍ビーフシチュー………272	紀州うめどり………………211
カエル…………………………21	紀州うめぶた………………211
香鶏…………………………107	キジ料理……………………258
角煮…………………………273	木曽馬…………………………16
加古川ホルモン餃子………198	生粋神奈川牛………………121
鹿児島牛……………………292	

牛かん	273	クジラの胡麻和え	213
牛タン（愛知県）	167	鯨のさばあご	224
牛タン（千葉県）	111	鯨のジブ	135
牛タン（福岡県）	261	クジラの竜田揚げ	213
牛タン定食	64	くじらのタレ	113
牛タン焼き	63	鯨のとえの味噌汁	68
牛タン焼き弁当	64	クジラの味噌焼き	68
牛丼	116	鯨飯（島根県）	218
牛鍋	4, 121	くじら飯（山口県）	239
牛鍋屋	4	薬喰い	3
牛肉駅弁	152	口之島牛	292
牛肉しぐれ煮	221	くびき牛	129
牛肉とゴボウの柳川風	262	クファジューシー	298
牛肉のじんだん和え	77	窪川ポーク米豚	256
牛肉のバルサミコ煮味噌	167	クマ	21, 48
牛肉の部位と特徴	31	熊鍋	180
餃子	90	熊肉料理（青森県）	57
京たんくろ牛	183	熊肉料理（新潟県）	132
京丹波高原豚	185	熊肉料理（福島県）	85
京丹波ポーク	184	熊肉料理（宮城県）	68
京都肉	183	熊野牛	210
京都ポーク	184	熊野地鶏	173
京のもち豚	185	くまもとSPF豚	280
霧島黒豚	288	くまもとあか牛	278
霧島鶏	289	熊本黒毛和牛	278
きりたんぽ	71	熊本コーチン	280
錦雲豚	284	くまもとのりんどうポーク	280
キングポーク	89	くまもと見彩牛	279
銀山赤どり	218	熊本ラーメン	280
金星佐賀豚	267	クマ料理（岩手県）	63
		クマ料理（群馬県）	103
クイーンポーク	101	具飯	281
ククメシ	298	倉石牛	52
串かつ	191, 193	藏尾ハム・ソーセージ	178
串焼き	252	藏尾豚	177
クジラ	22	藏尾ポーク	177
くじらかやき	72	久留米ラーメン	263
くじら汁（くじな汁）	49	黒石つゆやきそば	54
鯨雑炊	131	黒樺牛	279
鯨肉入り混ぜご飯	239	黒毛和種	9

黒さつま鶏	294
黒豚とんくろ	101
黒豚料理	293
黒部名水ポーク	134
鶏ちゃん	159
芸北高原豚	232
激馬かなぎカレー	55
幻霜スペシャルポーク	232
ケンボロー芙蓉ポーク	217
高原豚	288
高座豚のハム・ソーセージ	124
高座豚の味噌漬け	124
甲州牛	146
甲州地どり	148
甲州麦芽ビーフ	146
甲州富士桜ポーク	147
甲州ワインビーフ	146
興讓館	74
神戸牛	196
神戸ポーク	199
コウライキジ	49
郡司豚ばら肉丼	95
ゴールデンボアポーク	201
ゴールデンポークのハム・ソーセージ	106
国産牛	11
国産もち豚	262
小倉牛	260
五穀牛	99, 105
古代豚	106
五島SPF美豚	273
五島牛	271
五戸の馬肉料理	55
小春煮	281
コリデール	19
ころの味噌鍋	192

さ 行

菜彩鶏	62
彩の国（黒豚）	106
彩の国地鶏タマシャモ	107
彩の夢味牛	105
蔵王牛	76
佐賀・鳥栖のさくらポーク	267
坂網鴨	140
佐賀牛	266
佐賀県産若鶏	268
佐賀交雑種牛	266
佐賀産和牛	266
さがみあやせポーク	122
桜鍋	154
桜節	154
刺し身・すし種（馬肉）	264
サチク赤豚	44
佐渡牛	128
讃岐赤どり	248
讃岐牛	246
讃岐コーチン	248
讃岐夢豚	247
佐野風豚ニラ丼	95
サフォーク	19
皿うどん	275
さらし鯨の辛子味噌和え	192
さらしクジラの酢味噌和え	213
三元交雑鶏	62
三元豚	58
山賊焼き	153
三田牛	197
産直コープ「讃岐もち豚」	248
三枚肉	293
しあわせ絆牛	110
椎茸八斗	61
市浦牛	52
潮凪牛	216
シカ	18

鹿狩り	27	熟成	29
シカカレー（北海道）	47	しゅんかん	293
鹿刺し	174	上州味紀行ロースハム	102
シカステーキ	48	上州かつ丼	102
シカ丼	163	上州地鶏	102
鹿肉	186	上州新田牛	99
鹿肉のカレー（三重県）	174	上州麦豚	100
鹿肉のステーキ	240	上州和牛	98
鹿肉の炭火焼き	174	精進料理	22
鹿肉の大和煮	208	湘南うまか豚	123
鹿肉プロジェクト	258	湘南地鶏	125
鹿肉料理（岐阜県）	159	湘南ぴゅあポーク	123
鹿肉料理（宮城県）	68	湘南ポーク	123
シカのモツ煮	163	醤油だれカツ丼	130
シカ料理	118	醤油とんかつ丼	142
四国三四郎	242	白ゆりポーク	60
シシ刺し	300	しろころ	124
シシ鍋（高知県）	257	ジンギスカン鍋	63
シシ鍋（山口県）	240	ジンギスカン料理	45
シシ鍋（和歌山県）	212	信州牛	151
市場発横浜牛	121	信州プレミアム和牛	151
自然派王家高座豚	123	信州ポーク	152
七戸バーガー	53	新生漢方牛	65
しっぽく（うどん）	249	神石牛	231
しっぽく（そば）	249	しんせん但馬鶏	200
卓袱料理	272	神鹿	27
地鶏の鶏刺し	294		
地鶏の煮つけ	295	スーパーポークもっこす	279
ジビエ	26	すき焼き	8
治部煮	139	すき焼き（大阪府）	190
紫峰牛	88	すき焼き（東京都）	115
しほろ牛	41	すき焼き（兵庫県）	198
しまね和牛	214	すき焼き（三重県）	172
下仁田ポーク	101	鈴鹿山麓和牛	172
しもふりレッド	67	すまし	164
しゃおまい弁当	268	炭火焼き	239
じゃぶ	223	炭焼き豚丼	178
しゃぶしゃぶ	82	皇牛	236
ジューシー	299		
しゅうまい	124	清流の国ぎふポーク	157

清涼煮	190	チキン南蛮	289
殺生禁断令	2	筑前あさくらの牛	261
瀬戸赤どり	248	筑穂牛	261
仙台牛	65	チクレンフレッシュビーフ	41
仙台牛タン	65	千葉しあわせ牛	110
仙台ラーメン	67	チムシジン	298
前日光和牛	93	千屋牛	226
センマイ料理	287	ちゃんこ料理	118
		長州赤どり	238
惣菜パン	61	長州どり	238
宗谷黒牛	42	千代幻豚	152
ソーキ汁	298	千代福豚	152
ソースかつ丼（群馬県）	102		
ソースかつ丼（福井県）	143	対馬馬	17
ソースかつ丼（福島県）	78	つしま地鶏	274
蕎麦地鶏料理	78	対馬地鶏	274
		ツチクジラ	112
た　行		妻有ポーク	128
大山どり	223	紬牛	88
大山ルビー	222	つもごりそば	233
太平燕	280	津山ホルモンうどん	227
ダイヤモンドポーク	111		
大ヨークシャー	14	低脂肪牛	98
高砂にくてん	198	鉄板焼き（愛媛県）	252
高森牛	237	鉄板焼き（佐賀県）	267
高山御前	158	デュロック	14
田川ホルモン鍋	261	照りかつ丼	158
但馬牛	195	天領軍鶏	218
但馬すこやかどり	200	天領鍋	285
但馬鶏	200	天領もちぶた	283
但馬の味どり	200		
ダチョウの肉	79	東京烏骨鶏	117
狸汁（岩手県）	63	東京黒毛和牛	116
狸汁（広島県）	233	東伯SPF豚	222
タレかつ丼	130	東伯三元豚	222
だご汁	280	トゥルワカシー	298
丹沢高原豚	123	遠野ジンギスカン	63
丹波あじわいどり	186	十勝牛とろ丼	43
丹波鶏	200	十勝黒豚	44
		とかち鹿追牛	42

十勝清水牛玉ステーキ丼	43
十勝和牛	42
トカラ馬	17
徳島丼	243
徳島ラーメン	243
土佐鹿料理	258
土佐ジロー	257
土佐はちきん地鶏	257
土佐和牛	256
栃木辛味噌丼	95
栃木シャモ入りつみれ丼	95
栃木ぜいたく丼	95
とちぎ和牛	94
とちぎ和牛匠	94
鳥取地どりピヨ	223
鳥取和牛	221
どて焼き	190
トド	21
とやま牛	134
とやまポーク	134
とやま和牛	134
トヨニシファームの十勝牛	43
鶏すき	169
鶏飯（大分県）	284
鶏飯（鹿児島県）	295
鶏飯（山口県）	239
どろぶた	44
十和田おいらせ餃子	54
十和田湖高原ポーク「桃豚」	70
十和田湖バラ焼き	53
十和田湖和牛	52
十和田産ダチョウ	57
とんかつ	13, 117
豚皇	232
豚骨料理	294
豚汁	61
豚汁風・すき焼き風芋煮	78
豚汁風なべっこ	71
豚足料理	143
とんちゃん	274

とんちゃん丼	179
とんとん汁	101

な 行

ナーベーラーンブシー	298
ながさき牛	271
長崎ちゃんぽん	274
長崎のてんぷら	275
長崎ばってん鶏	275
長崎和牛	271
中身の吸い物	298
奈義町産　おかやま黒豚	227
奈義ビーフ	226
名古屋コーチン	168
那須高原豚の丼	95
那須三元豚の彩丼	95
那須豚の焼肉丼	95
なばこっこ	284
菜焼き	281
南部かしわ	62
にいがた地鶏	131
新潟バーガー	130
肉うどん（香川県）	247, 248
肉うどん（福岡県）	261
肉じゃが	186
肉食禁止令	2
肉吸い	190
肉饅頭（豚まん）	124
煮込み	168
日光高原牛	93
日光和牛	93
日本短角種	10
日本の豚やまと豚	123
にわとりの丸焼き	289
ネギ焼き	192
ネッカ・チキン	117
能登HIポーク	137

能登牛	137
能登地どり	138
能登豚	138
野間馬	16
のらぼう菜の肉巻き	105

は 行

バークシャー	15
ハーブ赤鶏	290
はーぶ・ぽーく	123
バームクーヘン豚	177
はかた一番どり	263
はかた地どり	263
博多すい〜とん	262
博多ラーメン	262
博多和牛	260
白牛	110
白老牛	43
羽黒梵天丼	95
はこだて大沼牛	41
はこだて和牛	41
馬刺し（青森県）	56
馬刺し（熊本県）	280
馬刺し（長野県）	153
馬刺し（福島県）	85
八郎潟マガモ鍋	72
白金豚	60
八甲田牛	52
八甲田牛のジャーキー	53
法度汁	90
はつらつ豚	100
華味鳥	263
華味鳥レッド90	263
馬肉（青森県）	55
馬肉（福岡県）	264
馬肉汁	56
馬肉の炙り	56
馬肉のかやき鍋	56
馬肉料理（東京都）	118
馬肉料理（福島県）	85

馬肉料理（山梨県）	149
パパイヤイリチー	299
はまぽーく	123
はまゆうどり	289
林　SPF	111
葉山牛	120
ハラール	23
はりはり鍋	192
榛名山麓牛	99
榛名ポーク	100
ヒージャー料理	299
東松山の焼き鳥	106
ひがた椿ポーク	112
ヒカド	275
肥前さくらポーク	267
備前ジビエ	228
飛騨牛	156
飛騨牛の朴葉味噌ステーキ	157
常陸牛	87
ヒツジ	19
一口餃子	263
比内地鶏	71
比内鶏	71
氷見牛	133
美味豚	89
姫路ポーク	199
媛っこ地鶏	254
ぴゅあ愛知	167
びらとりバークシャー	44
平戸和牛	272
平牧金華豚	78
平牧純粋金華豚	78
びらめー	299
蒜山ジャージー	226
蒜山やきそば	228
広島牛	231
ぶぅふぅうぅ豚	147
深谷牛	105

ふくいポーク	143	北海道 SPF 豚	44
福岡和牛	260	北海道和種	17
福島牛	81	ぼっかけ（香川県）	250
福島牛販売促進協議会	81	ぼっかけ（兵庫県）	198
福豚	99	ぼっかけうどん	198
ふじおか牛	242	骨付き鶏の炭火焼き	249
フジサクラポーク	147	ポネルル	47
武州和牛	105	ホルモン料理	191
豚蒲焼	227	ほろほろ鳥	62
豚丼（埼玉県）	107	ほろほろ鳥料理	254

ま　行

豚丼（滋賀県）	178	前沢牛	59
豚丼（北海道）	44	まえばし TONTON 汁	101
豚丼（三重県）	173	またぎ鍋	73
豚肉の味噌漬け・醬油漬け	78	マタギ料理	135
豚肉の部位と特徴	33	松浦漬	268
豚の生姜焼き	158	松風地鶏	200
豚まん	274	松阪牛	7, 170
プラチナポーク	60	松阪牛の漬物	172
ブランド豚	15	マトン焼肉	85
ふれ愛・媛ポーク	253	愛豚	100
豊後赤どり	284	丸焼き類	257
豊後牛	283		
豊後山香牛	283	三浦地鶏	125
文明開化	4	三重グリーンポーク	172
		みえ黒毛和牛	172
ヘルシー牛	252	みえ豚	172
		みえ和牛	172
房総地鶏	111	みかわ牛	167
防長和牛	236	御崎馬	17
ほうとう鍋	147	見島牛	235
豊のしゃも	284	水炊き	263
豊のしゃもの炭火焼き	284	味噌かつ	168
朴葉味噌と豚肉	158	みちのく鶏	67
ポーク卵	61	みつせ鶏	268
牡丹鍋（青森県）	57	御堂すじ	190
牡丹鍋（茨城県）	91	みぬだる	298
牡丹鍋（神奈川県）	125	美濃けんとん	158
牡丹鍋（岐阜県）	159	美濃ヘルシーポーク	157
牡丹鍋（京都府）	186		
牡丹鍋（兵庫県）	201		

ミミガー	298	ヤジ（秋田県）	73
宮城野豚みのり	67	ヤジ（岩手県）	63
宮古馬	17	屋台焼肉	192
宮崎牛	287	山形牛	75
みやざき霧島山麓雄	290	やまがた地鶏	78
みやざき地頭鶏	289	山くじら	4
宮崎ハーブ牛	287	山口高原豚	238
宮崎ハマユウポーク	288	大和牛	204
深雪汁	131	大和肉鶏	206
未来めむろうし	42	大和肉鶏のすき焼き	206
見蘭牛	237	やまと豚	100
		ヤマトポーク	205
無角和種	10	やまゆり牛	121
無角和牛	236	やまゆりポーク	123
麦仕立て　上州もち豚	100	やんばる地鶏	299
村上牛	128		
		湯原ししラーメン	229
銘柄牛	11	夢大樹牛	42
梅山豚	89	ゆめポーク丼	96
明宝ハム	158		
		溶岩焼き	295
もつ鍋（群馬県）	99	横浜ビーフ	121
もつ鍋（福岡県）	261, 262	よされ鍋	54
もとぶ牛	297	吉田うどん	149
紅葉鍋	47	義経鍋	55
ももんじ屋	26, 118	与那国馬	17
盛岡ジャージャー麺	61	米沢牛	75

や　行

ヤギ	20		
焼きうどん	263		
ヤギ刺し	300		
山羊汁	300		
焼き鳥	186		
焼きとん（新潟県）	130		
焼きとん（山梨県）	148		
焼肉	47		
焼き豚玉子丼	253		
柳生鍋	205		
やごり	131		

ら　行

ラフテー	297
ラムしゃぶ	46
ラムちゃんちゃん焼き	46
ランドレース	14
冷麺	59
レトルトカレー	247
レモンステーキ	272
れんこんかつ丼	158
蓮根豚	89

ローズポーク・・・・・・・・・・・・・・・・・・・88	わかめ豚・・・・・・・・・・・・・・・・・・・・・・288
ローメン・・・・・・・・・・・・・・・・・・・・・154	和牛香・・・・・・・・・・・・・・・・・・・・・・・・30
六白黒豚・・・・・・・・・・・・・・・・・・・・・293	和田金・・・・・・・・・・・・・・・・・・・・・・・・・7
わ 行	和豚もちぶた・・・・・・・・・・・・・・・・・・99
若楠ポーク・・・・・・・・・・・・・・・・・・・267	ワンプニ・・・・・・・・・・・・・・・・・・・・・294
若楠ポークのがばい丼・・・・・・・・・・268	
若狭牛・・・・・・・・・・・・・・・・・・・・・・142	

47都道府県・肉食文化百科

平成 27 年 1 月 31 日　発　行

著作者　　成　瀬　宇　平
　　　　　横　山　次　郎

発行者　　池　田　和　博

発行所　　丸善出版株式会社
　　　　　〒150-0001　東京都千代田区神田神保町二丁目17番
　　　　　編　集：電　話 (03) 3512-3264／FAX (03) 3512-3272
　　　　　営　業：電　話 (03) 3512-3256／FAX (03) 3512-3270
　　　　　　　　　http://pub.maruzen.co.jp/

© Uhei Naruse, Jiro Yokoyama, 2015
組版印刷・富士美術印刷株式会社／製本・株式会社 星共社
ISBN 978-4-621-08826-5　C 0577　　　　　Printed in Japan

JCOPY　〈(社)出版者著作権管理機構　委託出版物〉
本書の無断複写は著作権法上での例外を除き禁じられています。複写される場合は、そのつど事前に、(社)出版者著作権管理機構(電話 03-3513-6969, FAX 03-3513-6979, e-mail：info@jcopy.or.jp)の許諾を得てください。

【好評関連書】

ISBN 978-4-621-08065-8
定価（本体3,800円+税）

ISBN 978-4-621-08204-1
定価（本体3,800円+税）

ISBN 978-4-621-08406-9
定価（本体3,800円+税）

ISBN 978-4-621-08543-1
定価（本体3,800円+税）

ISBN 978-4-621-08553-0
定価（本体3,800円+税）

ISBN 978-4-621-08681-0
定価（本体3,800円+税）

ISBN 978-4-621-08801-2
定価（本体3,800円+税）

ISBN 978-4-621-08761-9
定価（本体3,800円+税）